水利水电工程
资料整编归档技术指南

● 彭立前 隋 意 刘心刚 等 编著

中国水利水电出版社
www.waterpub.com.cn
· 北京 ·

内 容 提 要

本书是基于水利水电工程建设实例，在档案资料整编工作的具体实践中不断总结和提炼出来的。

本书共分两大部分，第一部分为正文，全面系统地梳理了从工程前期准备直至竣工验收各个环节、各个阶段项目法人、监理、设计、施工单位所需形成的资料；第二部分为附录，为建设过程中所需形成的项目法人归档资料、监理单位归档资料、施工单位归档资料提供的模板和样表。

本书针对性、实用性及可操作性较强，旨在为水库、水电站、水利枢纽、水资源配置及其他水利水电工程档案管理提供帮助和指导，适合水利水电工程规划、设计、施工、管理人员阅读和参考。

图书在版编目（CIP）数据

水利水电工程资料整编归档技术指南 / 彭立前等编
著. -- 北京 : 中国水利水电出版社，2024. 12.
ISBN 978-7-5226-3075-5

Ⅰ. G275.3-62

中国国家版本馆CIP数据核字第2025XK8390号

书 名	水利水电工程资料整编归档技术指南 SHUILI SHUIDIAN GONGCHENG ZILIAO ZHENGBIAN GUIDANG JISHU ZHINAN
作 者	彭立前 隋意 刘心刚 等 编著
出版发行	中国水利水电出版社 （北京市海淀区玉渊潭南路 1 号 D 座 100038） 网址：www.waterpub.com.cn E-mail：sales@mwr.gov.cn 电话：（010）68545888（营销中心）
经 售	北京科水图书销售有限公司 电话：（010）68545874、63202643 全国各地新华书店和相关出版物销售网点
排 版	北京厚诚则铭文化传媒有限公司
印 刷	天津嘉恒印务有限公司
规 格	184mm×260mm 16 开本 30.75 印张 768 千字
版 次	2024 年 12 月第 1 版 2024 年 12 月第 1 次印刷
定 价	158.00 元

《水利水电工程资料整编归档技术指南》
编写委员会

主　　任：叶洪军

副 主 任：彭立前　隋　意

委　　员：陈立彬　刘心刚　张宇博　贾　宪　温　州
　　　　　吴文保　关荣财

主　　编：彭立前　隋　意

副 主 编：刘心刚　陈立彬　张宇博　尚文彬

编写人员：王晨嘉　袁景明　李　京　贾　宪　周照斌
　　　　　王　琦　林运东　于永君　张中石　张洪海
　　　　　宋思晗　秦希严　李诗语　刁晴茹　程婉婷
　　　　　夏　铭　马　跃　谢　单　姜岳良　崔　越

前　　言

档案资料是工程的重要组成部分，其不仅是工程质量科学、客观的见证，而且是针对工程过程检查、创优评选以及维修管理的关键依据，更是档案管理工作的主要构成内容。档案资料对水利水电工程项目顺利进行以及水利水电工程长足发展发挥着不可替代的作用。

然而，由于参建单位对档案资料重视程度不足、档案资料管理体系不完善、管理人员的专业素质不高等原因，工程档案资料存在滞后、缺乏真实性和完整性、管理混乱等问题，导致档案资料无法正确反映工程建设过程，出现问题时无法追溯，不仅提高了工程管理成本，对工程质量也产生了不利的影响。

为顺应社会发展需求，应对水利水电工程项目档案资料存在的一系列问题，水利部松辽水利委员会水利工程建设管理站依据国家及地方颁布的法律、法规、规定及有关规范和标准，同时结合松辽水利委员会水利工程建设管理站在鹤岗市关门嘴子水库代建实例，在生产实践和代建服务中不断总结和提炼，编写了《水利水电工程资料整编归档技术指南》，旨在为水利水电工程档案管理提供帮助和指导。

本书共分两大部分：

第一部分为正文，全面系统地梳理了从工程前期准备直至竣工验收各个环节、各个阶段项目法人、监理、设计、施工单位所需形成的资料。

第二部分为附录，根据建设过程中的实践所需，整理形成了项目法人归档资料、监理单位归档资料、施工单位归档资料等模板和样表，供水利水电工程档案管理工作参考使用。

在编写过程中，黑龙江省水利水电勘测设计研究院、黑龙江省水利监理咨询有限公司、黑龙江省水利水电集团有限公司、黑龙江省水利科学研究院等单位提供了大量的参考资料，鼎力支持本书的编写，在此，一并表示衷心的感谢！

本书基于鹤岗市关门嘴子水库工程建设档案资料整编工作而编制，难免存在局限性和疏漏及不妥之处，敬请读者批评指正。

吉林松辽工程监理监测咨询有限公司
鹤岗市关门嘴子水库开发建设管理局
松辽水利委员会水利工程建设管理站
2024 年 8 月

目　　录

第一章 关门嘴子水库项目基本情况

一、工程位置

关门嘴子水库位于黑龙江省鹤岗市萝北县鹤北林业局梧桐河干流，地理坐标为东经130°23′，北纬47°34′，坝址以上流域面积1846km²。

二、工程立项、可行性研究及初设文件批复

1. 立项

鹤岗市关门嘴子水库是《松花江流域综合规划》和《松花江流域防洪规划》中明确提出的梧桐河干流控制性工程，2013年被国务院确定的"十二五"期间全国重点建设172项重大节水供水水源工程项目之一，2020年被列为国家150项重大水利工程项目。

2. 可行性研究

2016年3月，水利部水利水电规划设计总院（以下简称"水规总院"）对黑龙江省水利厅报送的《黑龙江省鹤岗市关门嘴子水库工程可行性研究报告》（黑水发〔2016〕5号）进行了审查；2016年7月，水规总院向水利部上报了《水规总院关于黑龙江省鹤岗市关门嘴子水库可行性研究报告审查意见的函》（水总设〔2016〕809号）；2016年9月，水利部向国家发展和改革委员会（以下简称"国家发展改革委"）上报了《水利部关于报送黑龙江省鹤岗市关门嘴子水库可行性研究报告审查意见的函》（水规计〔2016〕319号）。

2017年6月，国家发展改革委委托中国水利水电建设工程咨询有限公司对《黑龙江省鹤岗市关门嘴子水库工程可行性研究报告》进行了评估；2017年8月，中国水利水电建设工程咨询有限公司以《关于报送〈黑龙江省鹤岗市关门嘴子水库工程可行性研究报告〉评估报告》（水电咨规〔2017〕30号）将评估报告报送至国家发展改革委。

2017年9月，国家发展改革委印发《关于进一步做好黑龙江省关门嘴子水库工程前期工作的函》（发改办农经〔2017〕190号），要求进一步修改完善；2019年4月，中国水利水电建设工程咨询有限公司将《黑龙江省鹤岗市关门嘴子水库工程可行性研究补充论证报告评审意见》报送至黑龙江省发展改革委；2019年10月，黑龙江省发展改革委以《关于鹤岗市关门嘴子水库工程可行性研究报告的批复》（黑发改农经〔2019〕586号）对鹤岗市关门嘴子水库工程可行性研究报告予以批复。

3. 初步设计

2020年9月，关门嘴子水库工程开发建设管理局以《关于送审鹤岗市关门嘴子水库工程初步设计报告的请示》（鹤关水呈〔2020〕7号）上报至黑龙江省水利厅；2020年9月，黑龙江省水利厅以《黑龙江省水利厅关于鹤岗市关门嘴子水库工程初步设计报告的批复》（黑水规计许可〔2020〕10号）批复了关门嘴子水库工程初步设计报告。

三、工程建设任务及设计标准

关门嘴子水库是一座以城镇供水、农业灌溉为主，结合防洪，兼顾发电等综合利用的大（2）

型水利枢纽。

1. 工程建设任务

（1）城镇供水。保障鹤岗市和黑龙江省农垦宝泉岭管理局未来发展用水量。其中鹤岗市采取补偿供水方式，关门嘴子水库补偿细鳞河水库，出库断面多年平均年供水量 8086 万 m³。

（2）农业灌溉。关门嘴子水库建成后，水库灌区设计灌溉面积 53.83 万亩，其中，水田灌溉面积 33.94 万亩，旱田灌溉面积 19.89 万亩。

（3）下游防洪。关门嘴子水库修建后，可将梧桐河干流防洪标准由 20 年一遇提高到 30 年一遇，减免梧桐河中下游地区的洪水灾害。

（4）水力发电。关门嘴子水库建成后，利用灌溉、环境用水和弃水发电。水电站共 2 台发电机组，单机容量 4MW，总装机容量 8MW，多年平均年发电量 2174 万 kW·h，装机年利用小时数 2718h。

（5）生态基流。为满足下游水生生物栖息地所需水量，关门嘴子水库下泄生态补水，以保护梧桐河鱼类的正常繁育。关门嘴子水库每年生态补水总量 10118 万 m³。

2. 设计标准

根据《防洪标准》（GB 50201—2014）、《水利水电工程等级划分及洪水标准》（SL 252—2017），大坝为混凝土重力坝，设计洪水标准采用 100 年一遇，校核洪水标准采用 1000 年一遇；溢流坝消能防冲设施洪水标准采用 50 年一遇；泵站设计洪水标准采用 30 年一遇，校核洪水标准采用 100 年一遇；电站厂房设计洪水标准采用 30 年一遇，校核洪水标准采用 100 年一遇；输水管线设计洪水标准采用 30 年一遇，校核洪水标准采用 100 年一遇；宝泉岭（鹤宝公路桥段）防洪标准采用 30 年一遇。

城镇居民生活供水和工矿企业月供水保证率 P=95%。

农田灌溉供水保证率 P=75%。

四、工程主要技术特征指标

关门嘴子水库工程特征指标见表 1-1，正常蓄水位为 146.50m，死水位为 132.50m，防洪高水位为 147.28m，汛限水位为 146.00m，设计洪水位为 147.85m，校核洪水位为 150.02m，调节库容为 2.52 亿 m³，死库容为 0.34 亿 m³，防洪库容为 0.39 亿 m³，设计总库容 3.29 亿 m³，水库总库容为 4.03 亿 m³。城镇年供水量 8086 亿 m³，生态基流总量 10118 万 m³，装机容量 8.0MW，多年平均年发电量 2174 万 kW·h。

表 1-1　关门嘴子水库工程特征指标

序号	项目	特征指标	单位	成果	备　注
一		水文			
1		流域面积			
		全流域面积	km²	4516	
		水库坝址以上面积	km²	1846	
2		利用的水文系列年限	年	68	1951—2018 年
3		多年平均年径流量	亿 m³	5.62	水库坝址以上天然径流
4	代表性流量	设计洪峰流量	m³/s	2153	坝址洪水频率 P=1%
		校核洪峰流量	m³/s	3832	坝址洪水频率 P=0.1%
		施工导流标准及流量	m³/s	693	P=10%（大汛）

续表

序号	项目	特征指标	单位	成果	备　注
5	洪量	实测最大洪量（3d）	亿 m³	2.42	1961 年梧桐镇站实测
		设计洪水总量（3d）	亿 m³	2.63	坝址洪水频率 $P=1\%$
		校核洪水总量（3d）	亿 m³	4.26	坝址洪水频率 $P=0.1\%$
二		工程规模			
1	水库	水库			
		校核洪水位	m	150.02	洪水频率 $P=0.1\%$
		设计洪水位	m	147.85	洪水频率 $P=1\%$
		正常蓄水位	m	146.50	
		防洪高水位	m	147.28	洪水频率 $P=3.3\%$
		汛期限制水位	m	146.00	
		死水位	m	132.50	
		校核总库容	亿 m³	4.03	洪水频率 $P=0.1\%$
		设计总库容	亿 m³	3.29	洪水频率 $P=1\%$
		防洪库容	亿 m³	0.39	
		调节库容	亿 m³	2.52	
		正常蓄水位相应库容	亿 m³	2.87	
		死库容	亿 m³	0.34	
		正常蓄水位时水库面积	km²	30.45	
2	防洪	保护面积	万亩	81.9	其中耕地 65.5 万亩
		保护村屯	个	29	
		保护人口	万人	2.76	
3	灌溉	设计灌溉面积	万亩	53.83	其中水田 33.94 万亩、旱田 19.89 万亩
		灌溉洪水保证率	%	75	
4	城镇供水	年供水量	万 m³	8086	2030 年补偿供水
5	生态补水	生态基流总量	万 m³	10118	河道内用水
6	水力发电	装机容量	MW	8	
		多年平均年发电量	万 kW·h	2174	
		年利用小时数	h	2718	
三		主要建筑物			
1	挡水建筑物	挡水建筑物			
		型式		混凝土重力坝	
		地基特性		弱风化岩石	
		地震动峰值加速度	m/s²	0.1g	
		坝顶/防浪墙顶高程	m	150.40/151.60	
		最大坝高	m	34.38	
2	泄水建筑物	泄水建筑物			
		型式		溢流坝	
		地基特性		弱风化岩石	
		堰顶高程	m	140	
		溢流堰宽度	m	40	
		设计泄量	m³/s	1668	洪水频率 $P=1\%$
		校核泄量	m³/s	2411	洪水频率 $P=0.1\%$

序号	项目	特征指标	单位	成果	备 注
3	引水建筑物	进水口型式		坝式	
		进水口底坎高程	m	126.50/129.00	
		进水口顶高程		150.4	
		引水管道型式	m³/s	坝内埋管/单机单管	
4	电站厂房	型式		坝后式	
		主厂房尺寸（长×宽）	m×m	51×27	
		水轮机安装高程	m	114.91	
5	泵站厂房	型式		干室型	
		主厂房尺寸（长×宽）	m×m	32×25	
6	过鱼建筑物	型式		横隔板竖缝式	
		主要尺寸	m	1617	全长
7	机电设备	电站主要机电设备			
		水轮机台数	台	2	
		额定出力	MW	4.21	
		发电机（电动机）台数		2	
		单机容量	MW	4	
		泵站主要机电设备			
		水泵台数	台	3	远期
		单机功率	kW	500	
8	送出线路	输电线		JKLGYJ-150	
		电压	kV	10	
		输电距离	km	7	

五、工程主要建设内容

工程主要建设内容包括：混凝土重力坝、坝后式电站厂房、取水泵站、输水管线、鱼道等。

大坝整体呈折线布置，折点桩号为0+216，折角约为23°。拦河坝、溢流坝采用常态混凝土重力坝，坝轴线全长596m，共分31个坝段。

发电引水建筑物布置在重力坝15号、16号、18号坝段内，由坝式进水口和输水管道组成。布置4个进水口，分别给灌溉、发电、供水及生态流量引水。输水管道采用坝内埋管布置型式。

电站型式为坝后式电站，水电站厂房布置在坝轴线下游24m处。水电站主要由电站厂房、尾水渠、回车场、对外交通等组成。电站厂房由主厂房、安装间、副厂房3部分组成。灌溉洞布置在安装间下，用于灌溉。生态流量管布置在顺水流方向灌溉管右侧，用于生态供水。

取水泵站位于电站右侧，由进水口从库内取水，经输水管道进入泵站，泵站加压后由管道输送至细鳞河水库。

输水管线工程包括：取水泵站1座，设计流量2.77m³/s，设计扬程为23.76m；关门嘴子水库至细鳞河水库输水管线8.46km，管径DN1400，共设置13座空气阀井、3座排泥泄水井及2座阀门井。

鱼道布置在右岸边坡上，全长约1617m，鱼道进口布置在电站尾水渠出口附近，出口在水库上游右岸。

交通建筑物包括：进场路、上坝路、厂区路、检修路及跨河桥。进场路在下游左岸；上坝路连接进场路与左坝端；厂区路在下游左、右岸均有分布，连接右坝端与泵站、电站厂房及其他厂内交通。检修路在下游右岸输水管线沿线，分布于细鳞河左岸。跨河桥位于坝轴线下游约450m处。

六、工程投资

关门嘴子水库工程投资总概算 327516.73 万元（不含电站送出工程 887.00 万元）。其中：主体工程部分投资 60003.45 万元，环境保护投资 8528.00 万元，水土保持投资 1658.00 万元，建设征地移民补偿投资 254056.52 万元，建设期融资利息 3270.76 万元。

七、主要工程量和总工期

关门嘴子水库工程主体工程量土石混凝土总计 275.77 万 m^3。其中：土石方开挖 132.59 万 m^3，土石方填筑 114.24 万 m^3，混凝土浇筑 28.94 万 m^3。总工期 36 个月。

第二章　鹤岗市关门嘴子水库工程档案管理办法

第一节　总　则

第一条　为加强鹤岗市关门嘴子水库开发建设管理局（以下简称"建管局"）的档案管理工作，有效地保护和利用关门嘴子水库工程档案，根据水利部《关于印发水利工程建设项目档案管理规定的通知》（水办〔2021〕200号）、《水利工程建设项目文件收集与归档规范》（SL/T 824—2024）、国家质量技术监督局《科学技术档案案卷构成的一般要求》（GB/T 11822—2008）和国家档案局《建设项目档案管理规范》（DA/T 28—2018）等标准规范，结合建管局工程档案的实际情况，特制定本办法。

第二条　本办法所称档案是指建管局在鹤岗市关门嘴子水库工程建设过程中直接形成的，具有查考、利用和保存价值的各种载体、各种形式的历史记录。

第三条　建管局的档案是从事鹤岗市关门嘴子水库工程建设工作的重要依据和可靠凭证，要加强管理并将档案工作纳入年度工作计划，保证档案机构、人员和经费适应档案工作发展需要。

第四条　建管局的全部档案实行集中统一管理，任何单位、部门或个人都有维护档案完整和安全的责任和义务，不得拒绝归档或据为己有。

第二节　档案工作职责

第五条　工程档案管理工作应按照"统一领导、分级管理、各负其责、有效利用"的基本原则，实行工程档案集中统一管理模式；工程档案工作应融入工程建设程序，与工程建设进程同步管理。

从水利工程建设前期就应进行文件材料的收集和整理工作；在签订合同、协议时，应对档案的收集、整理、移交提出明确要求；检查工程进度与施工质量时，要同时检查档案的收集、整理情况；在进行工程重要阶段验收与竣工验收时，要同时审查验收档案的内容与质量。

第六条　归档工作的组织应以建设单位为核心，实行"统一管理、统一制度、统一标准"。由建设单位相关职能部门和参建单位形成档案管理组织网络体系，实施事前介入、事中检查、事后验收与归档把关的全过程控制的档案管理体制机制，充分发挥监理单位控制与协调作用，同时接受档案行政管理部门和上级主管部门的监督、检查和业务指导，从而形成一个系统的档案管理组织网络体系。

第七条　建管局对建设项目进行直接组织管理和实施，并成立以工程部牵头的档案管理机构，负责组织本单位工程管理相关部门和各参建单位完成工程档案的收集、系统整理、汇总统计及归档移交与接收，并且对其归档文件的收集、整理工作负有监督、检查和指导的职责；工程管理各职能部门及现场建管机构的负责人应对各自所形成归档文件的组卷、档案移交履行审查把关职责。

第八条　各参建单位应当在建设单位的统一规划、组织实施和监督指导下，指派一名专职档案管理人员具体负责管理工作，严肃认真地做好各自所承担工程项目文件材料的收集、鉴定、分类、整理、立卷归档及汇总统计。

第三节 档 案 分 类

第九条 鹤岗市关门嘴子水库工程档案以水利部《关于印发水利工程建设项目档案管理规定的通知》（水办〔2021〕200 号）、《水利工程建设项目文件收集与归档规范》（SL/T 824—2024）、国家档案局《建设项目档案管理规范》（DA/T 28—2018）为依据，具体分类方法详见"鹤岗市关门嘴子水库工程档案分类代码表"（附表 2-1~附表 2-6）。

附表 2-1 鹤岗市关门嘴子水库工程档案分类代码表（建设）

大类代码	大类名称	属类代码	属类名称	小类代码	小类名称	归档文件材料	备注
JS	建设	01	建设单位	01	前期工作	项目策划、筹备文件	
						项目建议书及审批相关文件	
						项目评估、论证、咨询文件	
						项目审批、核准及补充文件	
						各阶段环境影响、水土保持、水资源、地震安全、文物保护、地质灾害、林地、消防等专项评估报告及批复文件	
						压覆矿产资源、劳动安全与工业卫生、职业健康、防洪等专项评价文件	
						停建令、社会稳定风险评估报告及批复文件	
						取水（砂）、林木采伐及电网接入许可文件	
						可行性研究报告及设计图纸、可研阶段审批所需各类专题报告及图件、各类报批文件、技术审查意见	
						地形、地貌、控制点、建筑物、构筑物及重要设备安装测量定位、观测监测记录	
						气象、地震等其他设计基础资料	
						规划报告书、补充报告及审批文件	
						方案论证、设计及审批文件	
						招标文件及主管部门审核意见	
						初步设计报告及设计图纸、初设阶段审批所需各类专题报告及图件、各类报批文件、技术审查意见、概算核定意见及审批文件	
						供图计划、施工图纸及各类技术文件、技术报告及审批文件	
				02	征地补偿与移民安置	建设用地预审材料及审查意见	
						建设用地组卷报批材料及审批文件	
						征迁协议、土地移交、临时用地复垦及返还等资料	
						建设用地规划许可证、国有土地使用证、林权证、不动产权证等	
						实物调查成果、勘测定界成果图	
						建设前原始地貌、征地拆迁、移民安置的音像资料	
						企事业单位资产评估资料	
						移民安置规划及审批文件	

续表

大类代码	大类名称	属类代码	属类名称	小类代码	小类名称	归档文件材料	备注
JS	建设	01	建设单位	02	征地补偿与移民安置	移民安置协议、移民安置年度计划	
						移民安置监督评估合同、报告	
						移民村、城（集）镇拆迁实施相关资料	
						征地补偿与移民安置项目建设的招投标、合同、安置实施验收等文件	
				03	工程建设管理文件	项目建设管理组织机构成立、调整文件	
						项目管理人员任免文件	
						项目管理的各项管理制度、业务规范、工作程序，质保体系文件	
						项目施工前涉及水通、电通、道路通和场地平整的文件	
						开工报告文件	
						有关工程建设计划、实施计划和调整计划	
						工程建设年度工作总结	
						工程管理相关会议文件	
						工程建设管理大事记	
						重大设计变更申请、审核及批复文件	
						关键技术设计、试验文件	
						工程预算、差价管理、合同价结算等文件	
						索赔与反索赔文件	
						投资、质量、进度、安全、环保等计划、实施和调整、总结	
						通知、通报等日常管理性文件，一般性来往函件	
						质量、安全、环保、文明施工等专项检查考核、监督、履约评价文件	
						第三方检测文件（资质及检测报告等）	
						有关质量及安全生产事故处理文件	
						重要领导视察、重要活动及宣传报道文件	
						监管部门制发的重要工作依据性文件，涉及法律事务文件	
						组织法律法规、标准规范、制度程序宣贯培训文件，信息化工作文件	
						出国考察报告及外国技术人员提供的有关文件	
						工程建设不同阶段产生的有关工程启用、移交的各种文件	
						获得奖项、荣誉、先进人物等文件	
						工程原始地形、地貌，开工仪式、重要会议、重要领导视察，质量及安全生产事故处理，专项检查、质量监督活动，新技术、新工艺、新材料等应用，竣工后新貌等建设管理音像文件	

续表

大类代码	大类名称	属类代码	属类名称	小类代码	小类名称	归档文件材料	备注
JS	建设	01	建设单位	04	招标投标、合同协议文件	招标计划及审批文件，招标公告、招标书、招标修改文件、答疑文件、招标委托合同、资格预审文件	
						中标的投标书、澄清、修正补充文件	
						未中标的投标文件（或作资料保存）	
						开标记录、评标人员签字表、评标纪律、评标办法、评标细则、打分表、汇总表、评审意见	
						评标报告、定标文件，中标通知书	
						市场调研、技术经济论证采购活动记录、谈判文件、询价通知书、响应文件	
						供应商的推荐、评审、确定文件，政府采购、竞争性谈判、单一来源采购协商记录、质疑答复文件	
						合同准备及谈判、审批文件，合同书、协议书，合同执行、合同变更、合同索赔、合同了结文件、合同台账文件	
				05	质量检查评定及验收文件	分部、单位工程的验收申请、批复，质量检查评定表	
						分部、单位工程的验收鉴定书	
				06	竣工验收文件	项目各项管理工作总结	
						工程建设管理报告、设计工作报告、施工管理报告、监理工作报告、采购工作报告、总承包管理报告、运行管理报告等	
						项目安全鉴定报告、质量检测评审鉴定文件、质量监督报告	
						评估报告、阶段验收文件	
						工程决算、审计报告或预算执行情况报告	
						环境保护、水土保持、移民安置、消防、档案等专项验收申请及批复文件	
						竣工验收大纲、验收申请、验收报告及批复	
						验收组织机构、验收会议文件、签字表、验收意见、备忘录、验收证书等	
						工程竣工验收后相关交接、备案文件	
						运行申请、批复文件、运行许可证书	
						项目评优报奖申报材料、批准文件及证书	
						项目专题片、验收工作音像材料	
						与项目验收相关的其他重要文件材料	
		02	代建单位（如有）			归档文件资料同建设单位（具体归档内容以合同约定为准）	

附表 2-2　鹤岗市关门嘴子水库工程档案分类代码表（施工）

大类代码	大类名称	属类代码	属类名称	小类代码	小类名称	归档文件材料	归档单位
SG	施工	01	主体工程施工			现场组织机构及主要人员、合同项目开工令（批复）、开工申请、施工计划及批复、施工放样报告单、施工测量成果报验单、资金流计划表、联合测量通知单	
						施工组织设计及批复	
						施工技术措施、施工方案	
						安全资料及报告	
						施工设备、仪器仪表进（退）场报验及批复、设备仪器校验及率定文件	
						材料设备出厂证明、工程材料试验报告、原材料/中间产品及构配件进场报验及批复	
						见证取样记录、砂浆、混凝土试验报告，钢筋连接接头试验报告，锚杆检测报告，压实度检测记录及报告，桩身及桩基检测报告，防水渗漏试验检查记录，节能保温测试记录，土方颗粒分析、碾压试验报告，击实试验报告，土方干密度、含水率试验报告等	
						岩土试验报告，基础处理、基础工程施工图	
						施工检验记录、报告，工艺评定报告，试验记录、报告，探伤检测/测试记录、报告，管道单线图（管段图）	
						工程设备与设施强度、密闭性等试验检测记录、报告，联动试车方案、记录、报告	
						隐蔽工程验收记录、重要隐蔽单元工程质量等级签证书	
						施工记录	
						施工日志、月报、年报、大事记	
						工程质量检查、评定材料	
						交工验收记录（包括单项工程的中间验收）	
						工程计量支付文件，合同变价、索赔文件	
						事故处理报告及重大事故处理的现场声像、照片材料和文字说明	
						工程施工管理工作报告及技术总结	
						竣工图	
						其他施工重要文件（如暂停施工申请报告、暂停施工通知、复工申请表、申请报告、复工通知等）	

大类代码	大类名称	属类代码	属类名称	小类代码	小类名称	归档文件材料	归档单位
SG	施工	02	管理站房建设项目			同"01 主体工程施工"	鹤岗市建城建筑有限责任公司
		03	输水管线工程			同"01 主体工程施工"	黑龙江松辽建设工程有限公司
		04	鱼类增殖放流站工程			同"01 主体工程施工"	武汉中科瑞华生态科技股份有限公司
		05	公路和防火通道改迁建项目	01	A1 标段（K0+000～K10+000）路基路面、桥涵等全部工程（主线）	同"01 主体工程施工"	黑龙江省龙建路桥第五工程有限公司
				02	A2 二标段（K10+000～K20+653）路基路面、桥涵等全部工程（主线）	同"01 主体工程施工"	黑龙江省牡丹江林业工程有限公司
				03	A3 三标段（K0+000～K15+581）路基路面、桥涵等全部工程（鹤北林业局防火通道）	同"01 主体工程施工"	青岛交建集团有限公司
				04	A4 标段路基路面、涵洞等全部工程(宝泉岭防火通道);7条路,长度10.746km	同"01 主体工程施工"	黑龙江省东旭建筑有限责任公司
		06	水文自动测报系统（土建+系统工程）			现场组织机构及主要人员、合同项目开工令（批复）、开工申请、施工计划及批复、施工放样报告单、施工测量成果报验单、资金流计划表、联合测量通知单	
						施工组织设计及批复	
						施工技术措施、施工方案	
						安全资料及报告	
						施工设备、仪器仪表进（退）场报验及批复、设备仪器校验及率定文件	
						材料设备出厂证明、工程材料试验报告、原材料/中间产品及构配件进场报验及批复	
						施工检验记录、报告,工艺评定报告,试验记录、报告	
						施工记录	
						施工日志、月报、年报、大事记	
						工程质量检查、评定材料	

续表

大类代码	大类名称	属类代码	属类名称	小类代码	小类名称	归档文件材料	归档单位
SG	施工	06	水文自动测报系统（土建+系统工程）			交工验收记录（包括单项工程的中间验收）	
						事故处理报告及重大事故处理的现场声像、照片材料和文字说明	
						工程施工管理工作报告及技术总结	
						竣工图	
						其他施工重要文件（如暂停施工申请报告、暂停施工通知、复工申请表、申请报告、复工通知等）	

附表 2-3　鹤岗市关门嘴子水库工程档案分类代码表（监理）

大类代码	大类名称	属类代码	属类名称	归档文件材料	备注
JL	监理	01	黑龙江省水利工程建设监理公司	监理送审文件，监理部组建、印章启用、监理人员资质、总监任命、监理人员变更文件	
				监理规划、监理大纲及报审文件，监理实施细则	
				开工通知、暂停施工指示、复工通知等文件，图纸会审、图纸签发单	
				监理平行检验、试验及抽检文件	
				监理检查、复检、旁站记录、见证取样	
				质量缺陷、事故处理、安全事故报告	
				监理通知、回复单、工作联系单、来往函件	
				监理例会、专题会等会议纪要、备忘录	
				施工监理记录（包括监理抽测记录，监理检查、检测记录等）	
				监理日志、月报、年报	
				监理工作总结、质量评估报告、专题报告	
				联合测量或复测文件	
				监理组织的重要会议、培训文件	
				监理音像文件	
		02	吉林松辽工程监理监测咨询有限公司	同"01 黑龙江省水利工程建设监理公司"	

附表 2-4　鹤岗市关门嘴子水库工程档案分类代码表（设计）

大类代码	大类名称	归档文件材料	备注
SJ	设计	规划报告书、附件、附图、报批文件及审批文件材料	
		项目建议书、附件、附图、报批文件及审批文件材料	
		地质、勘测、水文、气象等资料	
		可行性研究报告、附件、附图、报批文件及审批文件材料	
		初步设计报告书、附件、附图、报批文件及审批文件材料	

大类代码	大类名称	归档文件材料	备注
SJ	设计	环境影响、水土保持、水资源评价等专项报告及审批文件材料	
		评估、鉴定及实验等报告	
		施工设计图	
		施工技术说明、技术要求、技术交底、图纸会审纪要	
		设计变更、设计通知	
		工程设计工作报告	
		其他相关文件	
		项目水土保持工作管理制度、有关文件、会议记录及水土保持重大事件资料	
		专项验收资料	
		竣工图纸、竣工结算及有关资料	
		电子文件资料	
		其他资料	

附表 2-5　鹤岗市关门嘴子水库工程档案分类代码表（系统开发）

大类代码	大类名称	归档文件材料	备注
KF	系统开发	需求调研计划、需求分析、需求规格说明书、需求评审	
		设计开发方案，概要设计及评审、详细设计及评审文件	
		数据库结构设计、编码计划、代码编写规范、模块开发文件	
		信息资源规划、数据库设计、应用支撑平台、应用系统设计、网络设计、处理和存储系统设计、安全系统设计、终端、备份、运维系统设计文件	
		信息系统标准规范文件	
		实施计划、方案及批复文件	
		源代码及说明、代码修改文件、网络系统、二次开发支持文件、接口设计说明书	
		程序员开发手册、用户使用手册、系统维护手册	
		安装文件、系统上线保障方案、测试方案及评审意见、测试记录、报告，试运行方案、报告	
		信息安全评估、系统开发总结、验收交接清单、验收证书	
		其他资料	

附表 2-6　鹤岗市关门嘴子水库工程档案分类代码表（质量检测）

大类代码	大类名称	归档文件材料	备注
JC	质量检测	检测协议书、委托文件、合同	
		检测方案、计划报告	
		检测记录、图表、照片、整理数据	
		检测成果报告	

第十条　工程档案编号结构：

工程档案档号的结构采用"类别号—案卷号"。类别号由大类代码（大写汉语拼音字母）、属类代码（2位阿拉伯数字）和小类代码（2位阿拉伯数字）组成；大类代码包括：JS—建设单位、SG—施工单位、JL—监理单位、SJ—设计单位、KF—系统开发单位、JC—质量检测单位。案卷号即案卷顺序号，使用3位阿拉伯数字标识，从001开始按顺序编号。

第十一条　工程建设项目档案档号使用说明：

工程档案档号的编制均以关门嘴子水库工程档案分类代码表为依据。

关门嘴子水库工程档案编号以 GMZZ 开头，具体分为建设单位、施工单位、监理单位、设计单位、系统开发单位、质量检测单位，其在档号中分别用：GMZZ-JS、GMZZ-SG、GMZZ-JL、GMZZ-SJ、GMZZ-KF、GMZZ-JC 表示。工程档案以"卷"为保管单位，具体档号形式如下。

建设单位：

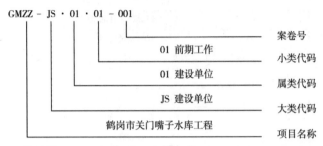

大类代码：JS—建设单位。

属类代码：01—建设单位；02—代建单位。

小类代码：01—前期工作；02—征地补偿与移民安置；03—工程建设管理文件；04—招标投标、合同协议文件；05—质量检查评定及验收文件；06—竣工验收文件。

施工单位：

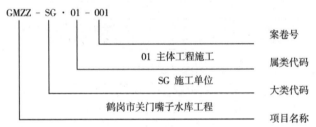

大类代码：SG—施工单位。

属类代码：01—主体工程施工；02—管理站房建设项目；03—输水管线工程；04—鱼类增殖放流站工程；05—公路和防火通道改迁建项目；06—水文自动测报系统（土建+系统工程）。

公路和防火通道改迁建项目施工单位：

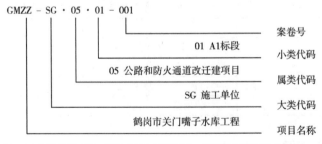

小类代码：01—A1 标段（K0+000～K10+000）路基路面、桥涵等全部工程（主线）；02—A2 标段（K10+000～K20+653）路基路面、桥涵等全部工程（主线）；03—A3 标段（K0+000～K15+581）路基路面、桥涵等全部工程（鹤北林业局防火通道）；04—A4 标段路基路面、涵洞等全部工程（宝泉岭防火通道），7 条路，长度 10.746km。

监理单位：

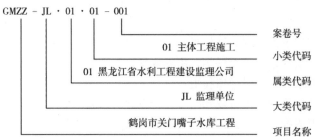

大类代码：JL—监理单位。

属类代码：01—黑龙江省水利工程建设监理公司；02—吉林松辽工程监理监测咨询有限公司。

黑龙江省水利工程建设监理公司小类代码：01—主体工程施工；02—管理站房建设项目；03—输水管线工程；04—水文自动测报系统。

吉林松辽工程监理监测咨询有限公司小类代码：01—鱼类增殖放流站工程；02—公路和防火通道改迁建项目。

设计单位：

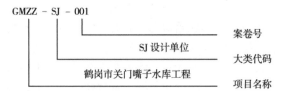

大类代码：SJ—设计单位，即黑龙江省水利水电勘测设计研究院。

系统开发单位：

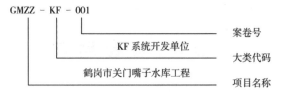

大类代码：KF—系统开发单位，即黑龙江省水利水电勘测设计研究院。

质量检测单位：

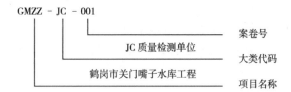

大类代码：JC—质量检测单位。

第四节　档　案　组　卷

第十二条　原件内容（领导签名、签字、意见及原始记录等）一律用黑色碳素笔（或蓝黑色钢笔）书写。不得使用铅笔（特殊行业除外，如野外测量原始记录等）、圆珠笔、红墨水、纯蓝墨水、热敏纸、复写纸等易褪色的用具和材料书写、绘制。来往函件以有文签的为原件。

打印、复印归档文件的字迹、线条的清晰度、牢固程度应符合档案质量要求。严禁涂改、伪造、擅自损毁归档文件。

第十三条 组卷要遵循工程文件材料的形成规律和成套性、系统性特点，保持卷内文件材料之间的有机联系。案卷达到分类科学，组卷合理，类型鲜明，整理规范，法律性文件手续齐备，符合档案管理要求，便于保管和利用。

归档文件应由"主要形成单位或部门"进行整理，遵循"谁形成，谁归档，谁负责"的原则。如果多方共同形成的文件材料，以"主办责任单位"为主归档。

组卷时应按鹤岗市关门嘴子水库工程建设项目文件归档范围和保管期限表划分类别，按文件种类组卷。同一类型的文件材料以属类为单位进行组卷，即一个属类中相同类型的文件材料放在一起。文件材料的组卷应按单位工程、分部工程、单元工程的顺序排列。

归档文件应归类准确、齐全，案卷及卷内文件不重份、不空页；案卷勿过薄过厚，案卷厚度一般为 2cm（标准）~3cm（约 200 页）为宜，最好"一事一卷"，做到问题单一，类型鲜明，保管期限准确。厚度超过 2cm 以上的可组成多卷。

成册、成套的文件材料宜保持其原始形态，成册文件材料可单独组一卷；完整成套的文件材料尽量组成一卷或数卷（按照案卷厚度），案卷宜相对集中排列。

文件材料在归档前，应依据各专业的技术管理要求和工作大纲进行审查、验收，合格后方能归档。归档的文件材料一式二份（竣工图三套，有特殊要求的另行通知），应按要求进行系统整理，其中有一份为原始资料。

第十四条 水利工程建设项目档案的保管期限分为永久和定期两种，定期一般为 30 年和 10 年。建设项目文件归档范围和保管期限表见附件 2-1 ~ 附件 2-6。

第五节 案 卷 编 制

第十五条 案卷和卷内文件材料的排列：

案卷一般按工程建设程序的各阶段、项目划分、专业和内容，统一系统排列。

卷内文件排列分为两种情况：

（1）依据工程项目划分表中单位、分部、单元（分项）工程编码顺序排列。

（2）依据工程文件材料产生的时间顺序或重要程度排列。

卷内文件顺序应按照原则进行排列：印件在前，定稿在后；正件在前，附件在后；复文在前，来文在后；通知在前，回复在后；文字在前，图样在后；译文在前，原文在后；批复在前，请示在后。

收文呈办签（或收文处理单）放在正文前面，即：收文呈办签—正文—底稿—附件；发文稿签放在正文后面，即正本（正文、附件）—发文稿签—定稿—附件。

第十六条 案卷封面的编制：

案卷封面式样见附件 2-7。

案卷题名：案卷标题应能简明、准确地揭示卷内文件材料的内容。案卷题名由立卷人拟写。

立卷单位：应填写负责组卷部门或单位。

起止日期：应填写案卷内文件材料形成的最早和最晚的时间，中间用"—"隔开，如 20181020—20190108。

密级：应填写卷内文件的最高密级。非涉密的项目档案，不填写密级。

保管期限：应依据附件 2-1～附件 2-6 填写保管期限。

第十七条　卷内文件材料页号编写：

卷内文件材料有书写内容的页面均应逐页编号，不得漏号或重号。

空白页及案卷封面、卷内目录、卷内备考表均不编写页号。

图册或印刷成册的文件材料，自成一卷的，如果页号连续完整，沿用原页号，但需要在卷内备考表中说明，并写明总张数；如果已有页号且不连续应重新编写页号；各卷之间不连续编页号。

统一使用自动号码机编写页号，页号编写录入格式为：001、002、003、…。

页号编写位置：单面书写的文件其页号在右下角；双面书写的文件，正面的页号在右下角，背面的页号在左下角。

第十八条　卷内目录的编制：

卷内目录式样见附件 2-8。

单份文件材料的案卷不用编写卷内目录。

序号：用阿拉伯数字从 1 起依次编写。

文件编号：填写文件形成单位的发文号，图纸的图号，或设备、项目代码。

责任者：填写文件材料的形成部门或主要责任者。

文件题名：填写文件材料的全称。文件没有题名的，应由立卷人根据文件内容拟写题名。

日期：填写文件材料的形成日期，日期格式一律为 8 位数字表示，录入格式示例为 20181022。

页号或页数：以卷为单位装订的，"页号"填写文件在卷内所排的起始页号，最后一份文件应填写起止页号，中间用"-"隔开。以件为单位装订的，"页数"填写每件文件总页数。

备注：可根据实际填写需注明的情况。

卷内目录排列在卷内文件材料首页之前。

第十九条　卷内备考表的编制：

卷内备考表式样见附件 2-9。

需要说明的问题：说明卷内文件材料的总件数、总页数以及在组卷和案卷提供使用过程中需要说明的问题。

立卷人：应由立卷责任者签名。

立卷日期：应填写完成立卷的时间。

互见号：填写反映同一内容不同载体档号，并注明载体类型。

检查人：应由案卷质量审核者签名。

检查日期：应填写案卷质量审核的时间。

卷内备考表排列在卷内文件材料之后。

第二十条　案卷目录封面的编制：

案卷目录封面式样见附件 2-10。

要求写明项目名称、编号、档号、单位及时间。

单位：应填写负责组卷部门或单位。

日期：应填写形成案卷目录完成时间——年-月-日（年度应填写四位数字）。

第二十一条　案卷目录的编制：

案卷目录式样见附件 2-11。

要求写明序号、档号、案卷题名、立卷单位、起止时间、件数、总页数、保管期限、备注。

案卷题名：填写文件材料的全称。文件没有题名的，应由立卷人根据文件内容拟写题名。

件数：填写案卷内文件总件数。

总页数：填写案卷内全部文件的页数之和。

保管期限：填写永久和定期两种，定期一般分为 30 年和 10 年。

备注：可根据实际填写需注明的情况。

第六节　档 案 装 订

第二十二条　"四件齐全"：

"四件"包括：①案卷封面；②卷内目录；③归档文件；④卷内备考表。

第二十三条　需要装订的案卷首先必须去掉金属物、塑料皮、塑料夹等装订物；若遇装订线上有字迹的，应加贴装订边；有破损的文件材料要进行修补或替换（除原始记录外）；取出空白张和重份材料。

第二十四条　案卷内纸张统一为 A4 规格，如果小于 A4 规格的原始单据可直接装订，原始单据左边缘与下边缘应与封皮左、下边缘对齐；将纸张过小且字迹靠边的原件应粘贴在 A4 纸上（切记：胶水宁少勿多）；纸张过大时，在保证装订不受影响的情况下，折叠为 A4 纸规格。装订时要保证案卷资料的右边和下边对齐。

案卷封皮纸统一用建设单位指定的封皮纸，采用"三孔一线"装订。装订式样见附件 2-12。

经装订、整编后的档案（包括文字材料、图纸等）应装盒存放。档案盒应采用按国家标准统一制定的卷盒。档案盒封面和脊背可以采用专用档案盒打印机直接打印。

第二十五条　不能装订的材料要求：

不能装订的材料包括：证书、标签、商标等。应装于封口的档案袋中，并附卷内目录和备考表，案卷封面应用 A4 纸打印并粘贴在档案袋正面。

在卷内备考表中说明不能装订的材料（包括证书、标签、商标等）所在原案卷的档号及位置。

第二十六条　已采用"三孔一线"装订的文件材料（如设计报告等）可保持原状（不包括含有使用塑料封皮和塑料器具等装订的易腐蚀、老化的文件材料）作为一卷。并在封面的右上角加盖档号章，档号章内档号由各组卷单位用黑色碳素笔填写，档号章式样见附件 2-13。

第七节　竣工图的编制

第二十七条　凡按施工图施工没有变更的，可利用原施工图（必须是新图纸）直接作为竣工图，由施工单位逐张加盖并签署竣工图章。

第二十八条　一般性图纸变更且能在原施工图上修改补充的，可直接在原图（必须是新图纸）上修改，并加盖竣工图章。修改处应注明修改依据文件的名称、编号和条款号，无法用图形、数据表达或标注清楚的，应在标题栏上方或左边用文字简练说明。

第二十九条　竣工图的更改方法包括：杠改（文字、数字）、划改（线条）、圈改（局部图形），其相关要求如下：

更改必须规范，其杠改、划改和圈改应使用碳素墨水标注清楚，书写采用仿宋字体。

图上更改处说明应在图纸的空白处，引出说明的细实线约为 45°角，说明线与图框平行，引出线不交叉，不遮盖其他线条。

有关施工技术要求或材料明细表等有文字更改的，应在修改处进行杠改，当修改内容较多时，可采用注记说明。新增加的文字说明，可在涉及的竣工图上作相应的添加和变更。

图纸更改标记：次数用字母 a，b，c，…表示，更改几处可用阿拉伯数字 1，2，3，…标注。如 b3 表示第二次更改的第三处。

第三十条　有下列情形之一的均应重新绘制竣工图：

涉及结构型式、工艺、平面布置、项目等重大改变，施工图变更幅面超过 20%。

合同约定对所有变更均需重绘或变更面积超过合同约定比例。

重新绘制竣工图应按原图编号，图号末尾加注"竣"字，在新图标题栏内注明"竣工阶段"，并在竣工图的说明项内注明变更依据、有关记录及说明等。重新绘制竣工图图幅、比例、字号、字体应与原施工图一致。

第三十一条　施工单位重新绘制的竣工图，标题栏应包含施工单位名称、图纸名称、编制人、审核人、图号、比例尺、编制日期等标识项，监理单位相关责任人审核、签字确认。在标题栏上方（或左侧）附近空白处逐张加盖并签署竣工图审核章。

第三十二条　行业规定设计单位编制或建设单位、施工单位委托设计单位编制竣工图，应在竣工图编制说明、图纸目录和竣工图上逐张加盖并签署竣工图审核章。

第三十三条　同一建筑物、构筑物重复的标准图、通用图可不编入竣工图，但应在图纸目录中列出图号，指明该图所在位置并在竣工图编制说明中注明；不同建筑物、构筑物应分别编制竣工图。

第三十四条　建设单位应负责组织或委托有资质的单位编制项目总平面图。

第三十五条　按照《技术制图　复制图的折叠方法》（GB/T 10609.3—2009）要求，竣工图纸宜采用图纸对折法、琴式折叠法折叠。图面内折，统一折叠后的图纸幅面为 A4 型（210mm×297mm），标题栏露在右下角。

竣工图章及竣工图审核章式样见附件 2-14。

第八节　音像档案整理

第三十六条　音像档案是指在工程建设过程中形成的，具有保存价值并归档保存的照片（含数码照片）、录音录像光盘、影片、磁盘等特殊载体，以声音或影像为记录方式，是直接反映工程建设内容并辅以文字说明的历史记录，是工程建设的重要资料和宝贵财富。

储于磁盘、光盘等载体，依赖计算机等技术和数字设备阅读、处理，并可在通信网络上传送的静态图像文件。

照片档案整理参照《数码照片归档与管理规范》（DA/T 50—2014）、《照片档案管理规范》（GB/T 11821—2002）。

第三十七条　照片组是指有密切联系的若干张数码照片的集合，同一照片组的数码照片均全部存储到同一层级文件夹内。

对反映同一内容的若干张数码照片，应选择其中最具代表性和典型性的数码照片归档，同一场景的数码照片一般只归档一张。

第三十八条　数码照片档案要附加文字说明，含事由、时间、地点、主要人物、背景、摄影者等要素，缺一不可。

录音录像档案应包括录音、录像光盘、文字说明等，缺一不可。文字说明应包括录像片的片名、制式、事由、时间、地点、主要人物、播放时长、语种、解说词、录音者、录像者等要素。

第九节　项目电子文件和电子档案整理

第三十九条　项目电子文件是指在数字设备及环境中生成，以数码形式存储于光盘、磁盘、磁带、可移动存储设备等载体，通过计算机等电子设备形成、阅读、处理、传输和存储的各种信息。记录和反映项目建设和管理各项活动的文件。

电子档案是指在工程项目建设与管理过程中产生的，经过鉴定具有凭证、查考和保存价值并归档保存的一组有联系的电子文件及其相关过程信息的集合。

电子文件由内容、结构和背景组成，电子文件内容信息及其元数据构成完整的电子文件，包括文本电子文件、图像电子文件、图形电子文件、视频电子文件、音频电子文件等。

内容：以字符、图形、图像、音频、视频等形式表示的电子档案的主题信息。例如与电子文件行文目的有关的主题信息，包括电子公文的正本、正文与附件、定稿或修改稿、公文处理单等。

背景：指描述生成电子文件的职能活动、电子文件的作用、办理过程、结果、上下文关系以及对其产生影响的历史环境等信息。

结构：指电子文件内容信息的组织和存储方式，包括文件的格式、编排结构、硬件和软件环境、字处理和图形工具软件等数据。

元数据：描述电子文件和电子档案的内容、背景、结构及其整个管理过程的数据。

第四十条　电子档案的组件、归档数据包组织、真实性、可靠性、完整性、可用性、电子档案管理系统、采集、捕获、登记、嵌入、转换、迁移等电子档案基本术语和定义按照《电子文件归档与电子档案管理规范》（GB/T 18894—2016）、《电子档案管理基本术语》（DA/T 58—2014）中释义。

第四十一条　电子文件整理原则：

电子文件整理应遵循工程文件材料形成的规律和计算机信息系统运行环境，保持电子文件内在的、电子文件与纸质文件之间的有机联系，通过计算机文件名元数据建立电子文件与元数据的关联。

电子档案应按其属类及档号纳入立档单位档案组卷类目体系，并置于整个案卷目录范围内最后一卷，分类统一管理。

电子文件及其元数据、电子文件及其组件要齐全、完整，电子文件与纸质文件要一并收集、同步鉴别编目、立卷归档，并且应归档电子文件的组件、分类、排列、编号、录入、编目、归档应符合纸质文件整理要求。同一类型的电子文件应归档格式统一，签章手续完备，符合电子档案的真实性、可靠性、完整性、可用性及安全保密性要求，便于保管和快速多元检索利用。

第四十二条　电子文件归档质量的基本要求如下：

（1）归档电子文件必须保持原始状态，不得进行技术修改，内容要真实、完整、准确。

图像类电子文件、视频电子文件应主题突出、曝光准确、影像清晰、声音清楚、画面完整。图像电子文件分辨率应达到300dpi以上，视频电子文件宜采用200万以上像素拍摄。

光盘载体材料不磨损、划伤，光盘档案册应竖立存放，避免挤压等，有利于归档电子文件的存储保管和安全。

（2）电子档案离线归档光盘载体的类型和质量要求：

1）归档电子文件及其元数据均应存储、刻录在若干张耐久性好的一次性写入光盘（类型为可录类光盘CD-R、可录类光盘DVD-R/DVD+R）载体中。

2）归档光盘表面应使用符合档案保护要求的书写材料，必须使用专门的"光盘标签笔"（非溶剂基墨水的软性标签笔）标识档号、光盘号及套别（A、B、C）。禁止在归档光盘表面粘贴标签。

（3）立档单位必须对归档光盘进行定期检测，监控归档光盘关键技术指标，若检测结果超过三级预警线时，应立即实施归档光盘的数据迁移更新。

第十节　档案的验收

第四十三条　工程项目（含分部分项工程、单元工程）竣工验收时，应通知档案管理部门参加，工程档案的竣工验收（包括中间验收和阶段验收）应在验收委员会（或验收小组）的领导下，与工程项目验收同步或提前进行。各参建单位组织的有关工程项目的验收，应有档案人员作为验收委员参加。

第十一节　档案的移交

第四十四条　各参建单位所形成的档案移交给建设管理单位均需办理移交手续并提供电子文档。

工程建设项目档案移交数量为两套，均为完整的工程档案。第一套为正本、原件（含底稿、原始记录），余下一套可以含复印件。与其对应的电子档案刻录成光盘二套。

只有一份原件时，原件由项目产权单位保存，其他单位保管复制件。

数码照片冲洗成纸质照片归档一套装到照片相册，并刻录成光盘一式二套。

录音、录像等档案资料应在保持原声像同等质量的条件下，转换成通用视频、音频格式文件，刻录成光盘一式二套归档。

相关单位应填写项目文件归档交接单（见附件2-15）、项目文件归档移交清单（见附件2-16）、电子文件归档登记表（见附件2-17），均一式二份，交接双方各执一份，对移交档案清点无误并签字盖章后办理归档移交。案卷目录和移交清单均刻录成光盘，一式二套。

第十二节　附　　则

第四十五条　本办法由建管局负责解释。

第四十六条　本办法自下发之日起施行。

附件2-1　鹤岗市关门嘴子水库工程文件归档范围和保管期限表（建设单位）

序号	归档文件范围	保管期限	备注
	JS（建设单位）		（项目法人）
	01 前期工作		
1	项目策划、筹备文件	永久	
2	项目建议书及审批相关文件	永久	
3	项目评估、论证、咨询文件	永久	
4	项目审批、核准及补充文件	永久	
5	各阶段环境影响、水土保持、水资源、地震安全、文物保护、地质灾害、林地、消防等专项评估报告及批复文件	永久	
6	压覆矿产资源、劳动安全与工业卫生、职业健康、防洪等专项评价文件	永久	
7	停建令、社会稳定风险评估报告及批复文件	永久	
8	取水(砂)、林木采伐及电网接入许可文件	永久	
9	可行性研究报告及设计图纸、可研阶段审批所需各类专题报告及图件、各类报批文件、技术审查意见	永久	
10	地形、地貌、控制点、建筑物、构筑物及重要设备安装测量定位、观测监测记录	永久	
11	气象、地震等其他设计基础资料	永久	
12	规划报告书、补充报告及审批文件	永久	
13	方案论证、设计及审批文件	永久	
14	招标文件及主管部门审核意见	永久	
15	初步设计报告及设计图纸、初设阶段审批所需各类专题报告及图件、各类报批文件、技术审查意见、概算核定意见及审批文件	永久	
16	供图计划、施工图纸及各类技术文件、技术报告及审批文件	永久	
	02 征地补偿与移民安置		
1	建设用地预审材料及审查意见	永久	
2	建设用地组卷报批材料及审批文件	永久	
3	征迁协议、土地移交、临时用地复垦及返还等资料	永久	
4	建设用地规划许可证、国有土地使用证、林权证、不动产权证等	永久	
5	实物调查成果、勘测定界成果图	永久	
6	建设前原始地貌、征地拆迁、移民安置的音像资料	永久	
7	企事业单位资产评估资料	永久	
8	移民安置规划及审批文件	永久	
9	移民安置协议、移民安置年度计划	永久	
10	移民安置监督评估合同、报告	永久	
11	移民村、城(集)镇拆迁实施相关资料	永久	
12	征地补偿与移民安置项目建设的招投标、合同、安置实施验收等文件	永久	
	03 工程建设管理文件		
1	项目建设管理组织机构成立、调整文件	永久	
2	项目管理人员任免文件	永久	

续表

序号	归 档 文 件 范 围	保管期限	备注
	JS（建设单位）		（项目法人）
3	项目管理的各项管理制度、业务规范、工作程序，质保体系文件	30年	
4	项目施工前涉及水通、电通、道路通和场地平整的文件	永久	
5	开工报告文件	永久	
6	有关工程建设计划、实施计划和调整计划	永久	
7	工程建设年度工作总结	30年	
8	工程管理相关会议文件	永久	
9	工程建设管理大事记	永久	
10	重大设计变更申请、审核及批复文件	永久	
11	关键技术设计、试验文件	永久	
12	工程预算、差价管理、合同价结算等文件	永久	
13	索赔与反索赔文件	永久	
14	投资、质量、进度、安全、环保等计划、实施和调整、总结	30年	
15	通知、通报等日常管理性文件，一般性来往函件	30年	
16	质量、安全、环保、文明施工等专项检查考核、监督、履约评价文件	30年	
17	第三方检测文件（资质及检测报告等）	永久	
18	有关质量及安全生产事故处理文件	永久	
19	重要领导视察、重要活动及宣传报道文件	永久	
20	监管部门制发的重要工作依据性文件，涉及法律事务文件	永久	
21	组织法律法规、标准规范、制度程序宣贯培训文件，信息化工作文件	10年	
22	出国考察报告及外国技术人员提供的有关文件	永久	
23	工程建设不同阶段产生的有关工程启用、移交的各种文件	30年	
24	获得奖项、荣誉、先进人物等文件	永久	
25	工程原始地形、地貌，开工仪式、重要会议、重要领导视察，质量及安全生产事故处理，专项检查，质量监督活动，新技术、新工艺、新材料等应用，竣工后新貌等建设管理音像文件	永久	
	04 招标投标、合同协议文件		
1	招标计划及审批文件，招标公告、招标书、招标修改文件、答疑文件、招标委托合同、资格预审文件	30年	
2	中标的投标书、澄清、修正补充文件	永久	
3	未中标的投标文件(或作资料保存)	项目审计完成	
4	开标记录、评标人员签字表、评标纪律、评标办法、评标细则、打分表、汇总表、评审意见	30年	
5	评标报告，定标文件，中标通知书	永久	
6	市场调研、技术经济论证采购活动记录，谈判文件，询价通知书，响应文件	30年	

序号	归 档 文 件 范 围	保管期限	备注
	JS（建设单位）		（项目法人）
7	供应商的推荐、评审、确定文件，政府采购、竞争性谈判、单一来源采购协商记录，质疑答复文件	30 年	
8	合同准备及谈判、审批文件，合同书、协议书，合同执行、合同变更、合同索赔、合同了结文件，合同台账文件	永久	
	05 质量检查评定及验收文件		
1	分部、单位工程的验收申请、批复、质量检查评定表	永久	
2	分部、单位工程的验收鉴定书	永久	
	06 竣工验收文件		
1	项目各项管理工作总结	永久	
2	工程建设管理报告、设计工作报告、施工管理报告、监理工作报告、采购工作报告、总承包管理报告、运行管理报告等	永久	
3	项目安全鉴定报告、质量检测评审鉴定文件、质量监督报告	永久	
4	评估报告、阶段验收文件	永久	
5	工程决算、审计报告或预算执行情况报告	永久	
6	环境保护、水土保持、移民安置、消防、档案等专项验收申请及批复文件	永久	
7	竣工验收大纲、验收申请、验收报告及批复文件	永久	
8	验收组织机构、验收会议文件、签字表，验收意见、备忘录、验收证书等	永久	
9	工程竣工验收后相关交接、备案文件	永久	
10	运行申请、批复文件，运行许可证书	永久	
11	项目评优报奖申报材料，批复文件及证书	永久	
12	项目专题片、验收工作音像材料	永久	
13	与项目验收相关的其他重要文件材料	永久	

附件 2-2 鹤岗市关门嘴子水库工程文件归档范围和保管期限表（施工单位）

序号	归 档 文 件 范 围	保管期限	备注
	SG（施工单位）		（施工单位）
1	现场组织机构及主要人员、合同项目开工令（批复）、开工申请、施工计划及批复、施工放样报告单、施工测量成果报验单、资金流计划表、联合测量通知单	永久	
2	施工组织设计及批复	永久	
3	施工技术措施、施工方案	永久	
4	安全资料及报告	永久	
5	施工设备、仪器仪表进（退）场报验及批复、设备仪器校验及率定文件	永久	
6	材料设备出厂证明、工程材料试验报告、原材料/中间产品及构配件进场报验及批复	永久	
7	见证取样记录，砂浆、混凝土试验报告，钢筋连接接头试验报告，锚杆检测报告，压实度检测记录及报告，桩身及桩基检测报告，防水渗漏试验检查记录，节能保温测试记录，土方颗粒分析，碾压试验报告，击实试验报告，土方干密度、含水率试验报告等	永久	
8	岩土试验报告，基础处理、基础工程施工图	永久	

序号	归 档 文 件 范 围	保管期限	备注
	SG（施工单位）		（施工单位）
9	焊接工艺评定报告，焊接试验记录、报告，施工检验记录、报告，探伤检测、测试记录、报告，管道单线图（管段图）	永久	
10	工程设备与设施强度、密闭性等试验检测记录、报告，联动试车方案、记录、报告	30年	
11	隐蔽工程验收记录，重要隐蔽单元工程质量等级签证书	永久	
12	施工记录	永久	
13	施工日志、月报、年报、大事记	永久	
14	工程质量检查、评定材料	永久	
15	交工验收记录（包括单项工程的中间验收）	永久	
16	工程计量支付文件，合同变价、索赔文件	永久	
17	事故处理报告及重大事故处理的现场声像、照片材料和文字说明	永久	
18	工程施工管理工作报告及技术总结	永久	
19	竣工图	永久	
20	其他施工重要文件（如暂停施工申请报告、暂停施工通知、复工申请表、申请报告、复工通知等）	永久	

附件 2-3　鹤岗市关门嘴子水库工程文件归档范围和保管期限表（监理单位）

序号	归 档 文 件 范 围	保管期限	备注
	JL（监理单位）		
1	监理送审文件，监理部组建、印章启用、监理人员资质、总监任命、监理人员变更文件	永久	
2	监理规划、监理大纲及报审文件，监理实施细则	永久	
3	开工通知、暂停施工指示、复工通知等文件，图纸会审、图纸签发单	永久	
4	监理平行检验、试验及抽检文件	30年	
5	监理检查、复检、旁站记录，见证取样	永久	
6	质量缺陷、事故处理、安全事故报告	永久	
7	监理通知、回复单、工作联系单、来往函件	永久	
8	监理例会、专题会等会议纪要、备忘录	永久	
9	施工监理记录（包括监理抽测记录，监理检查、检测记录等）	永久	
10	监理日志、月报、年报、大事记	永久	
11	监理工作总结、质量评估报告、专题报告	30年	
12	联合测量或复测文件	永久	
13	监理组织的重要会议、培训文件	永久	
14	监理音像文件	永久	
15	其他材料	永久	

附件2-4 鹤岗市关门嘴子水库工程文件归档范围和保管期限表（设计单位）

序号	归档文件范围	保管期限	备注
	SJ(设计单位)	永久	
1	规划报告书、附件、附图、报批文件及审批文件材料	永久	
2	项目建议书、附件、附图、报批文件及审批文件材料	永久	
3	地质、勘测、水文、气象等资料	永久	
4	可行性研究报告书、附件、附图、报批文件及审批文件材料	永久	
5	初步设计报告书、附件、附图、报批文件及审批文件材料	永久	
6	环境影响、水土保持、水资源评价等专项报告及审批文件材料	永久	
7	评估、鉴定及实验等报告	永久	
8	施工设计图	永久	
9	施工技术说明、技术要求、技术交底、图纸会审纪要	永久	
10	设计变更、设计通知	永久	
11	工程设计工作报告	永久	
12	其他相关文件	永久	

附件2-5 鹤岗市关门嘴子水库工程文件归档范围和保管期限表（系统开发单位）

序号	归档文件范围	保管期限	备注
	KF（系统开发单位）		
1	需求调研计划、需求分析、需求规格说明书、需求评审	30年	
2	设计开发方案、概要设计及评审、详细设计及评审文件	30年	
3	数据库结构设计、编码计划、代码编写规范、模块开发文件	30年	
4	信息资源规划、数据库设计、应用支撑平台、应用系统设计、网络设计、处理和存储系统设计、安全系统设计、终端、备份、运维系统设计等文件	30年	
5	信息系统标准规范文件	10年	
6	实施计划、方案及批复文件	30年	
7	源代码及说明，代码修改文件，网络系统、二次开发支持文件，接口设计说明书	30年	
8	程序员开发手册、用户使用手册、系统维护手册	30年	
9	安装文件，系统上线保障方案，测试方案及评审意见，测试记录、报告，试运行方案、报告	30年	
10	信息安全评估、系统开发总结、验收交接清单、验收证书	30年	
11	其他资料	30年	

附件2-6 鹤岗市关门嘴子水库工程文件归档范围和保管期限表（质量检测单位）

序号	归档文件范围	保管期限	备注
	JC（质量检测单位）		
1	检测协议书、委托书、合同	永久	
2	检测方案，计划报告	永久	
3	检测记录、图表、照片，整理数据	永久	
4	检测成果报告	永久	

附件 2-7 案卷封面式样

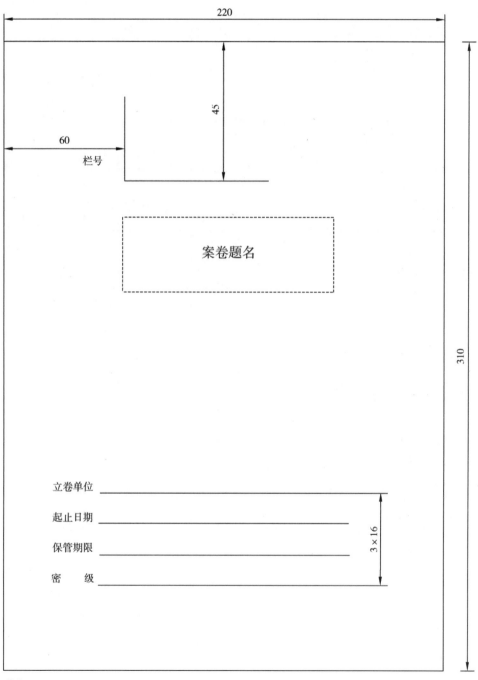

单位：mm。

附件 2-8　卷内目录式样

序号	档号 文件编号	责任者	卷内目录 文件题目	日期	页号	备注

单位：mm。

附件 2-9　卷内备考表式样

卷内备考表

档号：

互见号：

说明：
　　本卷档案共有文件_____件，共_____页。

立卷人：

年　月　日

检查人：

年　月　日

单位：mm。

附件 2-10　案卷目录封面式样

关门嘴子水库工程

×××档案

案 卷 目 录

（GMZZ-SG·01-001～×××）

（施工单位名称）

××××年××月××日

附件 2-11　案卷目录式样

单位：mm。

附件 2-12　装订式样

"三孔一线"案卷装订图

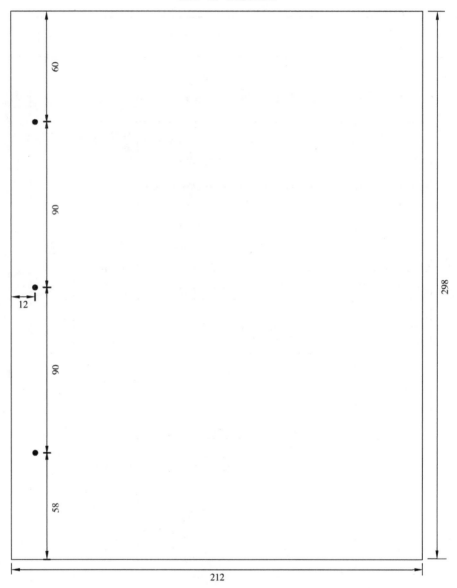

说明：

1. 采用"三孔一线"（即棉线三孔四针法、棉线三孔七针法）装订图，案卷封皮尺寸为 298mm×212mm，采用装订机（或手电钻）按图示三点位置钻孔打眼。

2. 相邻两孔间距为 90mm，孔点距左边 12~15mm。在卷皮上划钻孔点，上孔点距上边距为 60mm，下孔点距下边距为 58mm。

3. 采用装订机（或手电钻）钻孔，钻头直径 2.5mm，钩锥带线绳，背面系扣。

附件 2-13 档号章式样

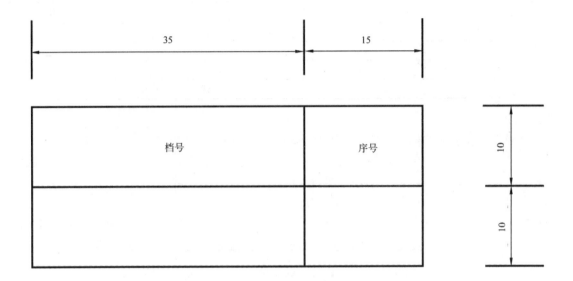

说明:

1. 图中尺寸单位:mm。

2. 档号章为红色印章,应使用红色印泥。

3. 主要用途:此章加盖在成册的书本式文件封面右上角,在档号位置填写本卷的档号,序号不填;散装的图纸加盖在折叠后的施工图和竣工图的右上角;已装订成册的图册,在图册封面右上角加盖档号章。

4. 散装的图纸档号章填写内容:档号为本卷的档号,序号填每张图纸在本卷图纸中的排列顺序,用"分数形式"表示,例如:一卷如有 10 张图纸,填写为 1/10、2/10、3/10、……、10/10 的形式。

附件 2-14　竣工图章及竣工图审核章式样

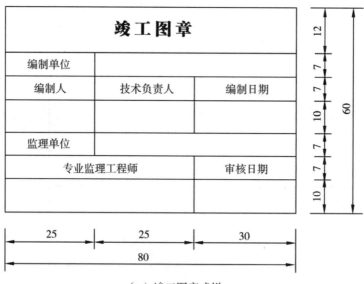

（a）竣工图章式样

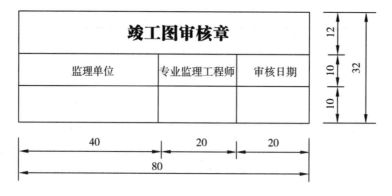

（b）竣工图审核章式样

说明：

1. 图中尺寸单位：mm。

2. 竣工图章和竣工图审核章均为红色印章，应使用红色印泥。

3. 竣工图章中"竣工图章"位置应直接刻制上工程项目全称加"竣工图章"字样，如：××工程竣工图章；编制单位和监理单位均可在图章制作时直接填写全称；日期填写为扩展式"年-月-日"，日期格式示例：2016-08-28。

附件 2-15 项目文件归档交接单

项目名称：
合同编号：
归档单位或部门自检意见： 单位或部门负责人（签字）：   年　月　日（公章）
监理单位审核意见： 监理单位负责人（签字）：   年　月　日（公章）
接收单位部门审查意见： 相关部门经办人（签字）： 档案管理机构经办人（签字） 年　月　日（公章）

各类载体档案和数量

1. 纸质档案　正本　套（　　卷），副本　　套（　　　卷）；
2. 电子档案　卷，光盘一式　张；
3. 音像档案　卷，光盘一式 张；
4. 实物档案　件。

附件：1. 档案编制说明
　　　2. 归档移交清单

移交单位或部门：（盖章）	接收单位：（盖章）
移交人（签名）： 　　　　　年 月 日	接收人（签名）： 　　　　　年 月 日

注　本表一式二份，分别由移交单位和接收单位保管。

附件 2-16　项目文件归档移交清单

序号	档号	案卷题名	立卷单位	起止时间	件数	总页数	保管期限	套数	电子文件	备注
1										
2										
3										
4										
5										
6										
7										
8										
…										

注　"电子文件"栏填"有"或"无"。

附件 2-17 电子文件归档登记表

单位名称			
归档时间		归档电子文件门类	
归档电子文件数量	卷　　件　　张　　分钟　　字节		
归档/移交方式	□在线归档　　　□离线归档		
检验项目	检验结果		
载体外观检验			
病毒检验			
真实性检验			
可靠性检验			
完整性检验			
可用性检验			
技术方法与相关软件说明 登记表、软件、说明资料检验			
移交（部门）单位（签章）： 移交人（签名）： 　　　　　　　　　年　月　日	接收（部门）单位（签章）： 接收人（签名）： 　　　　　　　　　年　月　日		

第三章 项目法人归档资料

第一节 前期工作

一、可行性研究报告审批前置要件

（1）建设用地预审材料。

（2）建设项目选址意见书。

（3）社会稳定风险评估报告。

二、可行性研究报告阶段

（1）水工程建设规划同意书。

（2）建设征地移民安置规划大纲。

（3）建设征地移民安置规划报告。

（4）文物保护评估。

（5）地震安全性评价报告。

（6）工程地质勘察报告（可行性研究阶段）。

（7）节能登记表。

（8）水土保持方案及批复。

（9）资金筹措方案。

（10）可行性研究报告、补充论证报告、审查意见及批复。

三、初步设计及施工准备阶段

（1）环境影响报告书及批复。

（2）水资源开发利用环境影响回顾评价研究报告。

（3）水资源论证报告书及取水许可申请准予水行政许可决定书。

（4）使用林地的批复。

（5）项目法人组建、调整文件。

（6）招标文件、招标报告、招标总结报告及主管部门审核意见。

（7）初步设计文件（包含水文成果、工程地质、工程任务与规模、工程总布置及主要建筑物、机电及金属结构、消防设计、施工组织设计、建设征地与移民安置、环境保护设计、水土保持初步设计、劳动安全与工业卫生设计、节能设计、工程管理设计、信息化设计、设计概算、经济评价）及批复、设计图纸。

第二节　建　设　实　施

一、建设管理文件

（1）组织机构成立、调整文件。

（2）管理人员任免文件。

（3）合同、质量、安全、进度、投资、信息、专项工程等管理制度文件。

（4）工程原始地形、地貌、测量基准点。

（5）施工前涉及通水、通电、通信、通路和场地平整的文件。

（6）开工报告（报项目主管单位和上一级主管单位备案）。

（7）工程建设计划、实施计划和调整计划。

（8）工程建设年度工作总结。

（9）工程管理相关会议文件（包括会议纪要、签到表及影像资料）。

（10）工程建设管理大事记。

（11）重大设计变更申请、审核及批复文件。

（12）关键技术设计（混凝土重力坝温控设计等）、试验（帷幕灌浆等）文件。

（13）施工图审查意见。

（14）设计交底记录。

（15）工程预算、差价管理、合同价结算等文件。

（16）索赔与反索赔文件。

（17）投资、质量、进度、安全、环保等计划、实施和调整、总结。

（18）通知、联系单等日常管理性文件，一般性来往函件。

（19）质量、安全、进度、资金、环保、文明施工等专项检查考核、监督、履约评价文件。

（20）第三方检测文件（资质及检测报告等）。

（21）有关质量及安全生产事故处理文件。

（22）重要领导视察、重要活动（开工仪式、重要会议）及宣传报道文件。

（23）监管部门制发的重要工作依据性文件，涉及法律事务文件。

（24）各类培训文件。

（25）获得奖项、荣誉、先进人物等文件。

二、招标投标、合同文件

（1）招标计划及审批文件，招标公告、招标文件、招标修改文件、答疑文件、招标委托合同（项目法人具备《水利工程建设项目招标投标管理规定》所要求相关条件时，按有关规定和管理权限经核准可自行办理招标事宜）。

（2）中标的投标书，澄清、修正、补充文件。

（3）未中标的投标文件（作为资料保存或者留存至项目审计完成）。

（4）开标记录、评标人员签字表、评标纪律、评标办法、评标细则、打分表、汇总表、评审意见。

（5）评标报告、定标文件、中标通知书。

（6）市场调研、技术经济论证采购活动记录、谈判文件、询价通知书、响应文件。

（7）政府采购、竞争性谈判、质疑答复文件。

（8）合同准备及谈判、审批文件，合同风险评估文件，合同文本，合同执行、合同变更、合同索赔、合同了结文件，合同台账文件。

第三节 生 产 准 备

（1）技术准备计划、方案及审批文件。

（2）试生产、试运行管理，技术规程、规范。

（3）试生产、试运行方案，操作规程，作业指导书，运行手册，应急预案。

（4）试运行期间运行、维护记录。

（5）试运行发现的缺陷台账及处理记录，事故分析记录、报告。

（6）技术培训文件。

（7）环保、水保、消防、职业安全卫生等运行检测、监测记录、报告。

第四节 竣 工 验 收

（1）工程建设管理报告、设计工作报告、施工管理工作报告、监理工作报告、采购工作报告、运行管理工作报告。

（2）项目安全鉴定报告、质量检测文件、质量监督报告。

（3）阶段验收文件，包括导（截）流验收、下闸蓄水验收、首（末）台机组启动验收等。

（4）工程决算、审计意见、审计整改报告。

（5）环境保护、水土保持、移民安置、消防、档案等专项验收文件。

1）环境保护：环境保护设施验收报告。

2）水土保持：水土保持设施验收报告、水土保持设施验收鉴定书、水土保持监测总结报告。

3）移民安置：移民安置验收报告。

4）消防：消防设计审查验收主管部门备案材料，包括消防验收备案表、工程竣工验收报告、涉及消防的建设工程竣工图纸、备案凭证等。

5）档案：档案自检报告、档案专项验收申请、档案专项审核报告、档案验收意见。

（6）竣工验收自查报告、竣工验收技术鉴定、验收申请及批复、竣工技术预验收工作报告。

（7）验收组织机构、验收会议文件、签字表，历次验收遗留问题处理情况、验收意见、备忘录、验收证书等。

（8）工程竣工验收后相关交接、备案文件。

（9）项目评优报奖申报材料、批准文件及证书。

（10）项目后评价文件。

（11）项目专题片、验收工作音像材料。

（12）工程竣工证书。

第四章　监理单位归档资料

（1）监理部组建、印章启用、监理人员资质，总监任命、监理人员变更等文件。

（2）监理规划、大纲及报审文件，监理实施细则。

（3）开工通知、暂停施工指示、复工通知等文件，图纸会审、图纸签发单等文件。

（4）监理平行检验、试验记录。

（5）监理检查、复检、旁站记录，见证取样记录。

（6）质量缺陷、事故处理、安全事故报告。

（7）监理通知单、回复单、工作联系单、来往函件。

（8）监理例会、专题会等会议纪要。

（9）监理日志、月报、年报。

（10）监理工作总结、专题报告。

（11）工程计量支付文件。

（12）联合测量或复测文件。

（13）监理组织的重要会议、培训文件。

（14）监理音像文件。

第五章 设计单位归档资料

（1）可行性研究报告及设计图纸、可研阶段审批所需各类专题（社会稳定风险评估、建设征地移民安置规划大纲和规划报告、文物保护评估、地震安全性评价）报告及图件、各类报批文件、技术审查意见。

（2）地形、地貌、控制点、建筑物、构筑物及重要设备安装测量定位、观测监测记录。

（3）气象、地震等其他设计基础资料。

（4）初步设计报告及设计图纸、初设阶段审批所需各类专题［取水许可（含水资源论证报告书）、建设项目使用林地、环境影响评价、水工程规划同意书、水土保持方案、临时用地报批、永久用地报批］报告及图件，各类报批文件，技术审查意见、概算核定意见及审批文件。

（5）供图计划、施工图纸及各类技术文件、技术报告及审批文件。

第六章　施工单位归档资料

第一节　施工管理类资料

一、项目部组建及人员配备

（1）施工单位组建工程施工项目部文件，任命项目经理和技术负责人文件。

（2）项目部公章启用文件。

（3）主要管理人员、技术人员名单及资质证书复印件（包括施工单位资质证书、主要负责人安全生产 A 证，项目经理建造师证、职称证书、安全生产 B 证，安全管理人员安全生产 C 证，技术负责人的职称证书等）。

（4）特种作业人员名单及特种作业操作证复印件。

上述人员配备及资质证书应与投标承诺保持一致，其中项目经理和技术负责人若有变更应及时向项目法人提出申请，其他人员变更向监理提出申请。

二、施工管理制度

（1）岗位责任制度，包括项目经理、技术负责人、财务负责人、各部门负责人及管理人员的职责。

（2）内控管理制度，包括质量管理、进度管理、成本管理、安全生产管理、信息管理、物资采购管理、财务管理、档案管理、施工技术管理等。

三、开工报审文件

（1）现场组织机构及主要人员报审表，附项目部组织机构图、部门职责及主要人员数量、分工、人员清单及其资格或岗位证书等资料。

（2）施工设备进场报验单，附进场施工设备照片、进场施工设备生产许可证、进场施工设备产品合格证（特种设备应提供安全检定证书）、操作人员资格证等资料；仪器进场报审及设备仪器校验、率定文件。

（3）合同工程开工申请表，附合同工程开工申请报告。

四、施工进度管理文件

（1）施工进度计划申报表，附施工总进度计划、年施工进度计划、月施工进度计划、专项施工进度计划（如赶工计划等）。

（2）暂停施工报审表，附申请原因。

（3）复工申请报审表，附停工因素消除情况说明、复工条件情况说明。

（4）施工进度计划调整申报表，附施工进度调整计划（包括调整理由、形象进度、工程量、资源投入计划等）。

（5）延长工期申报表，附延长工期申请报告（说明原因、依据、计算过程及结果等）、证明材料。

五、其他管理文件

（1）施工合同文件、投标文件（包括开标、评标会议文件及中标通知书）和施工单位委托的各种合同（劳务合同、检测合同、购货合同、分包合同等）。

（2）施工日志、月报、年报、大事记。

（3）重要会议记录、会议纪要。

（4）施工期间的有关投资、质量、进度、安全、环保、相关事件的各类报告单、请示等文件。

（5）施工音像文件（包含进场时的初始地形、地貌、各阶段节点、隐蔽部位、重要部位、缺陷处理、会议及完工新貌等）。

第二节　施工技术类资料

一、测量类资料

（1）交桩记录及复测记录文件。

（2）施工定位、施工放样、控制测量及报审文件。

二、技术要求类资料

（1）工程技术要求、技术（安全）交底、图纸会审纪要。

（2）设计技术（安全）交底、作业指导书、图纸会审及回复文件。

（3）工程强制性条文的清单（水利工程部分），所执行的施工技术标准清单。

（4）设计（变更）通知、设计代表函，有关工程变更的洽商单、联系单、报告单、申请、指示及批复文件。

三、施工技术方案

（1）水土保持、环境保护实施与监测文件。

（2）施工计划、施工技术及安全措施、施工工艺及报审文件。

（3）施工技术方案申报表，包含施工组织设计、施工措施计划、专项施工方案、度汛方案、应急救援预案等。其中，专项施工方案主要包括基坑支护工程、降水工程、土方开挖工程、石方开挖工程、模板工程及支撑体系、起重吊装及安装拆卸工程、脚手架工程、拆除工程、爆破工程、围堰工程、临时用电工程，以及其他危险性较大的工程。

（4）施工技术资料。

1）施工导（截）流资料：①导流工程施工措施计划；②导流建筑物施工图纸；③安全度汛措施计划；④截流措施计划。

2）下闸蓄水资料：①观测仪器、设备初始值和施工期的观测值；②蓄水安全鉴定报告；③蓄水计划、导流洞封堵方案；④年度度汛方案。

3）土方明挖资料：①开挖放样资料；②土方明挖工程施工措施计划。

4）石方明挖资料：①开挖放样剖面资料；②石方明挖工程施工措施计划。

5）地下洞室开挖资料：①地下洞室开挖工程施工措施计划；②施工记录报表。

6）支护工程资料：①地下洞室支护工程施工措施计划；②岩石边坡支护工程施工措施计划。

7）钻孔和灌浆工程资料：①固结灌浆施工措施计划；②帷幕灌浆施工措施计划。

8）基础防渗工程资料：①高压喷射灌浆防渗施工措施计划；②施工进度计划。

9）地基及基础工程资料：①灌注桩基础施工场地布置图；②桩基础施工方案及工艺；③成孔、成桩试验和措施；④安全和环境保护措施；⑤施工进度计划。

10）土石方填筑工程资料：①土石方填筑施工措施计划；②地形测量资料；③现场试验计划和试验成果报告；④土工合成材料选择和施工措施。

11）混凝土工程资料：主要包含混凝土浇筑施工措施计划。

12）沥青混凝土工程资料：主要包含沥青混凝土施工措施计划。

13）砌体工程资料：①砌体工程施工措施计划；②施工布置图及其说明；③砌体工程施工工艺和方法；④安全保证措施；⑤施工进度计划；⑥砌体材料试验报告。

14）屋面和地面建筑工程资料：①屋面（地面）工程施工措施计划；②现场工艺试验报告；③防水卷材的铺贴工艺试验报告；④防水涂膜现场施涂工艺试验报告；⑤防水卷材及其胶粘材料、防水涂膜材料和基层处理剂等的材料相容性试验报告；⑥接缝密封防水及其背衬材料的性能与施工工艺试验报告。

15）压力钢管制造和安装资料：①钢管安装措施计划；②钢管水压试验措施计划。

16）钢结构的制作和安装资料：①钢结构工程施工措施计划；②钢结构材料采购计划；③钢结构工程的设计文件和图纸。

17）钢闸门及启闭机安装资料：①安装措施计划；②设备交货计划。

18）预埋件埋设资料：①单元工程或分部位项目预埋件一览表；②材料采购清单。

19）机电设备安装资料：①机电设备安装进度计划；②主要机电设备安装方案和工艺措施报告；③承包人要求发包人提交的机电设备和材料交货计划；④安装工作进度实施报告。

20）工程安全监测资料：①监测仪器设备采购计划；②监测仪器设备安装埋设技术措施；③安装埋设记录和质量检查报表；④施工期监测规程；⑤施工期监测资料整编及成果分析报告。

第三节　施工质量类资料

一、施工质量管理体系文件

（1）施工单位质量终身责任制承诺书。

（2）质量保证体系文件（包含质量管理机构建立、人员职责分工、质量目标、质量目标管理制度、质量检验制度等）。

（3）施工自检单位文件（包含检测单位及检测人员资质、授权及外委试验协议、质量保证体系文件）。

二、施工准备质量管理文件

工程项目划分报审文件。

三、施工过程质量管理文件

（1）原材料及构配件进场报验文件（包含出厂合格证、质量保证书、进场试验检验台账等）。

（2）原材料、半成品、终产品与构配件的见证取样记录。

（3）配合比设计及商混质量保证文件。

（4）混凝土浇筑开仓报审表，附自检资料。

（5）单元工程（含重要隐蔽单元工程、关键部位单元工程）质量验收、评定报审文件（工序、三检、试验、测量、施工记录等）及验收评定台账。

（6）质量问题台账及整改记录。

（7）施工质量缺陷处理方案报审表，附施工质量缺陷处理方案。

（8）施工质量缺陷处理措施计划报审表，附施工质量缺陷处理方案。

（9）事故报告单。

四、施工质量检测资料

1. 混凝土重力坝

（1）岩体弹性波速试验。

（2）水泥物理力学性能试验。

（3）水泥浆强度试验。

（4）砂常规性能试验。

（5）（碎）石常规性能试验。

（6）（碎）石碱活性试验。

（7）粉煤灰试验。

（8）外加剂试验。

（9）混凝土拌和用水试验。

（10）钢筋力学、工艺性能试验。

（11）钢筋焊接性能试验。

（12）橡胶止水带力学性能试验。

（13）铜止水力学性能试验。

（14）铜止水焊接性能试验。

（15）填缝板性能试验。

（16）混凝土拌和物坍落度。

（17）混凝土拌和物含气量。

（18）混凝土抗压强度。

（19）混凝土抗冻性能。

（20）混凝土抗渗性能。

（21）沥青性能试验。

（22）聚脲性能试验。

（23）压水试验。

（24）锚杆常规性能试验。

（25）格宾性能试验。

（26）无纺布性能试验。

（27）钢闸门超声波探伤试验。

（28）钢闸门涂层厚度。

（29）钢闸门无水启闭试验。

（30）钢闸门动水启闭试验。

（31）液压启闭机试运行试验（包含试运行前检查、油泵试验、手动操作试验、自动操作试验、闸门沉降试验、双吊点同步试验）。

2. 交通工程

（1）土料标准击实试验。

（2）土料压实度试验。

（3）弯沉试验。

（4）水泥剂量试验。

（5）水泥稳定材料无侧限抗压强度。

（6）混凝土面层弯拉强度。

（7）无纺布性能试验。

（8）砂砾料相对密度试验。

（9）雷诺护垫性能试验。

（10）格宾性能试验。

（11）检修路交通桥桩身完整性试验。

（12）橡胶支座性能试验。

（13）钢绞线性能试验。

（14）预应力管道水泥基浆体抗压强度试验。

（15）钢筋力学、工艺性能试验。

（16）钢筋焊接性能试验。

（17）水泥物理力学性能试验。

（18）水泥浆强度试验。

（19）砂常规性能试验。

（20）（碎）石常规性能试验。

（21）（碎）石碱活性试验。

（22）粉煤灰试验。

（23）外加剂试验。

（24）混凝土拌和用水试验。

（25）混凝土拌和物坍落度。

（26）混凝土拌和物含气量。

（27）混凝土抗压强度。

（28）沥青性能试验。

3. 电站工程

（1）砖性能试验。

（2）水泥物理力学性能试验。

（3）水泥浆强度试验。

（4）砂常规性能试验。

（5）（碎）石常规性能试验。

（6）（碎）石碱活性试验。

（7）粉煤灰试验。

（8）外加剂试验。

（9）混凝土拌和用水试验。

（10）钢筋力学、工艺性能试验。

（11）钢筋焊接性能试验。

（12）填缝板性能试验。

（13）铜止水力学性能试验。

（14）铜止水焊接性能试验。

（15）混凝土拌和物坍落度。

（16）混凝土拌和物含气量。

（17）混凝土抗压强度。

（18）混凝土抗冻性能。

（19）混凝土抗渗性能。

（20）聚脲性能试验。

（21）超声波探伤试验。

（22）防腐涂层厚度。

（23）无纺布性能试验。

（24）格宾性能试验。

（25）充填石料性能试验。

（26）砂石料压实度试验。

（27）砂性土料相对密度试验。

（28）钢屋架探伤、防腐、力学性能等试验。

（29）管道强度、严密性、焊缝检测试验。

（30）闸门无水启闭试验。

（31）闸门动水启闭试验。

（32）液压启闭机试运行试验（包含试运行前检查、油泵试验、手动操作试验、自动操作试验、闸门沉降试验、双吊点同步试验）。

（33）桥式启闭机试运行试验（包含试运行前检查、试运行、静载试验、动载试验）。

（34）拦污栅升降试验。

（35）定子试验。

（36）转子试验。

（37）励磁变压器试验。

（38）厂用变压器试验。

（39）电流互感器试验。

（40）电压互感器试验。

（41）真空断路器试验。

（42）负荷开关试验。

（43）隔离开关试验。

（44）氧化锌避雷器试验。

（45）电力电路电缆试验。

（46）低压电器试验。

（47）直流系统试验。

（48）附属设备试验。

（49）计算机监控系统试验。

（50）主变压器试验。

（51）水轮发电机组启动试验。

（52）水轮发电机组甩负荷试验。

4. 泵站工程

（1）砖性能试验。

（2）水泥物理力学性能试验。

（3）水泥浆强度试验。

（4）砂常规性能试验。

（5）（碎）石常规性能试验。

（6）（碎）石碱活性试验。

（7）粉煤灰试验。

（8）外加剂试验。

（9）混凝土拌和用水试验。

（10）钢筋力学、工艺性能试验。

（11）钢筋焊接性能试验。

（12）填缝板性能试验。

（13）铜止水力学性能试验。

（14）铜止水焊接性能试验。

（15）混凝土拌和物坍落度。

（16）混凝土拌和物含气量。

（17）混凝土抗压强度。

（18）混凝土抗冻性能。

（19）混凝土抗渗性能。

（20）超声波探伤试验。

（21）防腐涂层厚度。

（22）砂石料压实度试验。

（23）砂性土料相对密度试验。

（24）钢屋架探伤、防腐、力学性能等试验。

（25）管道强度、严密性、焊缝检测试验。

（26）闸门无水启闭试验。

（27）闸门动水启闭试验。

（28）液压启闭机试运行试验（包含试运行前检查、油泵试验、手动操作试验、自动操作试验、闸门沉降试验、双吊点同步试验）。

（29）桥式启闭机试运行试验（包含试运行前检查、试运行、静载试验、动载试验）。

（30）拦污栅升降试验。

（31）离心泵电机试验。

（32）变压器试验。

（33）电气盘柜试验。

（34）计算机监控及通信系统试验。

5. 鱼道工程

（1）水泥物理力学性能试验。

（2）水泥浆强度试验。

（3）砂常规性能试验。

（4）（碎）石常规性能试验。

（5）（碎）石碱活性试验。

（6）粉煤灰试验。

（7）外加剂试验。

（8）混凝土拌和用水试验。

（9）钢筋力学、工艺性能试验。

（10）钢筋焊接性能试验。

（11）铜止水力学性能试验。

（12）铜止水焊接性能试验。

（13）填缝板性能试验。

（14）混凝土拌和物坍落度。

（15）混凝土拌和物含气量。

（16）混凝土抗压强度。

（17）混凝土抗冻性能。

（18）混凝土面层弯拉强度。

（19）水泥剂量试验。

（20）水泥稳定材料无侧限抗压强度。

（21）碎石混合土、卵石混合土压实度。

（22）石料孔隙率。

（23）无纺布性能试验。

（24）格宾性能试验。

（25）充填石料性能试验。

（26）超声波探伤试验。

（27）防腐涂层厚度。

（28）闸门无水启闭试验。

（29）闸门动水启闭试验。

（30）固定卷扬式启闭机试运行试验（包含电气设备试验、无载荷试验、载荷试验）。

6. 导流洞

（1）水泥物理力学性能试验。

（2）水泥浆强度试验。

（3）砂常规性能试验。

（4）（碎）石常规性能试验。

（5）（碎）石碱活性试验。

（6）粉煤灰试验。

（7）外加剂试验。

（8）混凝土拌和用水试验。

（9）钢筋力学、工艺性能试验。

（10）钢筋焊接性能试验。

（11）钢板性能试验。

（12）橡胶止水带力学性能试验。

（13）填缝板性能试验。

（14）混凝土拌和物坍落度。

（15）混凝土拌和物含气量。

（16）混凝土抗压强度。

（17）混凝土抗冻性能。

（18）混凝土抗渗性能。

（19）锚杆拉拔试验。

（20）喷锚混凝土强度试验。

（21）压水试验。

（22）充填石料性能试验。

（23）闸门超声波探伤试验。

（24）闸门防腐涂层厚度。

（25）固定卷扬式启闭机试运行试验（包含电气设备试验、无载荷试验、载荷试验）。

7. 围堰

（1）土料标准击实试验。

（2）土料压实度试验。

（3）砂砾料相对密度试验。

（4）块石孔隙率试验。

（5）复合土工布性能试验。

（6）复合土工膜性能试验。

（7）水泥物理力学性能试验。

（8）水泥浆强度试验。

（9）混凝土盖板抗压强度试验。

（10）高喷截渗墙试验。

（11）围井试验。

8. 管理站房

（1）砖、砌块物理力学性能试验。

（2）钢筋化学分析、工艺性能试验。

（3）水泥物理力学性能试验。

（4）砂浆物理力学性能试验。

（5）防水卷材、涂料物理力学性能试验。

（6）管道、管件强度、严密性、管道保温、水温、水压、焊缝检测试验。

（7）电线电缆电性能、机械性能、结构尺寸、燃烧性能、芯导体电阻值。

（8）接地电阻值、防雷检测、功率密度检测。

（9）保温材料密度、压缩强度、燃烧性能试验。

（10）商品混凝土拌和物坍落度。

（11）商品混凝土拌和物含气量。

（12）商品混凝土抗压强度。

（13）无纺布性能试验。

（14）格宾性能试验。

（15）雷诺护垫性能试验。

（16）土料标准击实试验。

（17）土料压实度试验。

（18）弯沉试验。

（19）混凝土面层弯拉强度。

（20）离心泵电机试验。

（21）变压器试验。

（22）电气盘柜试验。

（23）计算机监控及通信系统试验。

9. 输水管线

（1）地基承载力试验。

（2）土料标准击实试验。

（3）土料压实度试验。

（4）砂性土料相对密度试验。

（5）压力管道超声波探伤试验。

（6）压力管道防腐涂层厚度。

（7）水泥物理力学性能试验。

（8）水泥浆强度试验。

（9）砂常规性能试验。

（10）（碎）石常规性能试验。

（11）（碎）石碱活性试验。

（12）粉煤灰试验。

（13）外加剂试验。

（14）混凝土拌和用水试验。

（15）钢筋力学、工艺性能试验。

（16）钢筋焊接性能试验。

（17）混凝土拌和物坍落度。

（18）混凝土拌和物含气量。

（19）混凝土抗压强度。

（20）混凝土抗冻性能。

（21）无纺布性能试验。

（22）格宾性能试验。

（23）充填石料性能试验。

（24）水压试验。

（25）水质检测。

10. 鱼类增殖放流站

（1）砖、砌块物理力学性能试验。

（2）钢筋化学分析、工艺性能试验。

（3）钢结构焊缝检测，防腐涂层检测，螺栓等连接件力学性能试验。

（4）水泥物理力学性能试验。

（5）砂浆物理力学性能试验。

（6）防水卷材、涂料物理力学性能试验。

（7）门窗"三性"测试。

（8）管道、管件的强度、严密性、保温、水温、水压、焊缝检测试验。

（9）电线电缆电性能、机械性能、结构尺寸、燃烧性能、芯导体电阻值。

（10）接地电阻值、防雷检测、功率密度检测。

（11）保温材料密度、压缩强度、燃烧性能试验。

（12）商品混凝土拌和物坍落度。

（13）商品混凝土拌和物含气量。

（14）商品混凝土抗压强度。

（15）无纺布性能试验。

（16）雷诺护垫性能试验。

（17）土料标准击实试验。

（18）土料压实度试验。

（19）弯沉试验。

（20）混凝土面层弯拉强度。

（21）水泵电机试验。

（22）变压器试验。

（23）电气盘柜试验。

（24）计算机监控及通信系统试验。

11．公路和防火通道

（1）土料标准击实试验。

（2）土料压实度试验。

（3）碎石孔隙率试验。

（4）弯沉试验。

（5）水泥剂量试验。

（6）水泥稳定材料无侧限抗压强度。

（7）混凝土面层弯拉强度。

（8）砂砾料相对密度试验。

（9）桥桩身完整性试验。

（10）橡胶支座性能试验。

（11）钢绞线性能试验。

（12）预应力管道水泥基浆体抗压强度试验。

（13）钢筋力学、工艺性能试验。

（14）钢筋焊接性能试验。

（15）水泥化学成分及物理性能试验。

（16）水泥砂浆强度。

（17）（碎）石常规性能试验。

（18）商品混凝土拌和物坍落度。

（19）商品混凝土拌和物含气量。

（20）商品混凝土抗压强度。

第四节 施工安全类资料

一、相关文件、证件和人员信息

（1）施工单位及相关单位印发的安全生产文件。

（2）企业法人资质证书、营业执照、安全生产许可证。

（3）主要负责人、项目负责人、安全生产管理人员安全考核合格证，特种作业人员操作资格证。

（4）人身意外伤害保险及工伤保险证明。

（5）安全防护用品允许使用证明。

（6）机械设备允许使用证明。

（7）安全生产管理人员登记表。

（8）特种作业人员登记表。

（9）现场施工人员登记表。

（10）安全生产档案审核表。

二、安全生产目标管理

（1）安全生产目标及相关文件（包含生产安全事故控制目标、安全生产投入目标、安全生产教育培训目标、安全生产事故隐患排查治理目标、重大危险源监控目标、应急管理目标、文明施工管理目标、人员、机械、设备、交通、消防、环境和职业健康等方面的安全管理控制指标）。

（2）安全生产目标管理计划及相关文件（包括安全生产目标值、保证措施）。

（3）安全生产目标责任书。

（4）安全生产目标考核办法。

（5）安全生产目标完成情况自查报告。

（6）安全生产目标考核结果。

三、安全生产管理机构和职责

（1）项目部安全生产管理组织网络。

（2）安全领导小组组建文件。

（3）安全生产会议记录、纪要。

（4）安全生产责任制。

（5）安全生产责任制的考核结果。

四、施工现场安全生产管理制度

（1）施工单位的安全生产管理制度。

（2）适用的安全生产法律、法规、规章、制度和标准清单。

（3）施工现场的各工种安全技术操作规程。

（4）施工单位各机械设备安全操作规程。

（5）安全生产管理制度的学习记录。

（6）安全生产管理制度的检查评估报告。

（7）安全生产管理制度执行情况的检查意见及整改报告等。

五、安全生产费用管理

（1）安全费用使用计划。

（2）安全生产费用使用台账。

（3）安全生产费用检查意见及整改报告等。

六、安全技术措施和专项施工方案

（1）施工组织设计（含安全技术措施专篇）。

（2）危险性较大的单项工程汇总表。

（3）专项施工方案及相关审查、论证记录。

（4）安全技术交底记录。

（5）工程度汛方案、超标准洪水应急预案及演练记录。

（6）安全度汛目标责任书。

（7）消防设施平面布置图。

（8）施工现场消防安全检查记录。

七、安全教育培训

（1）安全生产教育培训计划。

（2）安全生产管理人员、特种作业人员教育培训记录。

（3）三级安全教育培训记录。

（4）日常安全教育培训记录。

（5）班组班前安全活动记录。

（6）安全生产教育汇总表。

（7）外来人员安全教育记录等。

八、设施设备安全管理

（1）设施设备管理台账。

（2）劳动保护用品采购及发放台账。

（3）设施设备进场验收资料。

（4）特种作业人员进场审核材料。

（5）设施设备运行记录。

（6）设施设备检查记录。

（7）设施设备检修、维修记录。

九、作业安全管理

（1）安全标志台账。

（2）安全设施管理台账。

（3）动火作业审批表。

（4）危险作业审批台账。

（5）危险性较大作业安全许可审批表。

（6）相关方安全管理登记表。

十、事故隐患排查治理

（1）施工单位隐患排查记录、整改通知、整改结果等。

（2）事故隐患排查、治理台账。

（3）事故隐患排查治理情况统计分析月报表。

（4）重大事故隐患报告。

（5）重大事故隐患治理方案及治理结果。

（6）重大事故隐患治理验收及评估意见。

十一、重大危险源管理

（1）重大危险源辨识记录及相关文件。

（2）重大危险源安全评估报告。

（3）重大危险源管理台账。

（4）重大危险源管理的责任单位、责任部门、责任人。

（5）重大危险源检查记录。

（6）重大危险源监控、检测记录。

十二、职业卫生与环境保护

（1）有害、有毒作业场所管理台账。

（2）职业危害告知单。

（3）从业人员健康监护档案。

（4）职业危害场所检测计划、检测结果。

（5）接触职业危害因素作业人员登记表。

（6）职业危害防治设备、器材登记表。

（7）职业危害及治理情况有关资料。

（8）作业场所及周边环境监测、治理资料。

十三、应急管理

（1）施工现场安全事故应急救援预案、专项应急预案、现场处置方案及演练情况。

（2）生产安全事故快报。

（3）安全生产月报。

（4）生产安全事故档案。

第五节　施工结算类资料

（1）工程原始地形测量：各种测量数据，计算结果。

（2）工程开挖或填筑测量：数据表、计算结果。

（3）资金流计划申报表，附资金计划使用编制说明。

（4）工程预付款申请单，附已具备工程预付款支付条件的证明材料、计算依据及结果。

（5）材料预付款报审表，附材料报验单、材料付款凭据复印件。

（6）变更项目价格申报表，附变更价格报告（变更估价原则、编制依据及说明、单价分析表）。

（7）索赔意向通知，附索赔意向书（包括索赔事件及影响、索赔依据、索赔要求等）。

（8）索赔申请报告，附索赔报告（主要内容包括：索赔事件简述及索赔要求、索赔依据、索赔计算、索赔证明材料）。

（9）工程计量报验单，附计量测量、计算等资料。

（10）计日工单价报审表，附单价分析表。

（11）计日工工程量签证单，附人员工作明细、材料使用明细、施工设备使用明细。

（12）工程进度付款申请单，附工程进度付款汇总表、已完工程量汇总表、合同分类分项项目进度付款明细表、合同措施项目进度付款明细表、变更项目进度付款明细表、计日工项目进度付款明细表、索赔确认单清单。

（13）计日工项目进度付款明细表，附本期计日工工作量汇总表（汇总计日工工程量签证单）、计日工单价报审表。

（14）合同变更索赔文件。

（15）完工付款/最终结清申请单，附计算资料、证明文件等。

（16）质量保证金退还申请单。

第六节 施工验收类资料

（1）分部工程验收申请、批复，分部工程质量评定表、工作报告、验收鉴定书。

（2）单位工程验收申请、批复，外观及单位工程质量评定表，各方工作报告、验收鉴定书。

（3）合同项目验收申请、批复，各方工作报告、验收鉴定书。

（4）竣工图及竣工图编制说明。

（5）工程质量保修书。

（6）合同工程完工证书。

（7）工程质量保修责任终止书。

附录 A 项目法人归档资料常用表格

附表 A-1 通 知 单

（管理〔　　〕通知　号）

合同名称：

致：
事由： 通知内容：

项目法人：（名称及盖章）

负责人：（签名）

日期：　　年 月 日

注　本通知一式___份，由项目法人填写，项目法人___份，设计单位___份，监理机构___份，承包人___份，检测单位___份。

附表 A-2　业 务 联 系 单

联系单内容	致：
	（项目法人单位名称）

项目负责人：	经办人：
日期：　　　　年　　月　　日	日期：　　　　年　　月　　日

注　本表一式___份，由项目法人填写，项目法人___份，监理机构___份，承包人___份，设计单位___份，检测单位___份。

附表 A-3 图纸会审技术交底记录

工程名称			合同编号	
主持人			日期	

参加人员	项目法人	
	监理单位	
	设计单位	
	施工单位	

序号	图号	提出问题	处理意见

项目法人：	监理单位：	设计单位：	施工单位：

附表 A-4 会 议 纪 要

（管理〔 〕纪要 号）

会议主题			
会议时间			
会议地点		主持人	
参会人员		记录人	

抄送：
年 月 日印发

附表 A-5　会 议 签 到 表

日期：

序　号	姓　名	单　位	职称/职务	电　话

附表 A-6 备 案 表

工程名称			
项目法人		质量与安全监督机构	

（质量与安全监督机构名称）：

　　现将＿＿＿＿＿＿＿＿＿＿＿＿＿＿＿＿＿＿＿＿＿＿＿＿＿＿＿＿＿＿申请核备，请予以核备。

　　　　　　　　　　　　　　　　　　　　　　　　　申请人：

　　　　　　　　　　　　　　　　　　　　　　　　　申请时间： 年 月 日

（项目法人单位名称）：

　　经审核，＿＿＿＿＿＿＿＿＿＿＿＿＿＿＿＿＿＿＿＿＿＿＿＿＿符合有关规定，同意核备。

　　　　　　　　　　　　　　　　　　　　　　　　　核备人：

　　　　　　　　　　　　　　　　　　　　　　　　　核备时间： 年 月 日

注 本表一式 2 份，用于归档和备案。

阶段验收申请报告内容要求

一、工程基本情况

二、工程验收条件的检查结果

三、工程验收准备工作情况

四、建议验收时间、地点和参加单位

附表 A-7 阶段验收鉴定书格式

×××××工程

××××阶段验收

鉴 定 书

×××××工程××××阶段验收委员会

年 月 日

验收主持单位：

法人验收监督管理机关：

项目法人：

代建机构（如有时）：

设计单位：

监理单位：

主要施工单位：

主要设备制造（供应）商单位：

质量和安全监督机构：

运行管理单位：

验收时间（　　　年　　月　　日）

验收地点：

前言（包括验收依据、组织机构、验收过程等）

一、工程概况

（一）工程位置及主要任务

（二）工程主要技术指标

（三）项目设计简况（包括设计审批情况，工程投资和主要设计工程量）

（四）项目建设简况（包括工程施工和完成工程量情况等）

二、验收范围和内容

三、工程形象面貌（对应验收范围和内容的工程完成情况）

四、工程质量评定

五、验收前已完成的工作（包括安全鉴定、移民搬迁安置和库底清理验收、技术预验收等）

六、截流（蓄水、通水等）总体安排

七、度汛和调度运行方案

八、未完工程建设安排

九、存在的主要问题及处理意见

十、建议

十一、结论

十二、验收委员会成员签字表

十三、附件：技术预验收工作报告（如有时）

附表 A-8 机组启动验收鉴定书格式

×××××××工程

机组启动验收

鉴 定 书

×××××××工程机组启动验收委员会（工作组）

年 月 日

验收主持单位：

法人验收监督管理机关：

项目法人：

代建机构（如有时）：

设计单位：

监理单位：

主要施工单位：

主要设备制造（供应）商单位：

质量和安全监督机构：

运行管理单位：

验收时间（　　　年　月　日）

验收地点：

前言（包括验收依据、组织机构、验收过程等）

一、工程概况

（一）工程主要建设内容

（二）机组主要技术指标

（三）机组及辅助设备设计、制造和安装情况

（四）与机组启动有关工程形象面貌

二、验收范围和内容

三、工程质量评定

四、验收前已完成的工作（试运行、带负荷连续运行情况）

五、技术预验收情况

六、存在的主要问题及处理意见

七、建议

八、结论

九、验收委员会（工作组）成员签字表

十、附件：技术预验收工作报告（如有时）

附表 A-9　部分工程投入使用验收鉴定书格式

×××××××工程

部分工程投入使用验收

鉴　定　书

×××××××工程部分工程投入使用验收验收委员会

年　　　月　　　日

验收主持单位：

法人验收监督管理机关：

项目法人：

代建机构（如有时）：

设计单位：

监理单位：

主要施工单位：

主要设备制造（供应）商单位：

质量和安全监督机构：

运行管理单位：

验收时间（　　年　　月　　日）

验收地点：

前言（包括验收依据、组织机构、验收过程等）

一、工程概况

（一）工程名称及位置

（二）工程主要建设内容

二、验收范围和内容

三、拟投入使用工程概况

（一）工程主要建设内容

（二）工程建设过程（包括工程开工、完工时间，施工中采取的主要措施等）

四、拟投入使用工程完成情况和完成的主要工程量

五、拟投入使用工程质量评定

（一）工程质量评定

（二）工程质量检测情况

六、验收遗留问题处理情况

七、调度运行方案和度汛方案

八、存在的主要问题及处理意见

九、建议

十、结论

十一、保留意见（应有保留意见者本人签字）

十二、部分工程投入使用验收委员会成员签字表

竣工验收申请报告内容要求

一、工程基本情况

二、竣工验收条件的检查结果

三、尾工情况及安排意见

四、验收准备工作情况

五、建议验收时间、地点和参加单位

附表 A-10　工程项目竣工验收自查工作报告格式

×××××工程项目竣工验收

自 查 工 作 报 告

×××××工程项目竣工验收自查工作组

年　月　日

项目法人：

代建机构（如有时）：

设计单位：

监理单位：

主要施工单位：

主要设备制造（供应）商单位：

质量和安全监督机构：

运行管理单位：

前言（包括组织机构、自查工作过程等）

一、工程概况

（一）工程名称及位置

（二）工程主要建设内容

（三）工程建设过程

二、工程项目完成情况

（一）工程项目完成情况

（二）完成工程量与初设批复工程量比较

（三）工程验收情况

（四）工程投资完成及审计情况

（五）工程项目移交和运行情况

三、工程项目质量评定

四、验收遗留问题处理情况

五、尾工情况及安排意见

六、存在的主要问题处理意见

七、结论

八、工程项目竣工验收自查工作组成员签字表

附表 A–11 竣工验收主要工作报告格式

××××××工 程 竣 工 验 收

×××× 工 作 报 告

编 制 单 位：

年 月 日

批准：

审定：

审核：

主要编写人员：

竣工验收主要工作报告

第一部分 工程建设管理工作报告

一、工程概况

（一）工程位置

（二）立项、初设文件批复

（三）工程建设任务及设计标准

（四）主要技术特征指标

（五）工程主要建设内容

（六）工程布置

（七）工程投资

（八）主要工程量和总工期

二、工程建设简况

（一）施工准备

（二）工程施工分标情况及参建单位

（三）工程开工报告及批复

（四）主要工程开工、完工日期

（五）主要工程施工过程

（六）主要设计变更

（七）重大技术问题处理

（八）施工期防汛度汛

三、专项工程和工作

（一）征地补偿和移民安置

（二）环境保护工程

（三）水土保持设施

（四）工程建设档案

四、项目管理

（一）机构设置及工作情况

（二）主要项目招投标过程

（三）工程概算与投资计划完成情况

1. 批准概算与实际执行情况

2. 年度计划安排

3. 投资来源、资金到位及完成情况

五、合同管理

（一）材料及设备供应

（二）资金管理与合同价款结算

六、工程质量

（一）工程质量管理体系和质量监督

（二）工程项目划分

（三）质量控制和检测

（四）质量事故处理情况

（五）质量等级评定

七、安全生产与文明工地

八、工程验收

（一）单位工程验收

（二）阶段验收

（三）专项验收

九、蓄水安全鉴定和竣工验收技术鉴定

（一）蓄水安全鉴定（鉴定情况、主要结论）

（二）竣工验收技术鉴定（鉴定情况、主要结论）

十、历次验收、鉴定遗留问题处理情况

十一、工程运行管理情况

（一）管理机构、人员和经费情况

（二）工程移交

十二、工程初期运行及效益

（一）工程初期运行情况

（二）工程初期运行效益

（三）工程观测、监测资料分析

十三、竣工财务决算编制与竣工审计情况

十四、存在问题及处理意见

十五、工程尾工安排

十六、经验与建议

十七、附件

（一）项目法人的机构设置及主要工作人员情况表

（二）项目建议书、可行性研究报告、初步设计等批准文件及调整批准文件

第二部分　工程建设大事记

一、根据水利工程建设程序，主要记载项目法人从委托设计、报批立项直到竣工验收过程中对工程建设有较大影响的事件，包括有关批文、上级有关批示、设计重大变化、主管部门稽查和检查、有关合同协议的签订、建设过程中的重要会议、施工期度汛抢险及其他重要事件、主要项目的开工和完工情况、历次验收等情况。

二、工程建设大事记可单独成册，也可作为"工程建设管理工作报告"的附件。

第三部分　工程施工管理工作报告

一、工程概况

二、工程投标

三、施工进度管理

四、主要施工方法

五、施工质量管理

六、文明施工与安全生产

七、合同管理

八、经验与建议

九、附件

（一）施工管理机构设置及主要工作人员情况表

（二）投标时计划投入的资源与施工实际投入资源情况表

（三）工程施工管理大事记

（四）技术标准目录

第四部分　工 程 设 计 工 作 报 告

一、工程概况

二、工程规划设计要点

三、工程设计审查意见落实

四、工程标准

五、设计变更

六、设计文件质量管理

七、设计服务

八、工程评价

九、经验与建议

十、附件

（一）设计机构设置和主要工作人员情况表

（二）工程设计大事记

（三）技术标准目录

第五部分　工程建设监理工作报告

一、工程概况

二、监理规划

三、监理过程

四、监理效果

五、工程评价

六、经验与建议

七、附件

（一）监理机构的设置与主要工作人员情况表

（二）工程建设监理大事记

第六部分　运行管理工作报告

一、工程概况

二、运行管理

三、工程初期运行

四、工程监测资料和分析

五、意见和建议

六、附件

（一）管理机构设立的批文

（二）机构设置情况和主要工作人员情况

（三）规章制度目录

第七部分　工程质量监督报告

一、工程概况

二、质量监督工作

三、参建单位质量管理体系

四、工程项目划分确认

五、工程质量监测

六、工程质量核备与核定

七、工程质量事故和缺陷处理

八、工程质量结论意见

九、附件

（一）有关该工程项目质量监督人员情况表

（二）工程建设过程中质量监督意见（书面材料）汇总

第八部分　工程安全监督报告

一、工程概况

二、安全监督工作

三、参建单位安全管理体系

四、现场监督检查

五、安全生产事故处理情况

六、工程安全生产评价意见

七、附件

（一）有关该工程项目安全监督人员情况表

（二）工程建设过程中安全监督意见（书面材料）汇总

附表 A-12　竣工技术预验收工作报告格式

×××××××工程

竣工技术预验收工作报告

×××××××工程竣工技术预验收专家组

年　　　月　　　日

前言（包括验收依据、组织机构、验收过程等）

第一部分　工程建设

一、工程概况

（一）工程名称、位置

（二）工程主要任务和作用

（三）工程设计主要内容

1.工程立项、设计批复文件

2.设计标准、规模及主要技术经济指标

3.主要建设内容及建设工期

二、工程施工过程

（一）主要工程开工、完工时间（附表）

（二）重大技术问题及处理

（三）重大设计变更

三、工程完成情况和完成的主要工程量

四、工程验收、鉴定情况

（一）单位工程验收

（二）阶段验收

（三）专项验收（包括主要结论）

（四）竣工验收技术鉴定（包括主要结论）

五、工程质量

（一）工程质量监督

（二）工程项目划分

（三）工程质量检测

（四）工程质量评定

六、工程运行管理

（一）管理机构、人员和经费

（二）工程移交

七、工程初期运行及效益

（一）工程初期运行情况

（二）工程初期运行效益

（三）初期运行监测资料分析

八、历次验收及相关鉴定提出的主要问题的处理情况

九、工程尾工安排

十、评价意见

第二部分 专项工程（工作）及验收

一、征地补偿和移民安置

（一）规划（设计）情况

（二）完成情况

（三）验收情况及主要结论

二、水土保持设施

（一）设计情况

（二）完成情况

（三）验收情况及主要结论

三、环境保护

（一）设计情况

（二）完成情况

（三）验收情况及主要结论

四、工程档案（验收情况及主要结论）

五、消防设施（验收情况及主要结论）

六、其他

第三部分 财 务 审 计

一、概算批复

二、投资计划下达及资金到位

三、投资完成及交付资产

四、征地拆迁及移民安置资金

五、结余资金

六、预计未完工程投资及费用

七、财务管理

八、竣工财务决算报告编制

九、稽查、检查、审计

十、评价意见

第四部分 意 见 和 建 议

（略）

第五部分　结　　论

（略）

第六部分　竣工技术预验收专家组专家签名表

（略）

附表 A-13　竣工验收鉴定书格式

××××××工 程 竣 工 验 收

鉴 定 书

××××××工程竣工验收委员会

年　　　月　　　日

前言（包括验收依据、组织机构、验收过程等）

一、工程设计和完成情况

（一）工程名称及位置

（二）工程主要任务和作用

（三）工程设计主要内容

1. 工程立项、设计批复文件

2. 设计标准、规模及主要技术经济指标

3. 主要建设内容及建设工期

4. 工程投资及投资来源

（四）工程建设有关单位（可附表）

（五）工程施工过程

1. 主要工程开工、完工时间

2. 重大设计变更

3. 重大技术问题及处理情况

（六）工程完成情况和完成的主要工程量

（七）征地补偿及移民安置

（八）水土保持设施

（九）环境保护工程

二、工程验收及鉴定情况

（一）单位工程验收

（二）阶段验收

（三）专项验收

（四）竣工验收技术鉴定

三、历次验收及相关鉴定提出的主要问题的处理情况

四、工程质量

（一）工程质量监督

（二）工程项目划分

（三）工程质量抽检（如有时）

（四）工程质量评定

五、概算执行情况

（一）投资计划下达及资金到位

（二）投资完成及交付资产

（三）征地补偿和移民安置资金

（四）结余资金

（五）预计未完工程投资及预留费用

（六）竣工财务决算报告编制

（七）审计

六、工程尾工安排

七、工程运行管理情况

（一）管理机构、人员和经费情况

（二）工程移交

八、工程初期运行及效益

（一）初期运行管理

（二）初期运行效益

（三）初期运行监测资料分析

九、竣工技术预验收

十、意见和建议

十一、结论

十二、保留意见（应有保留意见者本人签字）

十三、验收委员会成员和被验单位代表签字表

十四、附件：竣工技术预验收工作报告

附表 A-14   工程竣工证书格式（正本）

××××××工程

竣 工 证 书

　　××××××工程已于××××年××月××日通过了由××××主持的竣工验收，现颁发工程竣工证书。

颁发机构：

年　　　　月　　　　日

注   证书（正本）外形尺寸：长 60cm×宽 40cm。

附表 A-15 工程竣工证书格式（副本）

×××××工程

竣 工 证 书

年　　　月　　　日

竣工验收主持单位：

法人验收监督管理机关：

项目法人：

项目代建机构（如有时）：

设计单位：

监理单位：

主要施工单位：

主要设备供应（制造）商单位：

运行管理单位：

质量和安全监督机构：

工程开工时间：　　　年　　月　　　日

竣工验收日期：　　　年　　月　　　日

××××××工程竣工证书

　　××××××工程已于××××年××月××日通过了由××××主持的竣工验收，现颁发工程竣工证书。

颁发机构：

　　　　　　　　　　　　　　年　　　月　　　日

附录 B 监理单位归档资料常用表格

附表 B-1 监 理 报 告

（监理〔 〕报告 号）

合同名称： 合同编号：

致（发包人）：
事由：
报告内容：
监理机构：（名称及盖章）
总监理工程师：（签名）
日期：　年　月　日
就贵方报告事宜答复如下：
发包人：（名称及盖章）
负责人：（签名）
日期：　年　月　日

注 1. 本表一式__份，由监理机构填写，发包人批复后留__份，退回监理机构__份。
　　2. 本表可用于监理机构认为需报请发包人批示的各项事宜。

附表 B-2　合 同 工 程 开 工 通 知

（监理〔　　〕开工　　号）

合同名称：　　　　　　　　　　　　　　　　　　　　　合同编号：

致（承包人）：

　　根据施工合同约定，现签发＿＿＿＿＿＿＿＿＿＿＿合同工程开工通知。贵方在接到该通知后，及时调遣人员和施工设备、材料进场，完成各项施工准备工作，尽快提交《合同工程开工申请表》。

　　该合同工程开工日期为＿＿＿＿年＿＿月＿＿日。

监理机构：（名称及盖章）

总监理工程师：（签名）

日期：　　年　月　日

今已收到合同工程开工通知。

承包人：（现场机构名称及盖章）

签收人：（签名）

日期：　　年　月　日

注　本表一式＿＿＿份，由监理机构填写，承包人签收后，发包人＿＿＿份，设代机构＿＿＿份，监理机构＿＿＿份，承包人＿＿＿份。

附表 B-3　合同工程开工批复

（监理〔　　〕合开工　　号）

合同名称：　　　　　　　　　　　　　　　　　　　　　　　合同编号：

致（承包人现场机构）：

　　贵方_____年_____月_____日报送的_____工程合同开工申请（承包〔　　〕合开工　　号）已经通过审核，同意贵方按施工进度计划组织施工。

　　批复意见：（可附页）

监理机构：（名称及盖章）

总监理工程师：（签名）

日期：　　年　　月　　日

今已收到合同工程的开工批复。

承包人：（现场机构名称及盖章）

项目经理：（签名）

日期：　　年　　月　　日

注　本表一式___份，由监理机构填写，承包人签收后，发包人___份，设代机构___份，监理机构___份，承包人___份。

附表 B-4　分部工程开工批复

（监理〔　　〕合开工　号）

合同名称：　　　　　　　　　　　　　　　　　　　　　　　　合同编号：

致（承包人现场机构）：

　　贵方_____年____月____日报送的□分部工程/□分部工程部分工作开工申请表（承包〔　　〕分开工　号）已经通过审核，同意开工。

　　批复意见：（可附页）

监理机构：（名称及盖章）

监理工程师：（签名）

日期：　　年　月　日

今已收到□分部工程/□分部工程部分工作的开工批复。

承包人：（现场机构名称及盖章）

项目经理：（签名）

日期：　　年　月　日

注　本表一式___份，由监理机构填写，承包人签收后，发包人___份，设代机构___份，监理机构___份，承包人___份。

附表 B-5 暂 停 施 工 指 示

（监理〔　　〕停工　　号）

合同名称：　　　　　　　　　　　　　　　　　　　　　　　　　　合同编号：

致（承包人现场机构）：

　　由于下述原因，现通知你方于_____年____月____日____时对_____工程项目暂停施工。

　　暂停施工范围说明：

　　暂停施工原因：

　　引用合同条款或法规依据：

　　暂停施工期间要求：

监理机构：（名称及盖章）

总监理工程师：（签名）

日期：　　年　月　日

承包人：（现场机构名称及盖章）

签收人：（签名）

日期：　　　年　月　日

注 本表一式___份，由监理机构填写，承包人签收后，发包人___份，设代机构___份，监理机构___份，承包人___份。

附表 B-6 复 工 通 知

（监理〔 〕复工 号）

合同名称： 合同编号：

致（承包人现场机构）：

鉴于暂停施工指示(监理〔 〕停工 号)所述原因已经□全部/□部分消除,你方可于_____年___月___日___时起对_____工程下列范围恢复施工。

复工范围：□监理〔 〕停工 号指示的全部暂停施工项目。

□监理〔 〕停工 号指示的下列暂停施工项目。

监理机构：（名称及盖章）

总监理工程师：（签名）

日期： 年 月 日

承包人：（现场机构名称及盖章）

签收人：（签名）

日期： 年 月 日

注 本表一式___份, 由监理机构填写, 承包人签收后, 发包人__份, 设代机构__份, 监理机构__份, 承包人__份。

附表 B-7 施工图纸核查意见单

（监理〔　　〕图核　　号）

合同名称：　　　　　　　　　　　　　　　　　　　　　　　　　　合同编号：

经对以下图纸（共＿＿张）核查，意见如下：

序号	施工图纸名称	图号	核查人员	备注
1				
2				
3				
4				
5				
6				
7				
8				
9				
10				
11				
12				
…				

附件：施工图纸核查意见（应由核查监理人员签字）。

监理机构：（名称及盖章）

总监理工程师：（签名）

日期：　　　年　　月　　日

注　1. 本表一式＿＿份，由监理机构填写并存档。
　　2. 各图号可以是单张号、连续号或区间号。

附表 B-8　施 工 图 纸 签 发 表

（监理〔　　〕图发　　号）

合同名称：　　　　　　　　　　　　　　　　　　　　　　　　合同编号：

致（承包人现场机构）：

本批签发下表所列施工图纸_____张，其他设计文件_____份。

序号	施工图纸/其他设计文件名称	文图号	份数	备注
1				
2				
3				
4				
5				
6				
7				
8				
9				
10				
11				
12				
…				

监理机构：（名称及盖章）

总监理工程师：（签名）

日期：　　年　　月　　日

今已收到经监理机构签发的施工图纸____张，其他设计文件____份。

承包人：（现场机构名称及盖章）

签收人：（签名）

日期：　　年　　月　　日

注　本表一式___份，监理机构填写，发包人___份，设代机构___份，监理机构___份，承包人___份。

附表 B-9 批 复 表

（监理〔 〕批复 号）

合同名称：　　　　　　　　　　　　　　　　　　　　合同编号：

致（承包人现场机构）：

　　贵方于_____年___月___日报送的_____（文号_____），经监理机构审核，批复意见如下：

　　　　　　　　　　　　　　　　　　　监理机构：（名称及盖章）

　　　　　　　　　　　　　　　　　　　总监理工程师/监理工程师：（签名）

　　　　　　　　　　　　　　　　　　　日期：　　年　月　日

　　今已收到监理〔 〕批复 号。

　　　　　　　　　　　　　　　　　　　承包人：（现场机构名称及盖章）

　　　　　　　　　　　　　　　　　　　签收人：（签名）

　　　　　　　　　　　　　　　　　　　日期：　　年　月　日

　　注 1. 本表一式___份，由监理机构填写，承包人签收后，发包人___份，监理机构___份，承包人___份。

　　　　2. 一般批复由监理工程师签发，重要批复由总监理工程师签发。

附表 B-10　工程质量平行检测记录

（监理〔　　〕平行　　号）

合同名称：　　　　　　　　　　　　　　　　　　　　　合同编号：

序号	检测项目	对应单元工程编号	取样部位		代表数量	组数	取样人	送样人	送样时间	检测机构	检测结果	检测报告编号
			桩号	高程								
1												
2												
3												
4												
5												
6												
7												
8												
9												
10												
11												
12												
13												
14												
15												
16												
17												
18												
19												
20												
21												
22												
23												
…												

注　委托单、平行检测送样台账、平行检测报告台账要相互对应。

附表 B-11 工程质量跟踪检测试样记录

（监理〔 〕跟踪 号）

合同名称： 合同编号：

单位工程名称及编号													
承包人													
序号	检测项目	对应单元工程编号	取样部位		代表数量	组数	取样人	送样人	送样时间	检测机构	检测结果	检测报告编号	跟踪监理人员
			桩号	高程									

注 本表按月装订成册。

附表 B-12　见 证 取 样 跟 踪 记 录

（监理〔　　〕见证　　号）

合同名称：　　　　　　　　　　　　　　　　　　　　　　　　合同编号：

序号	检测项目	对应单元工程编号	取样部位		代表数量	组数	取样人	送样人	送样时间	检测机构	检测结果	检测报告编号	跟踪（见证）监理人员
			桩号	高程									

注　本表按月装订成册。

附表 B-13 旁站监理值班记录

（监理〔 〕旁站   号）

合同名称：   合同编号：

工程部位					日期	
时　　间			天气		温度	
人员情况	施工技术员：_____　　施工班组长：_____ 质　检　员：_____					
	现场人员数量及分类人员数量					
	管理人员		____人	技术人员		____人
	特种作业人员		____人	普通作业人员		____人
	其他辅助人员		____人	合计		____人
主要施工设备 及运转情况						
主要材料 使用情况						
施工过程 描述						
监理现场检查、 检测情况						
承包人提出的 问题						
监理人的答复 或指示						

当班监理员：（签名）_____　　　　施工技术员：（签名）_____

注　本表单独汇编成册。

附表 B-14　监 理 巡 视 记 录

（监理〔　　〕巡视　　号）

合同名称：　　　　　　　　　　　　　　　　　　　　　合同编号：

巡视范围	
巡视情况	
发现问题及 处理意见	
	巡视人：（签名） 日期：　　年　月　　日

注　1. 本表可用于监理人员质量、安全、进度等的巡视记录。
　　2. 本表按月装订成册。

附表 B-15 安 全 检 查 记 录

（监理〔　　〕安检　　号）

合同名称：　　　　　　　　　　　　　　　　　　　　　合同编号：

日　期		检查人			
时　间		天气		温度	
检查部位					
人员、设备、施工作业及环境和条件等					
危险品及危险源安全情况					
发现的安全隐患及消除隐患的监理指示					
承包人的安全措施及隐患消除情况（安全隐患未消除的，检查人必须上报）					

检查人：（签名）

日期：　　年　月　日

注　1. 本表可用于监理人员安全检查的记录。

　　2. 本表单独汇编成册。

附表 B-16　工程设备进场开箱验收单

（监理〔　　〕设备　　号）

合同名称：　　　　　　　　　　　　　　　　　　　　　　　　合同编号：

序号	名称	规格/型号	单位/数量	检查							开箱日期
				外包装情况（是否完好）	开箱后设备外观质量（有无磨损、撞击）	备品备件检查情况	设备合格证	产品检验证	产品说明书	备注	
1											
2											
3											
4											
5											
6											
...											

设备于　　　年　　月　　日到达　　　　　施工现场，设备数量及开箱验收情况如下

备注：经发包人、监理机构、承包人和供货单位四方现场开箱，进行设备的数量及外观检查，符合设备移交条件，自开箱验收之日起移交承包人保管

承包人：（现场机构名称及盖章） 代表： 日期：　年 月 日	供货单位：（名称及盖章） 代表： 日期：　年 月 日	监理机构：（名称及盖章） 代表： 日期：　年 月 日	发包人：（名称及盖章） 代表： 日期：　年 月 日

注　本表一式＿＿份，由监理机构填写，发包人＿＿份，监理机构＿＿份，承包人＿＿份，供货单位＿＿份。

附表 B-17 水利水电工程施工质量缺陷备案表格式

编号：

＿＿＿＿＿＿＿工程施工质量缺陷备案表

质量缺陷所在单位工程：

缺陷类别：

备案日期： 年 月 日

1. 质量缺陷产生的部位（主要说明具体部位，对缺陷进行描述并附示意图）：

2. 质量缺陷产生的主要原因：

3. 对工程的安全性、使用功能和运用影响进行分析：

4. 处理方案，或不处理原因分析：

5. 保留意见（保留意见应说明主要理由，或采用其他方案及主要理由）：

保留意见人 （签名）

（或保留意见单位及责任人，盖公章，签名）

6. 参建单位和主要人员

(1) 施工单位： （盖公章）

　　质检部门负责人： （签名）

　　技术负责人： （签名）

(2) 设计单位： （盖公章）

　　设计代表： （签名）

(3) 监理单位： （盖公章）

　　监理工程师： （签名）

　　总监理工程师： （签名）

(4) 项目法人： （盖公章）

　　现场代表： （签名）

　　技术负责人： （签名）

注 1. 本表由监理单位组织填写。
　　2. 本表应采用钢笔或中性笔，用深蓝色或黑色墨水填写。字迹应规范、工整、清晰。

附表 B-18 监 理 通 知

（监理〔 〕通知 号）

合同名称：　　　　　　　　　　　　　　　　　　　　　　　　合同编号：

致（承包人现场机构）：

　　事由：

　　通知内容：

　　附件：1.……
　　　　　2.……

监理机构：（名称及盖章）

总监理工程师/监理工程师：（签名）

日期：　年　月　日

承包人：（现场机构名称及盖章）

签收人：（签名）

日期：　年　月　日

注　本通知一式＿＿份，由监理机构填写，发包人＿＿份，监理机构＿＿份，承包人＿＿份。

附表 B-19　工 程 现 场 书 面 通 知

（监理〔　　　〕现通　　号）

合同名称：　　　　　　　　　　　　　　　　　　　　　　　　　　合同编号：

致（承包人现场机构）：
事由：   通知内容：   　　　　　　　　　　　　　　监理机构：（名称及盖章） 　　　　　　　　　　　　　　监理工程师/监理员：（签名） 　　　　　　　　　　　　　　日期：　　年　月　日
承包人意见：   　　　　　　　　　　　　　　承包人：（名称及盖章） 　　　　　　　　　　　　　　现场负责人：（签名） 　　　　　　　　　　　　　　日期：　　年　月　日

注　1. 本表一式＿＿份，由监理机构填写，承包人签署意见后，监理机构＿份，承包人＿份。
　　2. 本表一般情况下应由监理工程师签发；对现场发现的施工人员违反操作规程的行为，监理员可以签发。

附表 B-20 整 改 通 知

（监理〔 　 〕整改 　 号）

合同名称： 　　　　　　　　　　　　　　　　　　　　　　　　　　合同编号：

致（承包人现场机构）：

　　由于本通知所述原因，通知你方对_____工程项目应按下述要求进行整改，并于_____年___月___日前提交整改措施报告，确保整改的结果达到要求。

整改原因：

整改要求：

　　　　　　　　　　　　　　　　　　监理机构：（名称及盖章）

　　　　　　　　　　　　　　　　　　总监理工程师：（签名）

　　　　　　　　　　　　　　　　　　日期： 　 年 　 月 　 日

　　　　　　　　　　　　　　　　　　承包人：（现场机构名称及盖章）

　　　　　　　　　　　　　　　　　　签收人：（签名）

　　　　　　　　　　　　　　　　　　日期： 　 年 月 　 日

注 本表一式___份，由监理机构填写，承包人签收后，发包人___份，监理机构___份，承包人___份。

附表 B-21 监理机构联系单

（监理〔   〕联系 号）

合同名称：   合同编号：

致：

　　事由：

　　附件：1.……
　　　　　2.……

监理机构：（名称及盖章）

总监理工程师：（签名）

日期：   年 月 日

被联系单位签收人：（签名）
日期：   年 月 日

注　本表用于监理机构与监理工作有关单位的联系，监理单位、被联系单位各1份。

附表 B-22 监理发文登记表

（监理〔 〕监发 号）

合同名称： 合同编号：

序号	文号	文件名称	发送单位	抄送单位	发文时间	收文时间	签收人
1							
2							
3							
4							
5							
6							
7							
8							
9							
10							
...							

注 本表应妥善保存。

附表 B-23 监理收文登记表

（监理〔　〕监收　号）

合同名称：　　　　　　　　　　　　　　　　　　　　　　　　　　　合同编号：

序号	文号	文件名称	发件单位	发文时间	收文时间	签收人	处理记录			
							文号	回文时间	处理内容	文件处理责任人
1										
2										
3										
4										
5										
6										
7										
8										
9										
10										
...										

注　本表应妥善保存。

附表 B-24 监 理 日 记

（监理〔 〕日记 号）

合同名称：   合同编号：

天气		气温		风力		风向	
施工部位、施工内容（包括隐蔽部位施工时的地质编录情况）、施工形象及资源投入情况							
承包人质量检验和安全作业情况							
监理机构的检查、巡视、检验情况							
施工作业存在的问题、现场监理人员提出的处理意见，以及承包人对处理意见的落实情况							
汇报事项和监理机构指示							
其他事项							

监理人员：（签名）

日期：   年 月 日

注 本表由现场监理人员填写，按月装订成册。

监 理 日 志

_____年_____月_____日至 _____年_____月_____日

合 同 名 称：_____

合 同 编 号：_____

发 包 人：_____

承 包 人：_____

监 理 机 构：_____

监 理 工 程 师：_____

附表 B-25 监 理 日 志

（监理〔 〕日志 号）

填写人： 日期： 年 月 日

天气		气温		风力		风向	
施工部位、施工内容、施工形象及资源投入（人员、原材料、中间产品、工程设备和施工设备动态）							
承包人质量检验和安全作业情况							
监理机构的检查、巡视、检验情况							
施工作业存在的问题、现场监理提出的处理意见，以及承包人对处理意见的落实情况							
监理机构签发的意见							
其他事项							

注 1. 本表由监理机构指定专人填写，按月装订成册。

2. 本表栏内容可附页，并标注日期，与日志一并存档。

附表 B-26 监 理 月 报

监 理 月 报
（监理〔 〕月报 号）
年 第 期

_____年____月____日至_____年____月____日

工 程 名 称：_____

发 包 人：_____

监 理 机 构：_____

总监理工程师：_____

日 期：_____年_____月_____日

目　　录

附表 B-26-1　合同完成额月统计表

（监理〔　　〕完成统　　　号）

标段	序号	项目编号	一级项目	合同金额/元	截至上月末累计完成额/元	截至上月末累计完成额比例/%	本月完成额/元	截至本月末累计完成额/元	截至本月末累计完成额比例/%
	1								
	2								
	3								
	...								
	1								
	2								
	3								
	...								
	1								
	2								
	3								
	...								

监理机构：（名称及盖章）

总监理工程师/监理工程师：（签名）

日期：　　　　年　　月　　日

注　1. 本表一式___份，由监理机构填写。
　　2. 本表中的项目编号是指合同工程量清单的项目编号。

附表 B-26-2 工程质量评定月统计表

（监理〔　　〕评定统　　号）

序号	标段名称	单位工程				分部工程				单元工程				备注
		合同工程单位工程个数	本月评定个数	截至本月末累计评定个数	截至本月末累计评定比例/%	合同工程分部工程个数	本月评定个数	截至本月末累计评定个数	截至本月末累计评定比例/%	合同工程单元工程个数	本月评定个数	截至本月末累计评定个数	截至本月末累计评定比例/%	
1														
2														
3														
4														
5														
6														
7														
...														

监理机构：（名称及盖章）

总监理工程师/监理工程师：（签名）

日期：　　　年　月　日

注　本表一式____份，由监理机构填写。

附表 B-26-3 工程质量平行检测试验月统计表

（监理〔　　〕平行统　　号）

标段	序号	单位工程名称及编号	工程部位	平行检测日期	平行检测内容	检测结果	检测机构
	1						
	2						
	3						
	...						
	1						
	2						
	3						
	...						
	1						
	2						
	3						
	...						
	1						
	2						
	3						
	...						

监理机构：（名称及盖章）

总监理工程师：（签名）

日期　　　年　月　日

注　本表一式___份，由监理机构填写。

附表 B-26-4 变 更 月 统 计 表

（监理〔 〕变更统 号）

标段	序号	变更项目名称/编号	变更文件、图号	变更内容	价格变化	工期影响	实施情况	备 注
	1							
	2							
	3							
	...							
	1							
	2							
	3							
	...							
	1							
	2							
	3							
	...							
	1							
	2							
	3							
	...							

监理机构：（名称及盖章）

总监理工程师/监理工程师：（签名）

日期：   年 月   日

注 本表一式__份，由监理机构填写。

附表 B-26-5　监理发文月统计表

（ 监理〔　　〕发文统　　号 ）

标段	序号	文号	文件名称	发送单位	抄送单位	签发日期	备注
	1						
	2						
	3						
	...						
	1						
	2						
	3						
	...						
	1						
	2						
	3						
	...						
	1						
	2						
	3						
	...						

监理机构：（名称及盖章）

总监理工程师/监理工程师：（签名）

日期：　　　年　月　日

注　本表一式___份，由监理机构填写。

附表 B-26-6 监理收文月统计表

（监理〔 〕收文统 号）

标段	序号	文号	文件名称	发文单位	发文日期	收文日期	处理责任人	处理结果	备注
	1								
	2								
	3								
	...								
	1								
	2								
	3								
	...								
	1								
	2								
	3								
	...								
	1								
	2								
	3								
	...								

监理机构：（名称及盖章）

总监理工程师/监理工程师：（签名）

日期： 年 月 日

注 本表一式___份，由监理机构填写。

附表 B-27　工程预付款支付证书

（监理〔　　〕工预付　　号）

合同名称：　　　　　　　　　　　　　　　　　　　　　　　　合同编号：

致（发包人）：

　　鉴于□工程预付款担保已获得贵方确认/□合同约定的第＿＿＿＿＿＿次工程预付款条件已具备，根据施工合同约定，贵方应向承包人支付第＿＿＿次工程预付款，金额为：

　　大写：　　　　　　　　　　　元

　　小写：　　　　　　　　　　　元

　　　　　　　　　　　　　　　　　　监理机构：（名称及盖章）

　　　　　　　　　　　　　　　　　　总监理工程师：（签名）

　　　　　　　　　　　　　　　　　　日期：　　年　月　日

发包人审批意见：

　　　　　　　　　　　　　　　　　　发包人：（名称及盖章）

　　　　　　　　　　　　　　　　　　负责人：（签名）

　　　　　　　　　　　　　　　　　　日期：　　年　月　日

注　本证书一式＿＿份，由监理机构填写，发包人＿＿份，监理机构＿＿份，承包人＿＿份。

附表 B-28　变 更 指 示

（监理〔　〕变指　　号）

合同名称：　　　　　　　　　　　　　　　　　　　　合同编号：

致（承包人现场机构）：

　　现决定对如下项目进行变更，贵方应根据本指示于＿＿＿＿＿年＿＿月＿＿日前提交相应的施工措施计划和变更报价。

变更项目名称：

变更内容简述：

变更工程量估计：

变更技术要求：

变更进度要求：

附件：1. 变更项目清单（含估算工程量）及说明
　　　2. 设计文件、施工图纸（若有）
　　　3. 其他变更依据

监理机构：（全称及盖章）

监理工程师：（签名）

日期：　　年　月　日

承包人：（现场机构名称及盖章）

项目经理：（签名）

日期：　　年　月　日

注　本表一式＿＿份，由监理机构填写，承包人签收后，发包人＿＿＿份，设代机构＿＿＿份，监理机构＿＿＿份，承包人＿份。

附表 B-29　变更项目价格审核表

（监理〔　　〕变价审　　号）

合同名称：　　　　　　　　　　　　　　　　　　　　　　　　　　合同编号：

致（发包人）：

　　根据有关规定和施工合同约定，承包人提出的变更项目价格申报表（承包〔　　〕变价　　号），经我方审核，变更价格如下，请贵方审定。

序号	项目名称	单位	承包人申报价格（单价或合价）	监理审核价格（单价或合价）	备注
1					
2					
3					
4					
5					
6					
7					
8					
9					
…					

附件：1. 变更项目价格申报表
　　　2. 监理变更单价审核说明
　　　3. 监理变更单价分析表
　　　4. 变更项目价格变化汇总表

　　　　　　　　　　　　　　监理机构：（全称及盖章）

　　　　　　　　　　　　　　总监理工程师：（签名）

　　　　　　　　　　　　　　日期：　　　年　月　日

　　　　　　　　　　　　　　发包人（名称及盖章）：

　　　　　　　　　　　　　　负责人（签名）：

　　　　　　　　　　　　　　日期：　　　年　月　日

注　本表一式___份，由监理机构填写，发包人签署后，发包人___份，监理机构___份，承包人___份。

附表 B-30　变更项目价格/工期确认单

（监理〔　　〕变确　　号）

合同名称：　　　　　　　　　　　　　　　　　　　　　　　　　合同编号：

根据有关规定和施工合同约定，发包人和承包人就变更项目价格进行协商，同时变更项目工期协商意见如下：

□不延期　□延期＿＿天　□另行协商

	序号	项目名称	单位	确认价格（单价或合价）	备注
双方协商一致的	1				
	2				
	3				
	...				

	序号	项目名称	单位	总监理工程师确定的暂定价格（单价或合价）	备注
双方未协商一致的	1				
	2				
	3				
	...				

发包人（名称及盖章）：

负责人（签名）：

日期：　　年　月　日

承包人：（现场机构名称及盖章）

项目经理：（签名）

日期：　　年　月　日

合同双方就上述协商一致的变更项目价格、工期，按确认的意见执行；合同双方未协商一致的，按监理工程师确定的暂定价格随工程进度付款暂定支付。后续事宜按合同约定执行。

监理机构：（名称及盖章）

总监理工程师：（签名）

日期：　　　年　月　日

注　本表一式＿＿份，由监理机构填写，各方签字后，发包人＿＿份，监理机构＿＿份，承包人＿＿份，办理结算时使用。

附表 B-31 工程进度付款证书

（监理〔   〕进度付   号）

合同名称：   合同编号：

致（发包人）：

经审核承包人的工程进度付款申请单（承包〔   〕进度付   号），本月应支付给承包人的工程价款金额共计为（大写）_____（小写_____元）。

根据施工合同约定，请贵方在收到此证书后的_____天之内完成审批，将上述工程价款支付给承包人。

附件：1. 工程进度付款审核汇总表
　　　2. 其他

监理机构：（名称及盖章）

总监理工程师：（签名）

日期：　　年　月　日

发包人审批意见：

发包人：（名称及盖章）

负责人：（签名）

日期：　　年　月　日

注　本证书一式___份，由监理机构填写，发包人审批后，发包人___份，监理机构___份，承包人___份。办理结算时使用。

附表 B-31-1　工程进度付款审核汇总表

（监理〔　　〕付款审　　号）

合同名称：　　　　　　　　　　　　　　　　　　　　　　　　　合同编号：

项目		截至上期末累计完成额/元	本期承包人申请金额/元	本期监理人审核金额/元	截至本期末累计完成额/元	备注
应付款金额	合同分类分项项目					
	合同措施项目					
	变更项目					
	计日工项目					
	索赔项目					
	小计					
	工程预付款					
	材料预付款					
	小计					
	价格调整					
	延期付款利息					
	小计					
	其他					
应付款金额合计						
扣除金额	工程预付款					
	材料预付款					
	小计					
	质量保证金					
	违约赔偿					
	其他					
扣除金额合计						
本期工程进度付款总金额						

本期工程进度付款总金额：　仟　佰　拾　万　仟　佰　拾　元（小写：　　　　元）

监理机构：（名称及盖章）

总监理工程师：（签名）

日期：　　　年　　月　　日

注　本表一式___份，由监理机构填写，发包人___份，监理机构___份，承包人___份，作为月报及工程价款月支付证书的附件。

附表 B-32 索 赔 审 核 表

（监理〔　　〕索培审　　号）

合同名称：　　　　　　　　　　　　　　　　　　　　　　　合同编号：

致（发包人）：

根据有关规定和施工合同约定，承包人提出的索赔申请报告（承包〔　　〕赔报　　号），索赔金额为：（大写）
＿＿＿＿＿＿＿＿＿＿＿元（小写＿＿＿＿＿＿＿＿＿元）；索赔工期为：＿＿＿天。经我方审核：

□不同意此项索赔。

□同意此项索赔，核准索赔金额为（大写）＿＿＿＿＿＿＿＿＿元（小写＿＿＿＿＿＿元），工期顺延＿＿＿天。

附件：索赔审核意见。

　　　　　　　　　　　　　　　　　监理机构：（名称及盖章）

　　　　　　　　　　　　　　　　　总监理工程师：（签名）

　　　　　　　　　　　　　　　　　日期：　　年　　月　　日

　　　　　　　　　　　　　　　　　发包人：（现场机构名称及盖章）

　　　　　　　　　　　　　　　　　负责人：（签名）

　　　　　　　　　　　　　　　　　日期：　　年　　月　　日

注 本表一式＿＿份，由监理机构填写，发包人签署后，发包人＿＿份，监理机构＿＿份，承包人＿＿份。

附表 B-33 索 赔 确 认 单

（监理〔 〕索赔确 号）

合同名称： 合同编号：

根据有关规定和施工合同约定，经友好协商，发包人、承包人同意＿＿＿＿＿（承包〔 〕培报 号）的最终核定索赔金额为：（大写）＿＿＿＿＿＿＿＿＿＿＿＿＿＿元（小写＿＿＿＿＿＿＿＿元），顺延工期＿＿＿＿＿＿天。

发包人：（名称及盖章）

负责人：（签名）

日期： 年 月 日

承包人：（现场机构名称及盖章）

项目经理：（签名）

日期： 年 月 日

监理机构：（名称及盖章）

总监理工程师：（签名）

日期： 年 月 日

注 本表一式＿＿份，由监理机构填写，各方签字后，发包人＿＿份，监理机构＿＿份，承包人＿＿份，办理结算时使用。

附表 B-34 完工付款/最终结清证书

（监理〔   〕付结   号）

合同名称：   合同编号：

致（发包人）：

经审核承包人的□完工付款申请/□最终结清申请/□临时付款申请（承包〔   〕付结   号），应支付给承包人的金额共计（大写）＿＿＿＿＿＿＿元（小写＿＿＿＿＿＿元）。

请贵方在收到□完工付款证书/□最终结清证书/□临时付款证书后按合同约定完成审批，并将上述工程价款支付给承包人。

附件：1. 完工付款/最终结清申请单
      2. 审核计算资料

监理机构：（名称及盖章）

总监理工程师：（签名）

日期：   年   月   日

发包人审定意见：

发包人：（名称及盖章）

负责人：（签名）

日期：   年   月   日

注 本证书一式＿＿份，由监理机构填写，发包人＿＿份，监理机构＿＿份，承包人＿＿份。

附表 B-35 质量保证金退还证书

（监理〔 〕保退 号）

合同名称： 合同编号：

致（发包人）： 　　经审核承包人的质量保证金退还申请表（承包〔　〕保退　号），本次应退还给承包人的质量保证金金额为（大写）＿＿＿＿＿＿元（小写＿＿＿＿＿元）。 　　请贵方在收到该质量保证金退还证书后按合同约定完成审批，并将上述质量保证金退还给承包人。		

退还质量保证金已具备的条件	□于＿＿年＿＿月＿＿日签发合同工程完工证书 □于＿＿年＿＿月＿＿日签发缺陷责任期终止证书	
质量保证金退还金额	质量保证金总金额	仟　佰　拾　万　仟　佰　拾　元（小写：　元）
	已退还金额	仟　佰　拾　万　仟　佰　拾　元（小写：　元）
	尚应扣留的金额	仟　佰　拾　万　仟　佰　拾　元（小写：　元） 扣留的原因： □施工合同约定 □遗留问题
	本次应退还金额	仟　佰　拾　万　仟　佰　拾　元（小写：　元）

监理机构：（名称及盖章）

总监理工程师：（签名）

日期： 年 月 日

发包人审批意见：

发包人：（名称及盖章）

负责人：（签名）

日期： 年 月 日

注 本证书一式＿＿份，由监理机构填写，监理机构、发包人签发后，发包人＿＿份，监理机构＿＿份，承包人＿＿份。

附表 B-36 会 议 纪 要

（监理〔 〕纪要 号）

合同名称： 合同编号：

会议名称			
会议主要议题			
会议时间		会议地点	
会议组织单位		会议主持人	
会议主要内容及结论	（可附页） 　　　　　　　　　监理机构：（名称及盖章） 　　　　　　　　　会议主持人：（签名） 　　　　　　　　　日期：　　年　月　日		
附件：会议签到表。			

注　1. 本表由监理机构填写，会议主持人签字后送达参会各方。

　　2. 参会各方收到本会议纪要后，持不同意见者应于 3 日内书面回复监理机构；超过 3 日未书面回复意见的，视为同意本会议纪要。

附录 C 施工单位归档资料常用表格

附录 C.1 施工管理类资料

项目部组建模板

关于成立××××项目经理部的决定

公司各部门：

为搞好我公司中标承建的××××工程，经公司董事会决定，成立××××项目经理部，具体负责该工程所签合同的全部工作内容，项目部人员组成如下：

项目经理：×××

项目副经理：×××

项目技术负责人：×××

技术员：×××

质检员：×××

安全员：×××

材料员：×××

计划统计员：×××

资料员：×××

××××年××月××日

附表 C.1-1　现场组织机构及主要人员报审表

（承包〔　　〕机构　　号）

合同名称：　　　　　　　　　　　　　　　　　　　　　　合同编号：

致（监理机构）：

　　现提交第＿＿＿次现场机构及主要人员报审表，请贵方审核。

　　附件：1. 组织机构图
　　　　　2. 部门职责及主要人员分工
　　　　　3. 人员清单及其资格或岗位证书
　　　　　4. ……

承包人：（现场机构名称及盖章）

项目经理：（签名）

日期：　　　年　月　日

审查意见：

监理机构：（名称及盖章）

签收人：（签名）

日期：　　　年　月　日

　　注　本表一式＿＿＿份，由承包人填写，监理机构审查后，发包人＿＿＿份，监理机构＿＿＿份，承包人＿＿＿份。

附件 1

组织机构图模板

××××工程组织机构

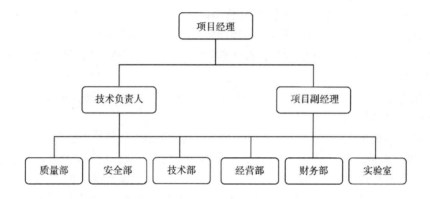

附件 2

部门职责及主要人员分工模板

一、项目经理岗位职责及职能分工

（一）岗位职责

（1）负责工程项目部全面领导、管理工作，加强所属人员的行政管理和思想教育，树立为员工服务的思想；主持起草工程项目部文件，负责协调对上对下及各业务部门之间的关系，确保在职责范围内不出现违规及损害公司利益的行为。

（2）认真贯彻执行国家的有关方针、政策、法律、法规及公司的各项规章制度，自觉维护公司和职工的利益，确保经济与管理责任目标全面实现。

（3）组织制定并落实项目经理部的管理职责与权限，明确各岗位相互之间的关系。

（4）组织编制工程施工组织设计，提出安全生产和进度、质量保证措施，制定项目成本计划并组织实施。

（5）根据年（季）度施工计划，组织编制季（月）度施工计划，包括劳务、材料、易耗品、机械设备和资金使用计划，并严格履行。

（6）搞好与公司机关各职能部门的业务联系，按时汇总上报各种报表、资料等，定期向项目业务主管部门汇报工作，积极反映项目运行中遇到的困难和问题，自觉接受公司的考核和监督。

（7）协调好与建设单位、监理、设计等部门的关系，自觉接受建设单位、监理机构的检查和监督，建立有效的约束机制。在工程施工中，对上述单位或部门提出问题，要及时采取措施，加以整改。

（8）加强工程合同管理，严格执行公司合同管理办法。

（9）组织编制工程竣工文件，进行工程总结，做好工程的预验、验收和交接工作，妥善组织项目经理部解体及善后工作。

（二）职能分工

（1）采取各种有效管理手段，开源节流，降低施工成本，提高项目利润。

（2）配合公司职能部门确定项目成本目标，并代表项目经理部与公司签订"项目管理协议"。

（3）领导、协调、督促项目部各成员进行项目日常生产管理，使生产按计划正常进行。

（4）制定项目总体规划（包括生产布置、进度计划），编制可实施的详细施工组织设计及工程完工后的项目管理工作总结。

（5）协调与建设单位、监理方及地方关系，为工程顺利进行创造良好的外部环境。

（6）审核送往建设单位、监理方和公司的各种报表（包括计划和统计报表），并对其真实性负责。

（7）考核项目部管理人员工作绩效，奖优罚劣，提出绩效考核奖金分配建议方案，进行成本分析。

（8）配合公司人事部门，加强对项目在职人员的业务技能培训，在工作中发现人才，培养人才，选拔人才。

（9）组织项目质安周检查，配合公司对项目的质安检查，接受公司各职能部门的检查监督。

（10）组织编制工程项目总体计划及可行性施工组织设计，编制月、周生产计划及关键部位实施性施工方案。

（11）参加专项工程技术交底，召开每周生产例会，填写施工日志。

（12）对工程项目的质量、安全、进度、文明施工进行现场的检查、监督，并就现场发现的问题及时提出整改意见。

（13）监督检查项目资料编写、整理、统计工作，审核计量报表和现场工程量签证工作。

（14）审核批准上传公司的施工材料、进度统计、计划报表和工程月报表，并将相关报表按要求上报公司相关部门。

二、项目副经理岗位职责及职能分工

（一）岗位职责

（1）协助项目经理搞好项目部的管理工作。

（2）负责项目工程的全面技术工作。

（3）负责编制工程施工组织设计，制定安全生产和保证质量措施并组织实施。

（4）对工程项目施工进行全过程有效控制，保证实现质量、进度、安全等各项工程目标。

（5）负责工程资料、报表的全面管理工作。

（6）协助项目经理与各相关单位洽谈业务，在项目经理的授权下签署有关业务性文件，协助项目经理处理好与建设单位、监理的关系及项目所在地的外部关系。

（7）项目经理不在项目部时在项目经理的授权下全面主持项目部的工作。

（8）完成领导交办的其他工作。

（二）职能分工

（1）参加施工图纸会审，主持项目内部施工图纸交底工作，详细介绍工程技术特点、施工方法、施工程序、质量标准、安全措施。

（2）组织学习、解释各分项工程、工序技术标准，主持向施工员、工长、班组长、技工做专项技术交底。

（3）编制工程项目可行性总体施工组织设计，审核重要部位实施性施工方案，加以优化，并交公司工程技术部备案。

（4）对工程中个人不能解决的技术和工艺问题负责召开技术分析、讨论会并上报工程技术部。

（5）研究施工图纸和施工合同，查漏补遗，拟定设计变更洽商单。

（6）根据当月施工进度计划编制当月材料计划，经常深入生产一线，了解生产进度，复核各种生产报表真实情况。

（7）领导督促项目各项技术资料工作的开展，重点检查：施工记录、原始资料、质量安全检查记录、签证资料、试验台账。

（8）实施技术档案收集完善归档工作及项目音像、图片等资料制作。

（9）检查资料员所填写施工资料，特别是现场签证资料。

（10）项目经理不在项目时在项目经理的授权下全面主持项目部的工作。

（11）负责协调施工现场各单位之间的工作，并搞好现场与建设单位、监理等管理部门的关系，创造良好外部施工环境。

（12）负责新进员工的培训安排工作。

（13）完成领导交办的其他工作。

三、项目技术负责人岗位职责

（1）认真贯彻执行国家、行业有关技术政策和技术标准，负责组织实施国家、行业技术规范、质量标准在工程上的应用，全面负责项目技术工作和技术管理工作。

（2）组织技术人员认真审核设计文件、施工图纸及进行现场调查，提出设计文件审核记录和现场调查报告，报送有关单位。

（3）主持编制施工组织设计或施工方案，全面落实公司有关程序文件在项目上的应用。

（4）负责项目部技术性文件和资料的管理，确保在各有关场所应用的文件为最新有效版本，负责督促技术人员对施工项目技术资料的收集、归档。

（5）认真组织编制项目责任分工、质量保证措施、创优规划、创优小结和工程技术总结。

（6）组织制定保证工程质量和安全技术措施，主要项目工程的质量检查，考核处理施工质量和技术问题。

（7）组织施工技术交底，参加工程的评定和竣工验收。

（8）及时上报项目经理部本月施工完成情况及次月施工生产计划，及时组织技术人员做好季度、年度计价和结算的审核工作。

（9）督促专业技术人员及时做好设计变更有关资料的收集，编制竣工文件和创优工程的上报资料。

（10）负责新进员工的技术培训工作。

（11）完成领导交办的其他工作。

四、安全员的岗位职责及职能分工

（一）岗位职责

负责项目生产过程、施工现场的安全防护，危险源的辨识，安全隐患的发现、防范，检查督促安全制度、安全操作规程的执行情况。

（二）职能分工

（1）积极宣传和贯彻执行安全生产法规、规范、规程；认真按照公司质量、环境、职业健康安全管理规定做好安全管理工作。

（2）参与施工组织设计，针对工程特点制定各项紧急应急预案和安全防范技术措施，向班组逐条进行安全技术交底和验收，并签字确认。

（3）在项目经理的领导下，按计划组织安全生产技能和意识培训、教育以及开展形式多样的活动（包括应急演练），督促员工认真按照有关安全规章制度作业，发现问题及时制止和纠正，并向领导汇报。

（4）深入现场各班组作业面、点，细查隐患，控制安全防护重点部位，检查各种安全防护设施、装置的安全性，制止违章指挥、违章作业、冒险蛮干行为。

（5）参加管理部门和项目部定期组织的安全生产大检查，严格排查各类安全、环境隐患，督促现场整改和限期整改一般隐患；发现危及职工身体健康或生命安全或对环境有重大影响的隐患，有权制止作业，组织撤离危险区域，及时报告，跟踪整改，参与验收；做好各类整改记录和相关人员签字确认手续。

（6）若发生工伤事故，应协助保护现场，实施急救，及时报告，认真负责地参与事故调查，不隐瞒事故情节，如实向调查组报告。

（7）按时填报安全生产月报表和编制月、季、年度安全生产总结，并及时上报公司质量安全部门。

（8）负责验收进场防护用品，参加各种防护设施、设备的验收。

（9）负责施工现场的安全技术资料整理和保存。

（10）负责施工现场的危险源辨识和风险评价工作。

（11）负责执行建设单位及其他管理部门下达的安全任务，并协调与建设单位安全方面的事务。

（12）负责履行相关文件规定的职责。

（13）负责完成领导交办的其他任务。

附表 C.1-2 施工设备进场报验单

（承包〔 〕设备 号）

合同名称： 合同编号：

致（监理机构）：								
我方于＿＿＿年＿月＿＿日进场的施工设备如下表。拟用于＿＿＿＿＿的施工。 经自检，符合合同要求，请贵方审核。								
序号	设备名称	规格型号	数量	进场日期	完好状况	设备权属	生产能力	备注
1								
2								
3								
…								
附件：1. 进场施工设备照片 2. 进场施工设备生产许可证 3. 进场施工设备产品合格证（特种设备应提供安全检定证书） 4. 操作人员资格证 承包人：（现场机构名称及盖章） 项目经理/技术负责人：（签名） 日期： 年 月 日								
审查意见： □ 同意进场使用 □ 不同意进场使用 理由： 监 理 机 构：（名称及盖章） 监理工程师：（签名） 日期： 年 月 日								

注 本表一式＿＿份，由承包人填写，监理机构审签后，发包人＿＿份，监理机构＿＿份，承包人＿＿份。

附表 C.1–3 合同工程开工申请表

（承包〔　　〕合开工　　　号）

合同名称：　　　　　　　　　　　　　　　　　　　　　　　　　　合同编号：

致（监理机构）： 　　我方承担的_____合同工程已完成了各项施工准备工作，具备开工条件，现申请开工，请贵方审批。 　　附件：合同工程开工申请报告   　　　　　　　　　　　　　　　　　承包人：（现场机构名称及盖章） 　　　　　　　　　　　　　　　　　项目经理：（签名） 　　　　　　　　　　　　　　　　　日期：　　　年　月　日
审核后另行批复   　　　　　　　　　　　　　　　　　监理机构：（名称及盖章） 　　　　　　　　　　　　　　　　　签收人：（签名） 　　　　　　　　　　　　　　　　　日期：　　　年　月　日

注　本表一式___份，由承包人填写，监理机构签收后，发包人___份，监理机构___份，设代机构___份，承包人___份。

附件

合同工程开工申请报告模板

致（监理机构名称）：

  我公司承担的××××工程前期准备工作已完成。已按要求完成项目部组建，项目经理部主要施工管理人员已到位；施工组织设计已编制完成；主要设备已进场。××××工程已具备开条件，申请开工。

××××有限公司

××××年××月××日

附表 C.1-4　分部工程开工申请表

（承包〔　　〕分开工　　　号）

合同名称：　　　　　　　　　　　　　　　　　　　　　　合同编号：

致（监理机构）：

　　我方承担的＿＿＿＿＿＿□分部工程/ □分部工程部分工作　已具备开工条件，施工准备已就绪，请贵方审批。

申请开工分部工程 名称、编码			

	序号	检查内容	检查结果
承包人 施工准备 工作自检 记录	1	施工技术交底和安全交底情况	
	2	主要施工设备到位情况	
	3	施工安全、质量保证措施落实情况	
	4	工程设备检查验收情况	
	5	原材料、中间产品质量及准备情况	
	6	现场施工人员安排情况	
	7	风、水、电等必需的辅助生产设施准备情况	
	8	场地平整、交通、临时设施准备情况	
	9	测量放样情况	
	10	工艺试验情况	
	…		

附件：□分部工程施工措施计划　　☑分部工程进度计划
　　　□确认的工艺试验成果　　　□施工安全交底记录
　　　□施工技术交底记录　　　　□申请开工的部分工作清单（对分部工程部分工作开工情况）

　　　　　　　　　　　　　承包人：（现场机构名称及盖章）

　　　　　　　　　　　　　项目经理：（签名）

　　　　　　　　　　　　　日期：　　年　　月　日

审核后另行批复

　　　　　　　　　　　　　监理机构：（名称及盖章）

　　　　　　　　　　　　　签收人：（签名）

　　　　　　　　　　　　　日期：　　年　　月　日

注　本表一式＿＿＿份，由承包人填写，监理机构签收后，发包人＿＿＿份，代机构＿＿＿份，监理机构＿＿＿份，承包人＿＿＿份。

附件

分部工程进度计划模板

一、计划工期及依据

根据招标文件，结合我公司物力、人力及机械设备等优势，施工本分部工程工期为××天，开工时间暂定为××××年××月××日。

为了更好地完成该分部工程，施工时将取消所有节假日，全体员工实行两班生产，每日 24 小时连续施工，节假日实行轮休制，以确保施工的连续性。

二、保证工期的具体措施

（1）做好动员和宏观计划工作。

（2）做好开工前准备工作。

（3）严格按进度计划要求施工。

（4）加强技术交流，做好技术协调工作。

附表 C.1-5 施工进度计划申报表

（承包〔 〕进度   号）

合同名称：　　　　　　　　　　　　　　　　　　　　　　　合同编号：

致（监理机构）： 　　我方今提交＿＿＿＿＿＿＿＿＿工程（名称及编码）的： 　☑施工总进度计划 　☑年施工进度计划 　□月施工进度计划 　□专项施工进度计划（如：度汛计划、赶工计划等） 　□…… 　请贵方审批。 　附件：1. 施工进度计划 　　　　2. 图表、说明书共＿＿＿＿页 　　　　3. ……   　　　　　　　　　　　　承包人：（现场机构名称及盖章） 　　　　　　　　　　　　项目经理：（签名） 　　　　　　　　　　　　日期：　　年　月　日
监理机构将另行签发审批意见。   　　　　　　　　　　　　监理机构：（名称及盖章） 　　　　　　　　　　　　签收人：（签名） 　　　　　　　　　　　　日期：　　年　月　日

注　本表一式＿＿份，由承包人填写，监理机构签收后，发包人＿＿份，监理机构＿＿＿份，设代机构＿＿＿份，承包人＿＿份。

155

附件 1-1

施工总进度计划模板

经现场勘测及对图纸详细了解后，根据前期施工完成情况，我项目部按照流水穿插式作业施工，将**工程总进度**安排如下：

一、工程进度计划

（1）施工准备、测量放线施工：计划工期为××××年××月××日—××××年××月××日，工期为××天。

（2）土方开挖：计划工期为××××年××月××日—××××年××月××日，工期为××天。

（3）石方明挖：计划工期为××××年××月××日—××××年××月××日，工期为××天。

……

二、确保施工进度措施

（1）狠抓安全：严格按照《水利工程施工安全管理导则》（SL 721—2015）进行安全检查及安全控制。杜绝出现重大安全事故，一般事故控制在 1.5‰以下。

（2）重视质量：按照《水利工程质量管理规定》（水利部第 52 号令），切实抓好施工质量。

（3）提高认识：项目经理部的全体人员都必须认识到保证进度是减少工程成本的有效手段，时刻注意狠抓施工进度。

……

三、施工组织保障措施

（1）为保证计划顺利完成，将选派担任过类似工程项目的项目经理担任该工程项目经理，该同志有丰富的施工现场组织管理经验，同时选派经验丰富、精力充沛、能吃住在施工现场的项目副经理、项目总工程师辅助项目经理工作。

（2）严格每道工序施工质量，确保一次验收合格，杜绝返工，以良好的施工质量缩短工期。

……

附件 1-2

年度施工进度计划模板

一、工程概况

……

二、施工准备工作

为了高标准、高质量、高效率地完成××××工程的施工，根据现场实际情况，结合本地气候特点，对各施工项目进行资源优化配套设置，合理规划布置，并采取科学的网络信息化管理模式，确保工程进度、工程质量、施工安全得到有效的控制；确保各工序、各工种间的紧密衔接，尽可能组织平行作业，以确保工期。

三、施工进度计划安排

（一）工期目标

按招标文件要求，本合同段××××年××月前完成全部施工任务。

（二）施工目标

（1）质量目标：坚持"千年大计，质量第一"的方针，树立精品意识，确保工程质量达到优良标准。

（2）进度目标：发扬顽强拼搏、团队作战的企业精神，确保××月前完成全部任务。

（3）安全目标：杜绝一切安全事故的发生。

（三）具体施工进度安排

1. ××××工程

（1）×××××××

××××年××月××日—××××年××月××日完成。

（2）×××××××

××××年××月××日—××××年××月××日完成。

（3）……

2. ××××工程

（1）×××××××

××××年××月××日—××××年××月××日完成。

（2）×××××××

××××年××月××日—××××年××月××日完成。

（3）……

3. ××××工程

（1）×××××××

××××年××月××日—××××年××月××日完成。

（2）×××××××

××××年××月××日—××××年××月××日完成。

（3）……

附表 C.1-6 暂 停 施 工 报 审 表

（承包〔 　 〕暂停 　 号）

合同名称： 　　　　　　　　　　　　　　　　　　　　　　　　　　合同编号：

致（监理机构）：   　　由于发生本申请所列原因，造成工程无法正常施工，依据施工合同约定，我方申请对所列工程项目暂停施工。   　　附件：……   　　　　　　　　　　　　　　　　　　承包人：（现场机构名称及盖章）   　　　　　　　　　　　　　　　　　　项目经理：（签名）   　　　　　　　　　　　　　　　　　　日期：　　年　月　日

暂停施工工程项目 范围/部位	
暂停施工原因	
引用合同条款	

审批意见：   　　　　　　　　　　　　　　　　　　监理机构：（名称及盖章）   　　　　　　　　　　　　　　　　　　总监理工程师：（签名）   　　　　　　　　　　　　　　　　　　日期：　　年　月　日

　注　本表一式___份，由承包人填写，监理机构审批后，随同审批意见，发包人___份，监理机构___份，承包人___份。

附表 C.1-7 复工申请报审表

（承包〔　〕复工　　号）

合同名称：　　　　　　　　　　　　　　　　　　　　　　　合同编号：

致（监理机构）：

　　　　　　　　　　　　　　　　工程项目，依据□暂停施工指示（监理〔　〕停工　　号）/□ 批准的暂停施工报审表（承包〔　〕暂停　　号），已于　　　年　　月　　日　　　时暂停施工。鉴于致使该工程的停工因素已经消除，复工准备工作已就绪，特申请复工，请贵方审批。

　　　附件：1. 停工因素消除情况说明
　　　　　　2. 复工条件情况说明

　　　　　　　　　　　　　　　承包人：（现场机构名称及盖章）

　　　　　　　　　　　　　　　项目经理：（签名）

　　　　　　　　　　　　　　　日期：　　年　月　日

审批意见：

　　　　　　　　　　　　　　　监理机构：（名称及盖章）

　　　　　　　　　　　　　　　总监理工程师：（签名）

　　　　　　　　　　　　　　　日期：　　年　月　日

注 本表一式＿＿份，由承包人填写，报送监理机构审批后，随同审批意见发包人＿＿份，监理机构＿＿份，承包人＿＿份。

附表 C.1-8 施工进度计划调整申报表

（承包〔 〕进调 号）

合同名称：   合同编号：

致（监理机构）： 　　我方现提交＿＿＿＿＿＿工程项目施工进度调整计划，请贵方审批。 　　附件：施工进度调整计划（包括调整理由、形象进度、工程量、资源投入计划等）   　　　　　　　　　　　　　　承包人：（现场机构名称及盖章） 　　　　　　　　　　　　　　项目经理：（签名） 　　　　　　　　　　　　　　日期：　　年　月　日
监理机构将另行签发审批意见。   　　　　　　　　　　　　　　监理机构：（名称及盖章） 　　　　　　　　　　　　　　签收人：（签名） 　　　　　　　　　　　　　　日期：　　年　月　日

　　注　本表一式___份，由承包人填写，监理机构签收后，发包人___份，监理机构___份，承包人___份。

附表 C.1-9 延长工期申报表

（承包〔　〕延期　　号）

合同名称：　　　　　　　　　　　　　　　　　　　　合同编号：

致（监理机构）：
由于本申报表附件所列原因，根据施工合同约定及相关规定，我方要求合同工程工期顺延＿＿＿＿天，完工日期从＿＿＿＿年＿＿＿＿月＿＿＿＿日延至＿＿＿＿年＿＿＿＿月＿＿＿＿日，请贵方审批。 　　　　附件：1. 延长工期申请报告（说明原因、依据、计算过程及结果等） 　　　　　　　2. 证明材料   　　　　　　　　　　　　　　　承包人：（现场机构名称及盖章） 　　　　　　　　　　　　　　　项目经理：（签名） 　　　　　　　　　　　　　　　日期：　　年　月　日
监理机构将另行签发审核意见。   　　　　　　　　　　　　　　　监理机构：（名称及盖章） 　　　　　　　　　　　　　　　签收人：（签名） 　　　　　　　　　　　　　　　日期：　　年　月　日

注　本表一式___份，由承包人填写，监理机构签收后，发包人___份，设代机构___份，监理机构___份，承包人___份。

附表 C.1-10 施工月报表 (年 月)

(承包〔 〕月报 号)

合同名称: 合同编号:

致(监理机构):

　　现呈报我方编写的＿＿＿＿＿年＿＿月＿＿日施工月报(＿＿＿＿＿年＿＿月＿＿日至＿＿＿＿＿年＿＿月＿＿日),请贵方审阅。

　　　　附件: 施工月报

　　　　　　　　　　　　　　　　　　　　　　承包人: (现场机构名称及盖章)

　　　　　　　　　　　　　　　　　　　　　　项目经理: (签名)

　　　　　　　　　　　　　　　　　　　　　　日　期: 年 月 日

　　今已收到＿＿＿＿＿＿＿＿＿(承包人全称)所报＿＿＿＿年＿＿月的施工月报及附件共＿＿份。

　　　　　　　　　　　　　　　　　　　　　　监理机构: (名称及盖章)

　　　　　　　　　　　　　　　　　　　　　　签 收 人: (签名)

　　　　　　　　　　　　　　　　　　　　　　日　期: 年 月 日

注 施工月报表一式＿＿份,由承包人填写,每月＿＿日前报监理机构,监理机构签收后返回承包人＿＿份,发包人＿＿份,监理机构＿＿份。

附件

施 工 月 报

_____年 第_____期

_____年_____月_____日至_____年_____月_____日

工程名称：_____

合同编号：_____

承 包 人：_____（现场机构名称及盖章）_____

项目经理：_____

日　　期：_____年___月___日

目　　录

附表 C.1-10-1 施 工 日 志

工程名称				
施工单位				
施工条件	天气状况	风力/级	最高/最低温度/℃	备注
白天				
夜间				
生产情况记录：（施工部位、施工内容、机械作业、班组工作，生产存在问题等）				
技术质量安全工作记录：（技术质量安全活动、检查评定验收、技术质量安全问题等）				
项目负责人		填写人	日期	年 月 日

附表 C.1-10-2 原材料/中间产品使用情况月报表

（承包〔 〕材料月   号）

合同名称：   合同编号：

材料名称		规格/型号	单位	上月库存	本月进货	本月消耗	本月库存	下月计划用量
水泥								
粉煤灰								
钢材	型材							
	钢筋							
木材								
柴油								
汽油								
炸药								
……								

承包人：（现场机构名称及盖章）

部门负责人：（签名）

日期：   年   月   日

注 本表一式___份，由承包人填写，作为《施工月报》的附件一同上报。

附表 C.1-10-3 原材料/中间产品检验月报表

（承包〔 〕材料月 号）

合同名称：   合同编号：

材料名称		规格/型号	单位	检验量	检验日期	检验内容及方法	检验结果	检验机构	质量负责人	备注
水泥										
粉煤灰										
钢材	型材									
	钢筋									
木材										
柴油										
汽油										
炸药										
……										

承包人：（现场机构名称及盖章）

部门负责人：（签名）

日期：   年 月 日

注 本表一式___份，由承包人填写，作为《施工月报》的附件一同上报。

附表 C.1-10-4　主要施工设备情况月报表

（承包〔　　〕设备月　　号）

合同名称：　　　　　　　　　　　　　　　　　　　　　　　　合同编号：

序号	名称	型号/规格	计划数量/台	实际数量/台	完好率/%	是否满足合同要求
1						
2						
3						
4						
5						
6						
7						
8						
9						
...						

承包人：（现场机构名称及盖章）

部门负责人：（签名）

日期：　　年　　月　　日

注　本表一式___份，由承包人填写，作为《施工月报》的附件一同上报。

附表 C.1-10-5　现场人员情况月报表

（承包〔　　〕人员月　　号）

合同名称：　　　　　　　　　　　　　　　　　　　　　　　　　　　　合同编号：

序号	部门	人员类别					合计
		管理人员	技术人员	特种作业人员	普通作业人员	其他辅助人员	
1							
2							
3							
4							
5							
6							
7							
8							
9							
...							
合计							

承包人：（现场机构名称及盖章）

部门负责人：（签名）

日期：　　　年　　月　　日

注　本表一式___份，由承包人填写，作为《施工月报》的附件一同上报。

附表 C.1-10-6 施工质量检测月汇总表

（承包〔 〕质检月 号）

合同名称： 合同编号：

序号	检测部位	检测项目	检测数量	检测日期	检测结果	质量负责人

承包人：（现场机构名称及盖章）

部门负责人：（签名）

日期： 年 月 日

注 本表一式___份，由承包人填写，作为《施工月报》的附件一同上报。

附表 C.1–10–7 施工质量缺陷月报表

（承包〔 〕缺陷月   号）

合同名称：   合同编号：

序号	质量缺陷部位	质量缺陷类别	缺陷检测情况	处理情况	备注
1					
2					
3					
4					
5					
6					
7					
8					
9					
...					

承包人：（现场机构名称及盖章）

部门负责人：（签名）

日期：   年 月 日

注 本表一式___份，由承包人填写，作为《施工月报》的附件一同上报。

附表 C.1-10-8 工程事故月报表

（承包〔 〕事故月 号）

合同名称： 合同编号：

序号	事故发生时间	事故地点	事故的工程影响	事故等级	直接损失金额或处理成本/元	人员伤亡/人		处理结论
						死亡	重伤	

承包人：（现场机构名称及盖章）

部门负责人：（签名）

日期： 年 月 日

注 本表一式___份，由承包人填写，作为《施工月报》的附件一同上报。

附表 C.1-10-9　合同完成额月汇总表

（承包〔　〕完成额　　号）

合同名称：　　　　　　　　　　　　　　　　　　　　　　　合同编号：

序号	项目编号	一级项目	合同金额/元	截至上月末累计完成额/元	截至上月末累计完成额比例/%	本月完成额/元	截至本月末累计完成额/元	截至本月末累计完成额比例/%

　　　　　　　　　　　　　　　　　　　　　　承包人：（现场机构名称及盖章）

　　　　　　　　　　　　　　　　　　　　　　部门负责人：（签名）

　　　　　　　　　　　　　　　　　　　　　　日期：　　年　　月　　日

注　1. 本表一式___份，由承包人填写，作为《施工月报》的附件一同上报。

　　2. 本表的一级项目指该工程工程量清单中的分类工程，一级项目合同完成额依据附表 C.1-10-9-1 填写。

　　3. 本表中的项目编号是指合同工程量清单的项目编号。

附表 C.1-10-9-1 （一级项目名称）合同完成额月汇总表

（承包〔 〕完成额月 号）

合同名称： 合同编号：

序号	项目编号	二级项目	合同金额/元	截至上月末累计完成额/元	截至上月末累计完成额比例/%	本月完成额/元	截至本月末累计完成额/元	截至本月末累计完成额比例/%

承包人：（现场机构名称及盖章）

部门负责人：（签名）

日期： 年 月 日

注 1. 表一式___份，由承包人填写，作为合同完成额月汇总表的附件一同上报。
2. 本表的二级项目指合同工程量清单中的分项工程。
3. 本表根据一级项目数量依次编码。
4. 本表中的项目编号是指合同工程量清单的项目编号。

附表 C.1-10-10　主要实物工程量月汇总表

（承包〔　〕实物月　　号）

合同名称：　　　　　　　　　　　　　　　　　　　　　　　合同编号：

序号	名称	单位	截至上月末累计完成工程量	截至上月末完成工程量比例	本月完成工程量	截至本月末累计完成工程量	截至本月末累计完成额比例
1	土方开挖						
2	土方回填						
3	石方开挖						
4	石方回填						
5	混凝土浇筑						
…	……						

承包人：（现场机构名称及盖章）

部门负责人：（签名）

日期：　　年　月　日

注　本表一式___份，由承包人填写，作为《施工月报》的附件一同上报。

附表C.1-11 会 议 纪 要

施工单位：　　　　　　　　　　　　　　合同名称：

监理单位：　　　　　　　　　　　　　　合同编号：

会议名称			
会议主题			
会议时间		会议地点	
组织单位		会议主持人	
会议主要内容及结论	 承包人：（名称及盖章） 监理机构：（名称及盖章） 会议主持人：（签名） 日期：　　　年　　月　　日		
附件：会议签到表			

注 本表由承包人填写，会议主持人签字后送达参会各方。

附表 C.1-12 报 告 单

（承包〔　　〕报告　　号）

合同名称：　　　　　　　　　　　　　　　　　　　　　　　　　合同编号：

报告事由：   　　　　　　　　　　　　　　承包人：（现场机构名称及盖章） 　　　　　　　　　　　　　　项目经理/技术负责人：（签名） 　　　　　　　　　　　　　　日期：　　年　月　日
监理机构意见：   　　　　　　　　　　　　　　监理机构：（名称及盖章） 　　　　　　　　　　　　　　总监理工程师/监理工程师：（签名） 　　　　　　　　　　　　　　日期：　　年　月　日
发包人意见：   　　　　　　　　　　　　　　发包人：（名称及盖章） 　　　　　　　　　　　　　　负责人：（签名） 　　　　　　　　　　　　　　日期：　　年　月　日

注　1. 本表一式___份，由承包人填写，监理机构、发包人签署意见后，发包人___份，监理机构___份，承包人___份。

　　2. 如报告单涉及设计等其他单位的，可另行增加意见栏。

附表C.1-13 回 复 单

（承包〔 〕回复 号）

合同名称： 合同编号：

致（监理机构）：
我方于_____年_____月_____日收到_____（监理文件文号）关于_____的 □通知／□指示，回复如下： （应包括对监理 □通知 ／ □指示确认与否。如确认，应依据监理 □通知 ／ □指示编制工作计划；如不确认， 应说明理由。） 　　附件：1.…… 　　　　　2.……   　　　　　　　　　　　　　　　　　　　　　　　承包人：（现场机构名称及盖章） 　　　　　　　　　　　　　　　　　　　　　　　项目经理：（签名） 　　　　　　　　　　　　　　　　　　　　　　　日期：　　年　月　日
审核意见：   　　　　　　　　　　　　　　　　　　　　　　　监理机构：（名称及盖章） 　　　　　　　　　　　　　　　　　　　　　　　监理工程师：（签名） 　　　　　　　　　　　　　　　　　　　　　　　日期：　　年　月　日

　注 1. 本表一式___份，由承包人填写，监理机构审核后，监理机构___份，承包人___份。
　　　2. 本表主要用于承包人对监理机构发出的监理通知、指示的回复。

附表 C.1-14　确　认　单

（承包〔　　〕确认　　号）

合同名称：　　　　　　　　　　　　　　　　　　　　　合同编号：

致（监理机构）：

　　按照贵方审核通过的关于_____的工作计划（回复单编号：承包〔　　〕回复____号，或监理文件编号），
我方已完成相关工作，执行情况如下，请贵方确认。

　　（完成情况说明）

　　附件：1.……
　　　　　2.……
　　　　　3.……

承包人：（现场机构名称及盖章）

项目经理：（签名）

日期：　　年　月　日

确认意见：

监理机构：（名称及盖章）

监理工程师：（签名）

日期：　　年　月　日

注　1. 本表一式___份，由承包人填写，监理机构确认后，监理机构___份，承包人___份。

　　2. 本表主要用于承包人对监理机构发出的监理通知、指示的执行情况确认。

附录C.2 施工技术类资料

附表 C.2-1 施工用图计划申报表

（承包〔 〕图计 号）

合同名称： 　　　　　　　　　　　　　　　　　合同编号：

致（监理机构）：

　　我方今提交＿＿＿＿＿＿＿＿＿＿＿＿＿＿＿＿＿＿工程（名称及编码）的：

　　□（总）用图计划

　　□时段用图计划

　　□······

　　请贵方审批。

　　附件：1. 用图计划

　　　　　2. ······

承包人：（现场机构名称及盖章）

项目经理：（签名）

日　期：　　年　月　日

　　监理机构将另行签发审核意见。

监理机构：（名称及盖章）

签 收 人：（签名）

日　期：　　年　月　日

注 本表一式＿＿份，由承包人填写，监理机构签收后，发包人＿＿份，设代机构＿＿份，监理机构＿＿份，承包人＿＿份。

附表 C.2-2 图 纸 会 审 记 录

工程名称			
会审日期	年 月 日		共 页 第 页

提出问题和处理意见：

建设单位	监理单位	施工单位	设计单位

附表C.2-3 施工安全交底记录

（承包〔 〕安交 号）

合同名称： 合同编号：

单位工程名称		承包人	
分部工程名称		施工内容	
主持人/交底人	/	时间/地点	/

1. 施工安全交底依据文件清单：
（法律、法规、规章、工程建设标准强制性条文、合同文件、施工组织设计及施工措施计划中的安全技术措施、专项施工方案、施工现场临时用电方案等）

2. 施工安全交底内容：

施工安全交底记录：

记录人：

与会人员签名：

注 可加附页。

附表 C.2-4　工程施工技术交底记录

（承包〔　　〕技交　　号）

合同名称：　　　　　　　　　　　　　　　　　　　　　　　合同编号：

单位工程名称		承包人	
分部工程名称		施工内容	
主持人/交底人	/	时间/地点	/

1. 施工技术交底文件清单：
（合同文件、工程建设标准强制性条文、施工图纸、施工组织设计、施工措施计划等）

2. 施工技术交底内容：
（设计要求和质量标准交底、作业指导书交底等）

施工技术交底记录：

记录人：

与会人员签名：

注　可加附页。

附表 C.2-5　施工技术方案申报表

（承包〔　　〕技案　　号）

合同名称：　　　　　　　　　　　　　　　　　　　　　　　　　　合同编号：

致（监理机构）：
我方今提交＿＿＿＿＿＿＿＿＿＿＿＿＿工程（名称及编码）的：

致（监理机构）：

　　我方今提交＿＿＿＿＿＿＿＿＿＿＿＿＿工程（名称及编码）的：

　　附件：施工技术方案模板

　　　　□ 施工组织设计　　　　　　　　□ 施工措施计划
　　　　□ 工程测量施测方案　　　　　　☑ 度汛方案
　　　　□ 施工工艺试验方案　　　　　　☑ 灾害应急预案
　　　　□ 变更实施方案　　　　　　　　☑ 专项施工方案
　　　　□ 工程放样计划和方案　　　　　□ 专项检测试验方案

　　请贵方审批。

　　　　　　　　　　　　　　　　　　　　承包人：（现场机构名称及盖章）

　　　　　　　　　　　　　　　　　　　　项目经理：（签名）

　　　　　　　　　　　　　　　　　　　　日期：　　年　月　日

　　监理机构将另行签发审批意见：

　　　　　　　　　　　　　　　　　　　　监理机构：（名称及盖章）

　　　　　　　　　　　　　　　　　　　　签收人：（签名）

　　　　　　　　　　　　　　　　　　　　日期：　　年　月　日

注　本表一式＿＿份，由承包人填写，监理机构签收后，发包人＿＿份，设代机构＿＿份，监理机构＿＿份，承包人＿＿份。

附件

施工技术方案模板

模板一　度汛方案模板

一、编制依据及适用范围

（一）编制的主要依据

（1）《中华人民共和国防洪法》（中华人民共和国主席令第 88 号，2016 年修订）。

（2）《中华人民共和国防汛条例》（中华人民共和国国务院令第 86 号，2011 年第二次修订）。

（3）《水利水电工程等级划分及洪水标准》（SL 252—2017）。

（4）《防汛储备物质验收标准》（SL 297—2004）。

（5）《防汛物资储备定额编制规程》（SL 298—2004）。

（6）《水利水电工程施工组织设计规范》（SL 303—2017）。

（7）《水利水电工程施工通用安全技术规程》（SL 398—2007）。

（8）《水利水电工程施工导流设计规范》（SL 623—2013）。

（9）《水利水电工程围堰设计规范》（SL 645—2013）。

（10）《水利水电工程施工安全管理导则》（SL 721—2015）。

（11）《水利工程施工度汛方案编制指南（试行）》。

（12）设计文件及批文、设计图纸、度汛技术要求及施工组织设计。

（二）适用范围

本方案按照水利部《关于进一步做好在建水利工程安全度汛工作的通知》（水建设〔2022〕99 号）及《水利工程施工度汛方案编制指南（试行）》编制。

此度汛方案适用于××××工程施工。

二、工程概述及度汛要求

（一）工程概况

……

（二）水文地质

……

（三）工程面貌及度汛要求

……

三、度汛组织机构与职责

（一）组织机构

1. 施工度汛领导小组

组　长：×××　　电话：×××××××××××

副组长：×××　　电话：×××××××××××

组　　员：×××　　　电话：××××××××××××

　　　　　×××　　　电话：××××××××××××

　　　　　×××　　　电话：××××××××××××

　　　　　×××　　　电话：××××××××××××

2. 防汛抢险组

组　　长：×××　　　电话：××××××××××××

副组长：×××　　　电话：××××××××××××

组　　员：×××　　　电话：××××××××××××

　　　　　×××　　　电话：××××××××××××

　　　　　×××　　　电话：××××××××××××

　　　　　×××　　　电话：××××××××××××

3. 综合协调组

组　　长：×××　　　电话：××××××××××××

副组长：×××　　　电话：××××××××××××

组　　员：×××　　　电话：××××××××××××

　　　　　×××　　　电话：××××××××××××

　　　　　×××　　　电话：××××××××××××

　　　　　×××　　　电话：××××××××××××

4. 技术指导组

组　　长：×××　　　电话：××××××××××××

副组长：×××　　　电话：××××××××××××

组　　员：×××　　　电话：××××××××××××

　　　　　×××　　　电话：××××××××××××

　　　　　×××　　　电话：××××××××××××

　　　　　×××　　　电话：××××××××××××

5. 汛情巡查组

组　　长：×××　　　电话：××××××××××××

副组长：×××　　　电话：××××××××××××

组　　员：×××　　　电话：××××××××××××

　　　　　×××　　　电话：××××××××××××

　　　　　×××　　　电话：××××××××××××

　　　　　×××　　　电话：××××××××××××

6. 防汛物资保障组

组　　长：×××　　　电话：××××××××××××

副组长：×××　　　电话：××××××××××××

组　　员：×××　　　电话：××××××××××××

　　　　　×××　　　电话：××××××××××××

　　　　　×××　　　电话：××××××××××××

　　　　　×××　　　电话：××××××××××××

（二）职责分工

1. 施工度汛领导小组职责

（1）负责指挥本项目的防汛抢险指挥工作。

（2）在上级防汛抗旱指挥部的领导下，贯彻执行相关决定、指令。

（3）组织召开防汛抢险工作会议，分析预测汛情发展趋势，安排部署防汛抢险工作，制定各项防汛抢险应急措施。

（4）下达抗洪抢险命令，组织各有关部门实施防汛抢险应急预案并对实施情况进行检查、监督。

2. 防汛抢险组职责

（1）服从施工度汛领导小组防汛指挥，负责施工现场的度汛抢险和安全保障工作，组织应急救援演练。

（2）要有防大汛、抢大险的思想准备，熟练掌握各种险情的抢险知识。

（3）要有吃苦耐劳、勇于拼搏的精神，遇到险情冲锋在前，不怕困难。

（4）听从指挥，服从领导，认真完成抗洪抢险任务。

3. 综合协调组职责

（1）负责施工度汛工作的日常事务。

（2）负责施工现场的应急通信与联络，保证各工作组通信畅通，做到上情下达、下情上报、协调各工作组。

（3）险情发生后，协调上级主管部门及防汛组织，做好防汛物资和机械设备的调度，为抢险救灾工作顺利开展做好应急保障。

（4）负责灾情的登记工作，要询问灾害发生的时间、地点、事故类型、人员伤害和设备的损害情况，询问登记应简明扼要，将灾情及时上报施工度汛领导小组。

（5）负责整理施工度汛工作信息，掌握各工作组工作动态，开展综合调研，反馈工作意见，为领导小组决策和指导工作提供依据。

4. 技术指导组职责

（1）为施工度汛工作提供技术指导。

（2）制定抢险救援技术措施。

（3）组织制定应急救援方案。

（4）组织工程安全与防汛技术培训。

（5）组织有针对性的防汛抢险演练。

5. 汛情巡查组职责

（1）密切关注本流域水、雨情变化情况及水文资料，及时、准确地掌握汛情和水文信息，开展每日汛情检查，一旦发生险情及时上报施工度汛领导小组。

（2）负责制定防汛值班及巡查计划表，保证防汛巡查及值班工作的落实并做好巡查及值班的记录。

（3）做好围堰巡查及水位观测工作，遇到问题及时发现、妥善处理。

（4）定期巡查工程重点部位和相关区域是否满足安全度汛要求，及时排查和消除安全隐患。

6. 防汛物资保障组职责

（1）负责防汛物资的采购工作并记录包括相关商家的信息、物品规格、数量等。

（2）定期对防汛物资进行检查，及时更换有缺陷的设备设施，保证防汛物资的供给。

（3）按规范要求，做好防汛物资的储存和保管，做到账物相符、数量准确。

（4）配合相关部门负责防汛用药和应急医疗救护的其他工作。

四、度汛保障

（一）汛前工程进度

……

（二）度汛资源保障

防汛物资保障是抗洪抢险的重要环节，相关单位要高度重视，参照《防汛物资储备定额编制规程》（SL 298—2004）储备必要的应急防汛物资，做到有备无患，防患于未然。

（三）汛期信息获取

项目法人与当地水利部门、气象部门建立畅通的联系渠道，及时问询降雨量、临近水系水位变化情况等水文、气象资料，及时、准确掌握汛情和水文信息，并迅速传达到有关部门。若发生险情时，施工防汛领导小组立即启动应急预案；施工现场由施工单位派专人采用标尺、量筒等测量器具，测量河道水位和降雨量；根据现场情况及相关资料，设置必要的警戒线；测量所得数据要第一时间报施工防汛领导小组，为防汛决策提供依据；一旦有突发情况，立即采取应急措施并报上级相关部门。

××市水务局防汛值班电话：×××××××××；

××市气象局值班电话：×××××××××。

（四）汛情巡查及报告

汛情巡查组要定期对施工区和生活管理区进行巡视检查，遇有大雨或河道高水位时，要加密巡查，发现问题及时报告。一般问题（问题发生单位自行能处理的）向问题发生单位负责人报告；重大问题向施工防汛领导小组报告。

施工单位要建立安全防汛度汛巡查制度，固定地点、统一指挥、分段负责，参加巡查人员必须按照制订的巡查标准和重点巡查部位等，进行认真巡查。

五、风险识别与应急处置

（一）风险识别及评估

根据该项目提供的资料、地质报告及水文地质条件，结合施工设计、施工方案、施工方法和施工工艺进行综合类比分析，并对照国家和部门标准及行业规章进行识别分析。

（二）预报预警及演练

预案演习是对应急能力的一个综合检验，有助于发现和暴露预案及程序的缺陷，发现应急资源的不足。通过演练，进一步明确各自的岗位与职责、提高整体应急反应能力。要在主汛期前组织各参建单位进行施工度汛应急演练，提升工程应对险情的能力，使各部门、各参建单位熟练掌握度汛应急措施，了解度汛的具体工作内容，保证工程度汛安全。

（三）应急处置

1. 应急响应

（1）汛情巡查组密切关注雨情、水情、汛情、工情变化，做好汛情检查工作。发现险情及时上报施工度汛领导小组，领导小组接到报告后，立即对现场情况进行分析判断，及时通知防洪抢险组实施抢险救灾行动。

（2）防洪抢险组在接到抢险命令后，应按抢险要求及实际情况迅速作出决定，立即开展组织人员撤离、抢险、救灾等措施，并采取有效措施控制险情扩大。

（3）技术指导组、综合协调组、防汛物资保障组在抢险救灾过程中，应服从施工度汛领导小组的统一指挥，并按各自职责，竭尽全力进行抢险、救灾，控制险情。

2. 应急措施

重大汛情一旦发生，应立即组织人员撤离，所有人员、车辆不得在危险区范围 50m 以内（警戒区内）停留。在保证人员安全的情况下，尽量把设备转移到安全地带。

抗洪抢险组应在保证人员安全撤离的情况下，根据现场情况，采取措施控制险情的进一步扩大等。

（1）报告与通知。汛情巡查组发现险情及时根据其时间、地点、性质向施工度汛领导小组报告，领导小组向各参建单位发出抗洪抢险通知，并做好抗洪抢险的各项准备工作。

（2）指挥与控制。施工度汛领导小组得知险情后，对险情进行初步分析，确认紧急状态，建立现场临时指挥部，根据险情的大小和发展趋势，及时向上级管理部门汇报；并对施工现场各单位进行抢险分工，有序进行抢险救援，避免险情进一步扩大。

（3）人员疏散与安置。险情发生后，应根据指定疏散通道和路线，使疏散人员尽快到达安全区，并做好生活安置，保障必要的基本生活条件。

（4）医疗与卫生。对受伤人员进行及时有效的现场急救，及时转送到就近医院进行治疗，对于重伤人员送往相应医院进行救助。对受灾区，要搞好卫生防疫工作。

模板二　应急救援预案模板

一、预案编制的目的

为了更好地适应法律和经济活动的要求；给企业员工的工作和施工场区周围居民提供更好更安全的环境；保证各种应急反应资源处于良好的备战状态；指导应急行动按计划有序地进行；防止因应急反应行动组织不力或现场救援工作的无序和混乱而延误事故的应急救援；有效地避免或降低人员伤亡和财产损失；帮助实现应急反应行动的快速、有序、高效；充分体现应急救援的"应急精神"。

二、工程概况

……

三、应急预案的级别

根据施工生产的特性，一旦发生生产事故，其有害影响通常只局限在一个单位界区之内，并且几乎可以被现场的操作者遏制和控制在该区域内，其影响预期基本不会扩大到社区，故本应急预案按 I 级响应进行制定。

四、应急预案启动涉及的事故内容

项目部经理部施工现场区内发生以下情况，应启动应急预案：

（1）场区火灾。

（2）深基坑开挖坍塌。

（3）高大模架塌陷。

（4）高耸设备设施倾倒。

（5）其他生产性重大安全事故。

（6）其他不可预见突发性事件。

五、应急预案的启动和响应

当事故的评估预测达到启动应急预案条件时，由应急总指挥发出启动应急反应预案令。由应急总指挥、事故现场操作副总指挥同时启动应急反应公司总部和项目经理部应急反应行动。根据事态发展需要，及时启动协议应急救援资源和社会应急救援公共资源，最大限度地降低事故带来的经济损失和减少人员伤亡。

六、应急预案的终止

对事故现场经过应急预案实施之后，引起事故的危险源得到有效控制、消除；所有现场人员均得到清点；并确保未授权人员不会进入事故现场；不存在其他影响应急预案终止的因素；应急救援行动已完全转化为社会公共救援；局面已无法控制和救援的，场内相关人员已经全部撤离；应急总指挥根据事故的发展状态认为必须终止的，由应急总指挥下达应急反应终止令或授权事故现场操作副总指挥明确应急预案终止的决定。

七、应急预案的组织机构、人员职能及职责

（一）应急总指挥的职能及职责

（1）分析紧急状态和确定相应报警级别，根据相关危险类型、潜在后果、现有资源和控制紧急情况的行动类型。

（2）指挥、协调应急反应行动。

（3）与企业外应急反应人员、部门、组织和机构进行联络。

（4）直接监察应急操作人员的行动。

（5）最大限度地保证现场人员和外援人员及相关人员的安全，减少经济损失。

（6）协调后勤方面以支援应急反应组织。

（7）应急反应组织的启动。

（8）应急评估、确定升高或降低应急报警级别。

（9）通报外部机构。决定事故现场外影响区域的安全性。

（10）决定请求外部援助。决定应急撤离。

（二）副总指挥的职能及职责

（1）所有事故现场操作的指挥和协调。

（2）现场事故评估。

（3）保证现场人员和公众应急反应行动的执行。

（4）控制紧急情况。

（5）现场应急反应行动的指挥，与在应急指挥中心的总指挥协调。

（6）做好应急救援处理现场指挥权转化后的移交和应急救援处理协助工作。

（7）做好消防、医疗、交通管制、抢险救灾等各公共救援部门的联络工作。

（三）伤员抢救组的职能及职责

（1）引导现场作业人员从安全通道疏散。

（2）对受伤人员营救至安全地带。

（四）物资抢救组的职能及职责

（1）抢运可以转移的场区内物资。

（2）转移可能引起新危险源的物品到安全地带。

（五）消防灭火组的职能及职责

（1）启动场区内的消防灭火装置和器材进行初期的消防灭火自救工作。

（2）协助消防部门进行消防灭火的辅助工作。

（六）保卫疏导组的职能及职责

（1）对场区内外进行有效地隔离工作和维护现场应急救援通道畅通的工作。

（2）疏散场区外的居民撤出危险地带。

（七）抢险物资供应组的职能及职责

（1）迅速调配抢险物资器材至事故发生地点。

（2）提供和检查抢险人员的装备和安全配备。

（3）及时提供后续的抢险物资。

（八）后勤供给组的职能及职责

（1）迅速组织后勤必须供给的物品。

（2）及时输送后勤供给物品到抢险人员手中。

（九）现场临时医疗组的职能和职责

（1）对受伤人员做简易的抢救和包扎工作。

（2）及时转移重伤人员到医疗机构就医。

（十）资金提供保障组的职能及职责

（1）提供现场抢救工作必需的资金。

（2）提供伤员的抢救和医疗费用。

（3）提供现场恢复和事故善后处理所需费用。

八、应急上报机制和通信体系

（一）应急报警机制

应急报警机制由应急上报机制、内部应急报警机制、外部应急报警机制和汇报程序4部分组成，由下而上、由内到外，形成有序的网络应急报警机制。

（1）应急上报机制。通过危险辨识体系获取危险源特征后，第一时间报项目经理部施工现场负责人，施工现场负责人应立即向公司汇报。

（2）内部应急报警机制。应急预案启动后，应急反应组织启动，立即通知公司的相关人员以及事故现场的全体人员进入应急反应状态，应急反应组织进入应急预案及应急计划实施状态。

（3）外部应急报警机制。内部报警机制启动的同时，按应急总指挥的部署，立即启动外部应急报警机制，向已经确定的施工场区外邻近单位应急反应体系、周边已经建立外部应急反应协作体系、社会公共救援机构报警。

（4）汇报程序。按地方政府的事故上报规定和行业事故上报制度，依照程序向上级相关主管部门汇报。

（二）通信体系

应急预案中必须确定有效的可能使用的通信系统，以保证应急救援系统的以下人员和各个机构之间有效地联系。

（1）应急人员之间。

（2）事故指挥者与应急人员之间。

（3）应急救援系统各机构之间。

（4）应急指挥机构与外部应急组织之间。

（5）应急指挥机构与伤员家庭之间。

（6）应急指挥机构与上级行政主管部门之间。

（7）应急指挥机构与新闻媒体之间。

（8）应急指挥机构与认为必要地有关人员和部门之间。

（三）应急反应救援安全通道体系

建立应急反应救援安全通道体系。应急计划中，必须依据施工总平面布置、建筑物的施工内容以及施工特点，确立应急反应状态时的救援安全通道体系，体系包括垂直通道、水平通道、与场外连接通道，并应准备好多通道体系设计方案，以解决事故现场发生变化带来的问题，确保应急反应救援安全通道能有效地投入使用。

（四）应急救援小组成员及联络方式

总指挥：　　　　　　　　电话：

副总指挥：　　　　　　　电话：

组员：　　　　　　　　　组员：

组员：　　　　　　　　　组员：

组员：　　　　　　　　　组员：

（五）外部有关部门及联系方式

所属区域政府主管部门电话：

就近医疗机构电话：

所属区域消防部门电话：

九、应急预案的培训与演练

应急预案和应急计划确立后，按计划组织施工场区的全体人员进行有效地培训。培训内容如下：

（1）灭火器的使用以及灭火步骤。

（2）个人防护措施。

（3）对危险源的突显特性辨识。

（4）事故报警。

（5）紧急情况下人员的安全疏散。

（6）各种抢救的基本技能。

（7）应急救援的团队协作意识。

从而具备完成其应急反应任务所需的知识和技能，使应急救援人员明确"做什么""怎么做""谁来做"及相关法规所列出的事故危险和应急责任。

十、应急预案实施终止后的恢复工作

应急预案实施终止后，应采取有效措施防止事故扩大，保护事故现场，需要移动物品时，应当作出标记和书面记录，妥善保管好有关物证，并按照国家有关规定及时向有关部门进行事故报告。对事故过程中造成的人员伤亡和财产损失做收集统计、归纳，形成文件，为进一步处理事故的工作提供资料。

对应急预案在事故发生实施的全过程，认真科学地作出总结，完善预案中的不足和缺陷，为今后预案的建立、制定提供经验和完善的依据。根据公司的劳动奖罚制度，对事故过程中的功过人员进行奖罚，妥善处理好在事故中伤亡人员的善后工作，尽快组织恢复正常的生产和工作。

×××公司××××项目经理部

××××年××月××日

模板三　施工导流方案模板（以鹤岗市关门嘴子水库为例）

一、工程概况

（一）工程规模

……

（二）洪水标准

……

（三）工程水文、地质

……

（四）气象条件

……

（五）工程总体布置

……

二、编制依据

在施工过程中，按照施工设计图集及技术要求施工，严格遵守国家现行的有关法律、法规及有关的行业规范、规程，特别是强制性条文的有关规定；主要执行以下标准和规范，不足部分参见相关行业其他标准和规范。

（1）《水电水利工程施工导流设计导则》（DL/T 5114—2000）。

（2）《水电工程施工组织设计规范》（DL/T 5397—2007）。

（3）《水工建筑物水泥灌浆施工技术规范》（SL/T 62—2020）。

（4）《防洪标准》（GB 50201—2014）。

（5）《水利水电工程施工导流设计规范》（SL 623—2013）。

三、截流设计技术要求

本次截流工程按照导（截）流设计相关要求进行。

（一）截流时段

截流时段的选择，既要科学把握截流时机，选择在枯水流量、风险较小的时段进行；又要为后续的基坑工作和主体建筑物施工留有余地，不至于影响整个工程的施工进度。本次河道截流计划在×××年汛后枯水期××月××日进行。

（二）截流标准

根据《水利水电工程施工导流设计规范》（SL 623—2013）第 8.6.4 条，截流设计标准结合工程规模和水文特征，选用截流时段×××年重现期的月平均流量。本工程截流安排在××××年××月××日，截流设计流量取××河重现期××年的××月平均流量。

（三）截流方式

根据导流泄水建筑物布置、地形条件、水文地质情况、现场施工道路、场地情况以及截流落差的特点，并结合类似工程截流实施方案，选用以右岸进占的单戗立堵截流方式，该方式具有准备工作简单、截流填筑强度高等特点，且符合本工程施工实际条件。

（四）戗堤

戗堤采用堆石填筑，顶宽 6.0m，迎水坡、背水坡均为 1∶1.5。迎水侧填筑 50cm 卵石混合土、碎石混合土进行戗堤临时闭气。截流戗堤形成后，下游侧填筑卵石混合土、碎石混合土围堰，在戗堤顶部采用高喷灌浆闭气，形成一道垂直防渗体，在此基础上加高建成上游横向围堰。直接填筑形成下游围堰，在堰顶采用高喷灌浆闭气。

（五）龙口

根据河流综合利用要求和水力条件，结合戗堤堤头使用材料的抗冲刷能力等因素，龙口位置根据不同断面选取不同粒径抛填块石。本工程截流石料有石渣料、中小石、大块石和钢筋石笼。

四、施工进度计划

×××××××：×××年××月××日—××月××日；

×××××××：×××年××月××日—××月××日；

……

×××××××：×××年××月××日—××月××日。

五、截流施工方案

（一）截流目的

以进占方式自两岸或一岸建筑戗堤（作为围堰的一部分）形成龙口，并将龙口防护起来，在有利时机，全力以最短时间将龙口堵住，截断河流。接着在围堰迎水面投抛防渗材料闭气，水即全部经泄水道下泄。与闭气同时，为使围堰能挡住当时可能出现的洪水，必须立即加高培厚围堰，使之迅速达到相应设计水位的高程以上。

（二）施工工艺流程

截流施工工艺流程见图 1。

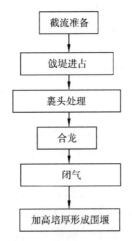

图 1 截流施工工艺流程

（三）截流准备

截流前各项施工准备已经全面展开，围堰位置已填筑至截流要求。左右岸截流施工道路已经修建，截流备料已完成，主要截流材料为重力坝开挖料已备齐。截流预进占准备工作已经基本完成，计划在××月××日前完成左右岸预进占形成龙口。

（四）戗堤进占

选择单戗立堵，填筑方式，利用重力坝和溢流坝段开挖的风化料，采用 2m³ 挖掘机挖装 15t 自卸汽车运输到堰体，从堰体上、下游同时向围堰中心进占截流填筑料，水下部分直接抛填，截流口处抛填大块石和钢筋石笼（钢筋焊箱，里面装块石尺寸 1.5m×1.5m×1.5m），水上部分风化料分层铺筑压实，戗提采用开挖石渣填筑，填筑方式为人工配合机械抛填。截流施工示意见图 2。

图 2 截流施工示意图（高程单位：m）

（五）堤头处理

采取全断面整体推进，在采取上挑角进占时，一方面要尽量减少挑出的长度，另一方面要注意跟紧补抛。

采用自卸汽车直接抛填时，控制自卸汽车距堤头不少于 2.5m 卸料；采用堤头集料，推土机赶料填筑时，自卸车距堤头前沿边线 6～8m 卸料。戗堤侧边 2.5m 为安全警戒距离，此范围内不允许停放任何机械设备，堤头指挥人员也不允许在此范围内滞留。

（六）合龙

龙口截流使用起重机抛投钢筋石笼，施工过程分为两个阶段：首先继续束窄水流，从戗堤顶右岸向左岸推进，在迎水面加宽堤顶到 5m 以上，待水流束窄到 1.5~2m 宽时，进入第二阶段。第二阶段在水流上游边抛填块石料护脚和护底，而后在戗堤顶备大量土料，自卸汽车也装好土料。准备充分后，用 T-160 推土机将土料推入龙口，自卸汽车不断向龙口卸土料，直到合龙。合龙后，自卸汽车从料场运来土料，挖掘机清挖龙口部位截槽，然后抛填袋装黏土，使龙口迅速加宽抬高，最后进行闭气处理。

（七）闭气

采用反滤层的铺设方法，在戗堤迎水面抛投碎石，然后再在碎石层上面抛填砂黏土，直至基本堵死渗透为止。在抛投料物时，使之各抛填物稳定、均匀。

（八）加高培厚形成围堰

截流成功后，对上游围堰 125.80m 高程以下龙口处进行高喷灌浆处理，高喷灌浆与土工膜做好连接处理，土工膜作为防渗心墙，双侧进行利用土方填筑，防渗体与堰体填筑同步上升，填筑高度每提高 2~3m，对迎水面进行抛石护坡施工，直至施工围堰顶高程 136.89m。

六、质量保证措施

围堰填筑施工能否顺利合龙，主要取决于龙口流量大小、围堰裹头石块，或者是混凝土棱体的块度以及戗堤进展速度。为顺利截流，为后期闭气工作创造良好的作业条件，做好以下几方面工作：

（1）裹头石块应足够大，沉入水中后不被冲走，同时便于装卸运输及挖运、起吊就位。

（2）截流戗堤高出水面控制在 0.5m 左右，以上部分参照心墙坝体填筑方式填筑。

（3）戗堤填筑料除裹头部位外，其余粒径不宜过大，级配应均匀合理，保证碾压的密实度。

（4）上、下游戗堤之间填筑的细粉土应逐层碾压密实。

（5）应准备足够的运输车辆，保证填筑料及时跟进，较少水流冲刷带走填筑料。

（6）戗堤的碾压应与推进速度保持一致，每推进一次，碾压一次，保证戗堤的密实度，同时避免陷车现象的发生。

七、安全保证措施

大坝截流围堰戗堤填筑施工时，施工机械繁多，车流量大，临水临边等作业存在较多安全隐患，为此，截流时应做好以下几方面工作：

（1）截流前召开截流工作动员大会，统一指挥，分工明确，责任到人。

（2）戗堤填筑由专人指挥，未施工的机械设备靠边停放，驾驶员不能离岗，随时待命。

（3）在戗堤上，运输车辆与挖掘机在无专人指挥下不能同时作业。

（4）填筑完成的戗堤边缘立即安装警示标识，夜晚施工应配足照明，危险部位应架设警示灯。

（5）施工现场应准备救生衣以及救生绳索等物品。

（6）施工现场配备一定数量的钢丝绳、U 形扣等物品，当车辆陷车、倾斜时能够及时救护，防止坠河事故发生。

八、施工排水

（一）截水措施

在施工区内边坡处设置必要的截、排水沟，将施工区内地下水等各种外来水进行引导抽排，同时对围堰及岸坡渗水以及施工废水及时抽排，以保证坝区基坑内施工正常进行。

（1）对岸坡设置必要的截、排水沟，并引向堰外，防止水流进入基坑。

（2）对已开挖的坝肩边坡，每层马道设截、排水沟，将坡面积水引向开挖区外的天然冲沟或排水沟，排泄。

（二）基坑一次性排水

上游河床戗堤截流闭气后，上、下游围堰之间会集部分河道水量，此部分水量需一次性进行排除。拟在下游围堰基坑内布置一个临时集水坑。水泵自下游围堰处抽水排向下游围堰下游侧的河道内。

（三）坝体基坑经常性排水

基坑经常性排水主要包括降雨区间汇水、坝体和大坝基坑渗漏水、地下水、堆石料填筑洒水和施工废水等。为保证大坝干地施工条件，在上游围堰上游侧及下游围堰上游侧均布置水泵，抽排至基坑外。

九、人员、机械使用计划表

表 1　主要施工机械调度计划表

序号	机械设备或机具名称	单位	数量	进场日期	备注
1	全站仪	台	1		
2	水准仪	台	2		
3	立式泥浆泵 15kW	台	6		
4	高压水泵 15kW	台	6		
5	挖掘机	部	4		
6	装载机	部	2		
7	自卸式汽车	部	10		
...					

表 2　人员调配计划表

序号	名　称	人　数	任　务	备注
1	项目部	12	行政与施工测量管理	
2	挖掘机驾驶员	4	机械挖土	
3	装载机驾驶员	2	泥浆泵冲挖土方	
4	自卸车驾驶员	10	运输截流材料	
5	电工	2	架动力线、照明线	
6	机电维修工	1	维修机电设备	
7	安全员	4	安全管理	
8	施工队长	4	统筹管理人员	
...				

表 3　截流材料计划表

序号	材 料 名 称	单位	计划数量	备注
1	石渣料	m³	1000	
2	中小石	m³	2000	
3	大块石	m³	3500	
4	钢筋石笼	m³	600	
...				

模板四　蓄水安全鉴定施工报告模板

一、工程概况

（一）基本概况

1. 工程概况

……

2. 参建单位

……

3. 施工工作范围

……

（二）工程形象面貌

1. 形象进度

……

2. 已完成主要工程量

……

（三）未完工程进度安排

……

（四）主要工程变更情况

……

二、施工质量管理

（一）施工质量保证体系

……

（二）原材料质量、试验、检测

1. 原材料供应商及检测单位

……

2. 检测频率

……

3. 主要试验检测成果

……

（三）关键部位单元工程施工质量控制

······

1. 关键（特殊）部位施工方案

······

2. 施工过程质量控制措施

······

三、主要项目施工方法

（一）施工顺序

······

（二）基础开挖

······

（三）灌浆工程

1. 固结灌浆工程

······

2. 帷幕灌浆工程

······

（四）坝体混凝土工程

······

（五）金属结构制作安装

······

（六）观测设施埋设

······

四、工程施工质量

（一）工程项目划分

······

（二）工程质量评定标准

······

（三）原材料及中间产品质量

1. 原材料质量

······

2. 中间产品质量

······

（四）质量评定情况

······

（五）质量检查情况

······

（六）工程质量第三方检测情况

......

（七）施工中出现的技术问题及处理

......

五、结语

××水库工程主体已按设计要求施工完毕，具备蓄水条件，未完工程已有具体安排，根据工程的检测资料和评定资料，已完工程质量优良，达到设计和规范要求。

综上所述，从施工角度看，××水库已经具备蓄水条件。

模板五 土方开挖专项施工方案模板

一、测量放线及测量桩点的保护

在基坑开挖之前，根据施工图纸，放出土方开挖边线，并做好定位标记，以备观测。所有的测量桩点一经落实后，项目部就落实专人对其进行定期检查复核，以确保各点的准确性。

二、夜间施工照明准备

（1）所有用电均可以从现场配备的配电箱内接引，通过移动配电箱引至土方开挖区域，但施工用电必须由专门的电工负责，禁止操作工人随意移动、更改。

（2）整个施工现场的夜间照明应设置大功率的灯具提供照明。

三、主要机具

挖掘机、运输车辆、风镐、尖头铁、平头铁、手推车、铁镐、梯子、撬棍、钢尺、小线等。

四、作业条件

（1）土方开挖前，应摸清地下管线等障碍物，并应根据施工方案的要求，将施工区域内的地上、地下障碍物清除和处理完毕。

（2）场地表面要清理平整，做好排水坡度，在施工区域内，要挖临时性排水沟。

（3）夜间施工时，应合理安排工序，防止错挖或超挖，施工场地要根据需要设置照明设施，在危险地段应设置明显标志。

（4）熟悉图纸，做好技术交底。

五、操作工艺

（1）土方开挖施工工艺流程。确定开挖的顺序→沿灰线切出坑边轮廓线→分层开挖→修整槽边→清底。

（2）确定边坡。本工程的最大开挖深度为××米，工程土质较好，结合现场实际情况，确定放坡系数。

（3）根据基础和土质以及现场出土等条件，合理确定开挖顺序，然后再分段分层平均开挖，在挖至接近坑底标高时，应随时通过测量技术人员进行标高控制，拉线检查距坑边尺寸，结合图纸修整坑帮，最后清除坑底土方，修底铲平。

（4）在开挖过程和敞露期间应防止塌方，必要时应加以防护。在开挖坑边弃土时，应保证边坡的稳定。当土质良好时，抛于坑边的土方（或材料）应距坑（沟）边缘 2m 以外，高度不超过 1.5m。

（5）开挖基坑的土方，在场地有条件堆放时，一定要留足回填需用的好土，多余的土方应一次运至弃土处，避免二次搬运。

（6）土方开挖不宜在雨天进行。若必须在雨天开挖时，工作面不宜过大，应分段、逐片地分期完成。雨天开挖基坑或管沟时，应注意边坡稳定。必要时可适当放缓边坡或设置支撑。同时应在坑外侧围土堤或开挖水沟，防止地面水流入。施工时，应加强对边坡、支撑、土堤等的检查。

六、成品保护

土方开挖时，应防止邻近已有建筑物或构筑物、道路、管线等发生下沉或变形。施工中如发现有文物或古墓等，应妥善保护，并应立即报请当地有关部门处理后，方可继续施工。如发现有测量用的永久性标桩或地质、地震部门设置的长期观测点等，应加以保护。

七、土方开挖施工应注意的质量问题

（1）开挖基坑或管沟均不得超过基底标高：挖土时应防止破坏山体护壁，应事先确定防止山体护壁损坏的措施。施工中随时观察护壁情况。

（2）基底未保护：基坑开挖后应尽量减少对基土的扰动。如基础不能及时施工时，可在基底标高以上留出 0.3m 厚土层，待做基础时再挖掉。

（3）施工顺序不合理：土方开挖宜先从低处进行，分层分段依次开挖，形成一定坡度，以利排水。

（4）开挖尺寸不足：基坑底部的开挖宽度，应根据施工需要增加工作面宽度。如排水设施、支撑结构所需的宽度，在开挖前均应考虑。

（5）基坑边坡不直不平，基底不平：应加强检查，随挖随修，并要认真验收。

八、土方开挖质量保证措施

（1）开工前要做好各种技术准备和技术交底工作。施工技术人员、测量人员要熟悉图纸，掌握现场测量桩的位置尺寸。

（2）施工要配备测量人员进行质量控制。

（3）认真执行开挖样板制，即凡重新开挖边坡坑底时，由操作技术较好的工人开挖一段时间后，经测量人员检查合格后作为样板，继续开挖。施工人员换班时，要交接挖深、边坡、操作方法，以确保开挖质量。

（4）认真执行项目部制定的技术、质量管理制度。施工中要积累技术资料。

九、土方开挖施工工程安全保证措施

（1）开挖前要做好各级安全交底工作。根据工程土质条件以及运土路线等特点，制定安全措施，落实安全责任、组织职工贯彻落实，并定期开展安全活动。

（2）为预防边坡塌方，一般禁止在边坡上侧堆土，当在边坡上侧堆置材料及移动施工机械时，应距离边坡上边缘 0.8m 以外，材料堆置高度不得超过 1.5m。

（3）阴雨天气，在临时边坡上加盖塑料薄膜，以防止边坡上的土体流失。

模板六 石方开挖专项施工方案模板

一、开挖原则

（1）根据地形条件、枢纽建筑物布置、施工条件等情况合理安排。

（2）把保证工程质量和施工安全作为安排开挖程序的前提，避免在同一垂直空间同时进行双层或多层作业。

（3）对不良地质地段或不稳定岩体岸坡的开挖必须充分重视，做到开挖程序合理、措施得当，保障施工安全。

（4）基础开挖必须达到新鲜岩石面。若开挖设计高程岩石风化严重或表面破碎，须经项目法人、设计、监理协商继续深挖成规定沟槽或至新鲜岩面。

（5）基础开挖后，表面因爆破震松的岩石，表面呈薄片状或尖角状，均需采用人工清除或处理，如单块过大，亦可用单孔小炮或火雷管爆破。

（6）开挖必须达到设计高程，岩石表面无积水和渗水，所有松散岩石均应予以清除。

（7）建基面上不得有反坡、倒悬坡、陡坎尖角，结构面上的泥土钙膜破碎和震动岩块以及不符合要求的岩体等均必须采用人工清除或处理。

二、石方开挖

（一）开挖方法

强风化岩石开挖采用破碎锤和挖掘机相配合开挖。对于强风化以下的石方开挖，根据岩石风化程度采用分层梯段微差挤压爆破，在设计边坡上采取预裂爆破的方法，炸药选取 2 号抗水岩石铵梯炸药，其爆破参数通过爆破试验来确定。

（二）开挖作业的组成

根据开挖各工序在施工作业中所起的作用，一般是由基本作业和辅助作业所组成。其中基本作业的施工过程直接改变开挖形象，对施工进度和开挖工期具有决定作用。而辅助作业的时间占有效时间不长，在开挖中根据具体情况进行安排。

（三）开挖程序

（1）在坡顶部修建排水沟，减少雨水冲刷。施工中保持工作面平整，并沿上、下游方向贯通以利排水和出渣。

（2）两侧边坡开挖随时修整，保持稳定。

（四）爆破技术参数拟定

（1）钻孔机具：Φ40 手持风钻及自动式 315 潜孔钻。

（2）爆破材料：采用毫秒微段电雷管 2 号岩石硝铵炸药起爆，串并联方式连接，预裂爆破采用电微差雷管起爆。

（3）布孔方式：梅花形布孔。

（五）爆破综合性措施

（1）以有良好侧向自由面的小梯段爆破代替平地爆破，由于侧向自由面的存在，岩体向前方向破碎，减小了对底部基础岩体的震动影响。

（2）采用毫秒分段多排起爆方式。控制单段药量，尽量使用时差短间隔毫秒系统，以良好的微差效应减小震动影响，改善破碎效果。

（3）炮孔底部设置柔性垫层，利用其衰减隔震作用减小爆破对底部岩体的影响，并能相对延长爆破作用时间，克服炮孔根底夹制，改善孔底爆破效果。

（4）使用小直径炸药不耦合装药方式，分散药量均匀作用，降低单耗，改善破碎效果。

（5）控制钻孔精度，采用宽孔距、小底抗线，扩大密集系数。

（六）爆破试验

为满足开挖出的有用石料充分满足筑坝料的粒径和级配要求，开工后，开始进行爆破试验工作。考虑工程地质条件，通过爆破参数优化设计和现场爆破试验，以取得石料级配优良，粒径满足要求和钻孔利用率高的效果。

试验场地地质调查与场地选取：选取试验场地，对试验场地的强风化与弱风化岩层混合料和弱风化本身单料分别进行爆破试验。

试验场地剥离和清理：试验前对试验场地上的覆盖层及部分岩层清理干净，满足试验所需的岩石岩性，并请监理验收。

爆破设计：爆破方案采用浅孔梯段微差挤压爆破，梯段高度 3m，炸药采用 2 号岩石铵梯炸药，前排单耗 $0.45\sim0.55kg/m^3$，后排单耗 $0.5\sim0.65kg/m^3$，不耦合连续装药。采用电微差雷管起爆，根据经验，段数不少于 10 段，为使孔内炸药都能全线传爆，试验孔内皆下设导爆索。

（七）出渣形式

岩石爆破出渣，采用___m 挖掘机与___t 自卸汽车挖装后运至指定弃料场。土料应严格按业主指定的料场堆存，堆存场地需清理平整碾压后使用，场地周边挖设 1.0m 深梯形排水沟，可利用土料运输采用固定自卸车运输，分层堆放，层厚 0.8～1.0m，摊平后的层面要有一定的排水坡度，每层平整完后，用推土机对周边土层进行碾压，以确保料堆边坡的稳定，平整完后的料堆周边要预留 0.5m 宽的土坎，并在边坡每隔 50m 做一道流水槽，使雨水有组织地排入周边排水沟。

出渣道路应满足开挖量运输强度的要求，并尽量缩短运距，同时考虑运输安全和经济合理。尽可能结合永久交通线，结合岸坡开挖适当布置岔线。

出渣道路同时满足后续工序要求，不得占用建筑物部分。

随着开挖工程施工形象变化，汛期、枯水期施工部位的不同，出渣道路的修筑和拆迁时间与进度计划相适应。

（八）保护层开挖

采用二次爆破分层开挖方法。采用手风钻钻孔，小药量，火花起爆。对于软弱、破碎岩基，最后一层应撬挖。

（1）采用小台阶多排毫秒微差爆破。

（2）采取 75°斜孔和垂直孔，钻孔孔径 40mm，药卷直径 32mm。

（3）抵抗线 0.6～0.75m，孔距 1～1.8m。

（4）采用梅花形布孔方式；炮孔打至建基面，不得超深。

（5）炸药单位耗药量为 0.35~0.47kg/m³。

（6）每排一段，分段起爆，段间时差为 25~50ms。

（7）炮孔底部设置柔性垫层，垫层材料以木屑为主，长度为 18cm。

三、石方开挖质量、安全控制

（一）质量控制

（1）开挖必须严格按照设计图纸施工。

（2）开挖时严格按施工程序施工，严禁混料，并将剥离料清理干净。

（3）严格控制钻孔精度，不得超过允许范围，严格控制超钻深度及装药量。

（4）设专职质量检查机构，严格按设计图纸要求及有关规程质量评定等级、评定标准及有关操作规程执行。

（5）实行"三检制"，做好爆破施工原始记录、质量检查记录及测量收方记录。

（6）在爆破开挖过程中，根据不同岩石情况，不断调整爆破参数，取得最优爆破效果。

（7）每批爆破材料使用前进行材料性能试验，符合技术要求时方可使用。

（8）随着开挖高程的下降，及时对坡面进行测量检查以防止偏离设计开挖线，避免在形成高边坡后再进行处理。

（9）基础开挖后表面因爆破松动的岩石、表面呈薄片状或尖角状突出的岩石，以及裂隙发育或具有水平裂缝的岩石，均需采用人工清理，如果单块过大，用小炮和火雷管爆破。

（10）对于建基面上的泥土、锈斑、钙膜、破碎和松动岩块，以及不符合质量要求的岩体，均用人工清除和处理。

（11）建基面上不得有反坡、倒悬坡、陡坎尖角。

（二）安全控制

（1）加强对爆破作业的安全管理，制定严格的安全检查制度，设立专职的安全检查人员，一切爆破作业经安全检查人员检查签字确认后才能进行爆破。

（2）参加爆破作业的有关人员，按国家和行业的有关规定进行考试和现场操作考核，合格者才准许上岗。

（3）严格执行《爆破安全规程》（GB 6722—2014），没有爆破作业证的人员不得参加爆破作业；爆破作业必须有组织、有明确信号，统一指挥，坚决杜绝违章指挥及违章作业。

（4）加强对爆破材料使用的监管，每次提领发放现场使用以及每次爆破后剩余材料回库等，进行全面监管和清点登记，防止爆破材料丢失。

（5）做好安全警戒，确定警戒范围，设立明确的警戒标志及警戒信号，警戒人员要戴好安全帽，佩戴信号旗、袖章、口哨等。

（6）对距其他工程施工部位较近的地段，设置防护栏或防护墙，以减少飞石或滚石影响施工。

（7）设立大功率警报器，警戒期间严禁一切人员及车辆进入警戒区。

（8）施工人员进入施工现场必须戴好安全护具，高边坡作业时要系好安全绳，并禁止单人作业。

（9）爆破材料的加工、运输、贮存、装药及瞎炮处理，应按照有关操作规程规范执行。选用的爆破器材，使用前必须进行检查、试验，使其符合爆破设计要求。

（10）炮响后，检查爆破效果，严格按照规程要求对瞎炮进行处理，然后才能解除警报。

（11）车辆要求性能良好，配件齐全，行驶速度控制在 20km/h 以内，严禁超速行驶，严禁酒后驾车。

（12）其他未尽事宜，按有关规程规范执行。

模板七　地下洞室开挖专项施工方案模板

一、测量放样

（1）导线控制网测量采用全站仪进行，施工测量采用免棱镜全站仪配水准仪进行。

（2）测量作业由专业人员实施，每个循环钻孔前进行设计规格线测量放样，并检查上一循环超欠挖情况，检测结果及时向现场施工技术人员进行交底；断面配断面仪测量，测量滞后开挖面 10～15m，按 5m 间距进行，每个月进行一次洞轴线及坡度的全面检查、复测，确保测量控制工序质量。

（3）放样内容包括：洞中心线和顶拱中心线、底板高程、掌子面桩号（每隔 5m 在隧洞内侧打一条桩号线）、设计轮廓线、两侧腰线或腰线平行线、并按钻爆图破设计要求在掌子面放出炮孔孔位。

二、爆破设计

（一）爆破设计原则

（1）采用光面爆破，根据地质条件选择合理循环进尺。

（2）选择合理的掏槽形式（直眼或楔形掏槽）。

（3）选择品种规格合适的炸药及其他火工材料。

（4）合理选择周边孔间距及最小抵抗线。

（5）严格控制周边孔的装药量，采用不耦合间隔装药结构。

（6）选择合理单响药量，控制爆破质点振动速度。

（二）火工器材的选择

（1）炸药：乳化炸药。

（2）雷管：引爆采用 1～15 段非电毫秒雷管，起爆采用毫秒电雷管。

（3）其他：导爆索。

（三）掏槽形式

主要采取直眼掏槽及楔形掏槽，为确保循环进尺，掏槽孔及底板孔超钻掘进进尺 10～20cm 左右。

（四）装药结构和起爆方式

周边孔或光爆采用空气间隔不耦合装药结构。炮孔堵塞长度不小于 50cm。

爆破孔（或崩落孔）采用柱状连续装药，孔与孔之间采用高段别微差爆破网络进行连接，排与排之间间隔时间 50～100ms，相近的导爆管集成一束，每束导爆管不超过 20 根，各束之间用同段导爆管进行连接，外用电雷管引爆。

（五）爆破质量要求

（1）爆破振动、爆破噪声等爆破公害控制在规程要求之内。

（2）爆破循环进尺、爆破工序作业时间满足工程进度要求。

（3）炮孔利用率在 85% 以上，光爆孔炮孔留痕率在 90% 以上，平均线性超挖不大于 7cm，最大不超过 15cm，相邻两循环炮孔之间衔接台阶不大于 15cm，不允许欠挖。

三、钻爆方法及手段

（1）由熟练的台车技工和风钻手，严格按照掌子面标定的孔位进行钻孔作业。造孔前先根据拱顶中心线和两侧腰线调整钻杆方向和角度，经检查确认无误后方可开孔。

（2）各钻手分区分部位定人定位施钻，熟练的操作手负责掏槽孔和周边孔。钻孔过程中要保证各炮孔相互平行，三臂凿岩台车开孔定位过程中要保证钻架平移，不得随意改变小臂方向和角度，掏槽孔和周边孔严格按照掌子面上所标孔位开孔施钻，崩落孔孔位偏差不得大于 5cm，崩落孔和周边孔要求孔底落在同一平面上。

（3）周边孔的孔距多为 0.45 ~ 0.55m，按"平、直、齐"的要求，其边孔就形成了"钻孔定位一条线"，在确认上一茬的炮孔中无雷管、炸药及导爆索等易爆物后，新开的钻孔与上一茬的钻孔在同一条线上。但新开的钻孔绝对禁止在已爆破的残孔上开孔，新开钻孔需向内侧平行移动 5 ~ 10cm（根据上一茬边孔实际超挖确定）。

（4）三臂凿岩台车钻孔时，采用先下后上的顺序，底部两排孔在造孔过程中均需要保护，每造好一个孔即采用竹竿缠上编织袋等柔性物对孔口进行封堵，以防止孔被上面掉块覆盖。

（5）为了能控制好孔深，对于三臂凿岩台车可以在滑架上容易看到的地方用红油漆做上标志，气腿钻可以直接在钻杆上做记号。

（6）预裂钻孔前，先由测量人员按照设计图纸周边轮廓线，用油漆标识出孔位和地面高程，然后在孔位上钻浅孔插入短钢筋，对孔位进行保护。钻机就位时，采用样架尺对钻机垂度和钻孔角度进行校对。开孔后进行中间过程的深度和角度校对，以便及时纠正偏差，确保钻孔在同一个平面上。

（7）炮孔造完以后，由值班工程师按"平、直、齐"的要求进行检查，对不符合要求的钻孔重新造孔。在较大断面或长隧洞钻爆作业中，主要采用二臂凿岩台车及三臂凿岩台车钻孔，利用台车上的操作平台车人工配合装药。

四、安全处理

（1）通风散烟后，采用人工站在渣堆上（大断面采用人工配合反铲）对顶拱和掌子面上的松动危石和岩块进行撬挖清除。

（2）钻孔前由人工站在台车服务平台上或自制移动平台架上手持钢钎敲帮问顶，撬挖排除松动岩块，确保钻孔安全。

（3）钻孔完成后采用人工对掌子面进行清理，清除由于凿岩造成的松动围岩，以确保装药安全。

（4）施工过程中，经常检查已开挖洞段的围岩稳定情况，清撬可能塌落的松动岩块。

五、出渣

隧洞出渣采用___m³ 侧卸式装载机挖装，___m³ 清底反铲配合，___t 自卸汽车装渣。根据现场鉴定，在出渣车的前挡风玻璃右上角悬挂存、弃料标志，有用料和无用料分别运往存、弃渣场。

六、工作面清理

出渣完毕后，采用人工及反铲对掌子面进行撬挖，用冲击锤把松动岩块处理干净，最后将底部浮渣清除干净，以利下一个循环造孔。

七、通风散烟

整个施工过程中一直启动通风设备通风，出渣前和出渣过程中对开挖面爆破渣堆洒水除尘，所有进洞车辆均安装尾气净化器，使洞内有害气体和粉尘含量在规范允许范围内。

八、施工排水

（1）采取截、堵、排相结合的综合措施，隧洞施工前先做好洞顶、洞口和隧洞周围地表的防排水工作，防止地表水从洞口进入洞内。

（2）地下隧洞施工排水的重点集中在较长的引水洞，其铺设的管路长，布置的水泵量大，除开挖和支护的施工废水外，其地下水的来源有许多不可确定的因素。根据施工特点、施工程序安排，采取利用坡降自流和机械抽排相结合的原则进行排水布置。

（3）在施工过程中，根据各隧洞及生产部位的特点，施工期间排水主要按照高水高排，自流汇水抽排、截水沟引排的原则进行布置，确保施工工作面及施工区地面无积水。

（4）自流排水方式主要是在施工过程中结合永久设计排水或临时排水设施，将工作面附近的积水利用两侧的排水沟自流或用污水泵抽至排水设施内，并以自流的方式排放至洞外污水处理池内。

（5）泵站抽排水方式是在长隧洞的回车洞处设置排水泵站或设置钢板水箱，迎头面施工废水和渗水通过污水泵或潜水泵抽至附近泵站，配备足够的抽排水设备，确保工作面不积水。隧洞排水沟设专人维护疏通，各泵站的废水抽排至洞外的污水经沉淀池处理合格后排放。

九、洞口保护和围岩稳定的支护处理

（1）施工支洞与引水洞的交汇口在开挖爆破施工前，先施工锁口锚杆，并对交汇口进行挂钢丝网喷护措施，做好锁口和超前支护。

（2）施工支洞洞口明挖完成后，先在洞口爆破范围外侧距爆区 5m 距离修建刚性与柔性相结合的防爆防护设施，然后进行进洞口明挖及洞挖爆破，爆破应采用单响药量最小的爆破方法。

（3）明挖完成后，先施工锁口锚杆，并对洞脸进行挂钢丝网喷护措施。同时在洞脸周边挖设截水沟，将洞外的来水引排至周边的排水系统。

（4）在洞挖施工中，为保证施工人员及工程本身的安全，首先对洞室交叉口 1.5 倍洞径范围在开挖后及时加强支护，如有必要还应进行钢支撑及格栅拱架支撑，甚至进行混凝土衬砌。

（5）开始进洞开挖施工时，为保证洞口的安全稳定，在初进洞时，第 1~5 个循环先开挖 2.5m×2.5m~4m×4m 的中导洞，中导洞掘进 8~10m 后，两侧扩挖跟进，并采取一扩一支护。并且进洞口 10~15m 范围循环采用"短进尺、弱爆破、多循环"的施工方法，确保进洞质量及爆破安全。

（6）进洞后，还要及时进行洞口段的锁口、喷护，还应跟进进行支护作业，确保洞口和洞内安全施工。

（7）加强围岩安全监测，建立安全预报制度。在洞口及刚进洞开挖过程中，根据开挖部位和地质条件，及时根据要求设置安全监测点和围岩收敛监测断面，及时沟通信息，以便调整开挖钻爆程序和钻爆参数，减轻开挖爆破对围岩稳定的影响。

<h2 style="text-align:center">模板八　压力钢管制造和安装专项施工方案模板</h2>

一、施工方案

采用人工焊接，挖掘机开挖沟槽，吊车下管，人工对缝、焊接，人工防腐，推土机回填的施工方案。

二、材料要求

钢管、伸缩节购买成品。按照设计图纸要求采购相应规格的钢管、伸缩节，进场钢管、伸缩节需要具备出厂合格证、质量证明书。

三、钢管安装施工方法

（一）下管前准备工作

钢管在安装前用刷子除去内外表面的污泥和杂物，保持管口清洁，利用电动手砂轮打磨管道坡口，坡口角度 55°~65°，并且将坡口表面及坡口边缘内外侧不大于 10mm 范围内的油、漆、锈、垢等清理干净，并不得有裂纹、夹层等缺陷。

钢管吊装时先在管两端焊吊耳，吊耳边缘距管口不小于 100mm，待焊口完成后，割除干净再补做外防腐。

人工清理管道基础，不管采用机械或人工开挖，并保证弧面与管道弧面吻合，个别不吻合的部位以中粗砂回填密实，岩石地段按施工图纸或监理的指示继续挖至管底以下 0.3m，用砂砾或中粗砂回填达管底标高，在整个沟槽宽度范围内，分层夯实，密实度达到设计要求。

（二）下管

下管采用吊车在专人指挥下将管吊放在槽内，逐根依次对口焊接。

管道安装后的管节应进行复测，管道安装允许偏差为：轴线位置 30mm，管内底标高 ±20mm。

（三）钢管焊接

1. 钢管质量

钢管质量应符合下列要求：

（1）管节的材料、规格、压力等级、加工质量应符合设计规定。

（2）管节表面应无斑痕、裂纹、严重锈蚀等缺陷。

（3）管节的外防腐层质量应符合设计要求。

2. 焊接材料的选用及保管：

（1）焊条选用 E4303 焊条（用于焊接 Q235 钢管）、E5015 或 E5016（Q345），直径：$\Phi 3.2$，$\Phi 4.0$。

（2）焊条必须有产品合格证和同批量的质量证明书。

（3）焊条在施焊前应进行烘干，烘干温度 75~150℃，恒温时间 1~2h，经过烘干的焊条存放在保温筒内，随用随拿。

（4）焊条烘干应设专人负责，并做好详细的烘干记录和发放记录。

（5）施工现场当天未用完的焊条应回收存放，重新烘干后使用，重新烘干的次数不得超过2次。

3. 焊接设备

（1）焊机选用交流电焊机。

（2）焊机性能必须稳定，功率等参数应满足焊接条件。

4. 焊前准备

（1）施焊前，应根据焊接工艺评定制定焊接工艺规程。

（2）参加管道焊接的焊工必须持有有效期内的焊工考试合格证书。

（3）槽内施焊需挖工作坑，其尺寸宽 0.8m，长 1.2m，深低于管底 0.4m。

（4）管节焊接时应先修口、清根，不得在对口间隙夹焊帮条或加热法缩小间隙施焊。

5. 焊接施工

（1）在下列任何一种焊接环境，如不采取有效的防护措施，不得施焊：雨天雪天、冰雹或大气相对湿度超过 90%、风力大于 5 级。

（2）对口的纵向、环向焊缝的位置应符合下列规定：

1）纵向焊缝应放在管道中心垂线上半圆的 45°左右处；

2）纵向焊缝应错开，错开的间距不得小于 300mm；

3）直管管段两相邻环向焊缝的间距不应小于 200mm。

（3）管节对口时应使内壁齐平，对口检查合格后方可进行点焊，点焊时符合下列要求：

1）点焊焊条采用与接口焊接相同的焊条；

2）点焊时应对称施焊，其厚度应与第一层焊接厚度一致，钢管的纵向焊缝处不得点焊；

3）点焊长度 80～100mm，点焊间距不宜大于 400mm。

（4）对口时应使内壁齐平，采用长 300mm 的直尺在接口内壁周围顺序贴靠，错口的允许偏差应为 0.2 倍壁厚，且不得大于 2mm。

（5）管道采用双面焊接工艺，手工电弧焊焊接层数为：6~7 层（外焊 4 层，内焊 2~3 层）。

（6）每层焊毕用电动手砂轮清根，以确保焊接质量。

（7）管道对接时，环向环缝的检验及质量需符合下列要求：

1）检查前清除焊缝的飞溅物、渣皮；

2）应在油渗、水压试验前进行外观检查；

3）逐口进行油渗检验，不合格的焊缝应铲除重焊；

4）焊缝的外观质量应符合《给水排水管道工程施工及验收规范》（GB 50268—2008）要求。

（8）钢管闭合焊接温度要求：两管段间闭合焊接，地下钢管闭合温度差为±25℃，闭合焊接时的大气温度，冬季不低于 5℃，夏季不得高于 30℃，应选在气温较低、无阳光直照的的条件下施焊。

（9）间断焊应满足下列要求：

1）由合格的焊工用同样的技术规程来完成焊接；

2）所用的焊条与首次焊接焊条相同；

3）不能出现裂缝或其他不完整现象，否则焊接之前彻底清理。

6. 焊缝检验

钢管焊缝进行 100%超声波探伤检验和 10% X 射线抽样检验，穿越河流、铁路处对焊缝进行 100% X 射线检验，并符合Ⅱ级焊缝标准。对 X 射线检查出有缺陷的焊缝，应进行修补，修补后仍有缺陷，应割掉重焊，任何位置上的焊口只能修补一次。

7. 钢管切割要求

现场对钢管进行切割时，切割前将切口两端衬里和外防腐各除去 100mm，不得损坏金属面和其余衬里.接头之前端部应磨光、清干净、打坡口至监理满意。

（四）钢管内外防腐

钢管和钢质管件外防腐采用防腐漆防腐，内防腐采用无溶剂环氧陶瓷。

1. 除锈

钢管接口部分在外防腐涂装前进行表面除锈，除去油垢、灰渣、铁锈等杂物，采用环保型、循环回收喷砂除锈机，对接口部位进行除锈，其质量标准应符合国家现行标准《涂装前钢材表面处理规范》（SY/T 0407—2012）的规定达到 Sa2.5 级。表面粗糙度宜在 40～50μm。钢管表面处理后，其表面的灰尘应清除干净，焊缝应处理至无焊瘤、无棱角、无毛刺。

2. 管道外防腐检查

（1）外观检查。防腐涂层表面平整，无皱褶、空鼓、凝块、玻璃布全部网眼均为油漆灌满。

（2）厚度检查。可用测厚仪进行检测，干膜厚度大于等于 0.6mm。

（3）电火花试验。可用电火花检漏仪用 5000V 电压检漏涂层针孔，无打火现象为合格。

（4）黏着力检查。防腐层固化后，用小刀割开涂层一舌形切口，用力撕开切口处的防腐层，管道表面仍为漆膜所覆盖，不露金属表面视为合格。

（5）检查节点。检查应以在施工现场下管前及下管后作为检查节点，要求全部合格。

3. 钢管内防腐

（1）内防腐严格按照《涂装前钢表面处理规范》（SY/T 0407—2012）中的规定进行机械丸除锈，去除钢管内壁表面的氧化皮及疏松的锈和其他污物。当采取喷射除锈时，表面处理效果应达到 Sa2.5 级，个别部位需要采用手动工具除锈时，表面处理效果应达到 St3.0 质量等级。钢管内壁上下不允许有锈皮、电焊渣、油污及过多的水滴需全部消除。

（2）钢管和钢制管件内防腐涂料应为环保卫生级，内防腐等级采用特加强级，防腐层结构为无溶剂环氧陶瓷。

模板九　钢结构制作与安装专项施工方案模板

一、钢结构制造

（一）下料、刨边

按施工图纸要求，绘制详细的钢结构加工图纸，制订下列工艺措施：

（1）气割前清除切割边缘 50mm 范围内的锈斑、油污等。

（2）气割后清除熔渣和飞溅物等，机械剪切的加工面平整，坡口加工完毕后，采取防锈措施。

（3）刨、铣加工的边缘，要求光洁、无台阶，加工表面妥善保护。

在施工图纸未规定时，边缘加工的允许偏差，应符合规范的规定；顶紧接触面端部铣平的允许偏差，应符合相应的规定。

（二）螺栓连接

螺栓孔采用钻孔成型，不得采用气割扩孔，孔边无飞边和毛刺。

（三）焊接球接点

焊接球加工成半圆球后，除锈并涂刷可焊性防锈涂料，表面光滑无裂纹、褶皱。

（四）焊接钢板节点

焊接钢板节点板，用机械切割，节点板长度允许偏差为±2.0mm，节点板厚度允许偏差为+0.5mm，十字节点板间及板与盖板间夹角允许偏差为±20°，节点板之间的接触面要密合。

（五）杆件

杆件应用机械切割，杆件加工的允许偏差应符合图纸及规范的规定。

（六）组装和焊接技术要求

（1）组装前，对零、部件进行检验，并做好记录，检验合格后进入组装阶段。

（2）连接表面及沿焊缝边 30~50mm 范围的铁锈、毛刺和油污清除干净。

（3）对非密闭的隐蔽部位，按施工图纸要求进行涂改处理后，进行组装。

（4）焊接连接组装，且允许偏差符合图纸的规定。

（5）钢桁架结构，在加工场地的专用模架上拼装，以保证杆件和节点的准确性。

（6）对刨平顶紧的部位用 0.3mm 塞尺检查，保证 75%以上的面积紧贴，塞入面积之和少于 25%，边缘间隙不大于 0.8mm，顶紧面符合上述要求方能施焊，并做好记录。

二、钢结构的安装

安装采用人工与机械配合方法进行土法安装。

（一）安装技术措施

（1）安装前，检验安装基准点和控制点以及安装轴线、基础标高、基础混凝土等是否符合图纸规定和要求。

（2）安装前，对钢结构进行变形检查。

（3）钢结构安装过程中保证其稳定性和不产生永久变型。

（4）基础和支承面：

1）钢结构的支承构造符合施工图纸要求，垫钢板处每组不得多于 5 块；采用成对钢斜垫板时，其叠合长度不小于垫板长度的 2/3。垫板与基础面和钢结构支承面的接触保持平整、紧密。调整合格后，在浇筑二期混凝土前用点焊固定。

2）钢结构采用拼装单元进行安装或利用安装好的钢结构吊装其他构件时，对容易变形的构件采取加支撑等加固措施。

3）钢结构的连接接头按施工图纸检查合格后安装，在焊接和高强度螺栓并用的连接处，遵照"先栓后焊"的原则施工。

4）钢结构安装偏差的检验在钢结构形成空间刚度单元并连接固定后进行，钢结构安装允许偏差按设计要求或相关标准执行。

5）底层钢结构安装检查后，及时对柱底和基础顶面空隙用细石混凝土二次浇灌以保持稳定性。

（二）基础固定件的埋装

一般采用一期混凝土预留孔的方式安装固定件，安装中注意满足下列要求：

（1）固定件安装就位，检测合格后立即进行固定，采用电焊固定时，不得烧伤固定件的工作面；采用临时支架固定时，支架有足够的强度和刚度，浇筑或回填时，保持固定件位置正确。

（2）固定件不得跨沉降缝或伸缩缝。在同一直线上，同一类型的支吊架间距要均匀，横平竖直且整齐。

（3）整个施工期间，注意保护好预埋的固定件，防止其突然损坏和变形，尤其是预埋地脚螺栓要十分重视，防止毁坏或弯曲破坏。

三、钢结构安装质量的检查

钢结构安装偏差的检验，在钢结构形成空间刚度单元并连接固定后按《钢结构工程施工质量验收标准》（GB 50205—2020）进行。

模板十　水轮机安装专项施工方案模板

一、水轮机安装

水轮机安装包括水轮机埋设部件安装和导水机构安装。水轮机埋设部件由尾水管里衬、转轮室、座环、机坑里衬、接力器坑衬等设备组成；导水机构由底环、导叶、顶环、支持盖、拐臂、连杆、调速器、接力器等设备组成。

（一）水轮机安装程序

水轮机安装按如下步骤进行：

尾水肘管→座环→衬套→下机架、定子、上机架预装→下机架拆除→转轮安装→转子安装→上机架、推力瓦→盘车→水导和上导安装→附属设备安装→启动试验。

（二）水轮机埋设部件安装

1. 尾水管里衬安装

鹤岗市关门嘴子水库电站工程尾水管分为锥管、肘管、扩散段三部分，锥管壁厚为 25mm，肘管和扩散段壁厚为 20mm。

尾水管里衬安装按下述步骤进行：

组装→扩散段就位→肘管安装、调整加固→扩散段调整对接焊接→整体加固及验收→混凝土浇筑→锥管安装。

（1）肘管安装。根据电站实际情况，在扩散段下部支墩上敷设 QU80 的钢轨，用于平移和对接扩散段各段。

将扩散段依次吊放到轨道上，并逐节水平拖运至尾水洞中，留出肘管安装位置。

肘管吊装就位后，用钢琴线拉好 X、Y 方向基准坐标线，确定高程基准点，$-Y$ 方向坐标线延伸至尾水扩散段末节。

肘管上管口为水平管口，其中心与机组中心重合，将该节作为中心、高程、水平的定位节。调整至符合规范要求后加固。

控制肘管各对接管口中心、管口垂直度（或角度）、高程、里程偏差满足《水轮发电机组安装技术规范》（GB/T 8564—2023）要求，并可靠加固。逐一对接扩散段各节，对接时确保管口中心、高程、里程、管口垂直度、与 Y 轴线的距离偏差等符合设计要求。管路安装、焊接及水压试验交叉进行。

对接、焊接完成后，全面复测各项技术指标及加固强度，经监理工程师检查验收后方可浇筑混凝土。浇筑时用百分表进行多点监视，确保肘管在浇筑过程中不发生位移和有害变形。

（2）尾水锥管安装。锥管分为三节，组焊工作在施工现场焊接库房进行，组合焊缝经超声波探伤合格，肘管混凝土浇筑完成后进行安装。

安装时符合设计和规范要求，利用预埋的基础件及锚钩对其进行加固，并确保进人门坐标偏差符合设计及规范要求。

2. 座环、蜗壳安装

鹤岗市关门嘴子水库电站座环分为 4 瓣，在工地进行组焊，座环组合焊缝的工地焊接变形控制是水轮机安装的重点环节。

（1）蜗壳挂装、焊接。

1）蜗壳组装、挂装。在机坑调整座环高程、中心、水平符合要求后，进行蜗壳挂装。

a. 蜗壳瓦片组圆工作在露天库完成，为提高焊接质量，加快挂装进度，部分蜗壳可进行双节组装焊接。

b. 蜗壳瓦片所有焊接坡口及附近 150mm 区域，在组装和挂装前打磨光滑。

c. 蜗壳组装成"C"形节时，调整其管口圆度、开口尺寸、错边值、管口平面度等指标符合要求，加内支撑固定。

d. 组装缝焊接完成后，经无损检测合格后打磨光滑，并完成涂底漆工作。

e. 蜗壳挂装前在座环上用全站仪测量并标记每节蜗壳角度定位点。

f. 根据制造厂到货情况，确定二节定位节，挂好钢琴线。定位节的确定同时兼顾对称原则，以免蜗壳挂装过程座环倾斜。

g. 蜗壳挂装时严格控制管口圆度、垂直度、最远点半径、中心高程符合设计及规范要求。

h. 挂装环缝间隙符合设计要求，并在下节蜗壳挂装前完成焊接探伤工作。蝶形边焊接待凑合节嵌装完毕后整体焊接。

2）凑合节嵌装。凑合节嵌装是蜗壳挂装的重要环节。嵌装质量对焊接质量和座环变形影响较大，嵌装时从以下方面确保质量。

a. 凑合节现场切割尺寸的确定。首先测量凑合部位两管口的外周长，分别确定中心（即最远点），做好标记。以最远点为基准，将两管口分别等分为相同的偶数份数 n，将较大管口上的等分点标记为 A1，A2，A3，…，A（$n+1$），将较小管口上的等分点标记为 B1，B2，B3，…，B（$n+1$）。分别测量对应的缺口尺寸 A1B1，A2B2，…，A（$n+1$）B（$n+1$）。将这些尺寸对应复制到凑合节上，画出切割线并复核确认。切割时先垂直切割，再按图修割坡口，完毕后打磨光滑。对接间隙由打磨时控制。

b. 凑合节嵌装时相应标记须全部吻合。焊缝间隙超过 3mm 部位在焊接时作堆焊处理。

3）蜗壳焊接。蜗壳焊接既要保证焊缝焊接质量，又要控制焊接变形在允许范围内，尤其是凑合节的安装焊接和蝶形边的焊接，对座环整体质量有重要影响。另外还要注意以下几点：

a. 蜗壳挂装缝的焊接，凡间隙大于 3mm 的焊缝必须进行堆焊处理。

b. 每条环缝实施对称、分段、退步焊接。

c. 层间焊接过程中，根据母材厚度增加层间打磨。背缝清根后，磨去渗碳层，方可进行背缝焊接。

　　d. 蝶形边焊接按上下对称、径向对称、分段退步焊法实施焊接，焊接过程严密监视座环变形。

　　（2）座环蜗壳整体调整。蜗壳焊接完毕后，在座环基础支墩上精确调整座环水平、中心、高程及蜗壳进口中心等参数。用框式水平仪测量底环组合面、顶盖组合面的波浪度、高差值，局部高点可进行手工研磨处理。将机组坐标线、高程基准点、蜗壳进口中心线（即压力钢管中心线）等基准全部复核，经校核无误后，用 6 个 50t 千斤顶分别在水平方向、旋转方向和垂直方向调整。座环蜗壳安装调整的关键是调整座环水平、中心、高程及蜗壳进口中心等参数，符合规范、标准及设计要求，再按图纸要求进行加固。为消除蜗壳混凝土浇筑时产生的浮力等不利影响，在蜗壳加固时必须保证其加固强度。

　　（3）蜗壳进口凑合节安装焊接。蜗壳进口段与压力钢管连接部位的凑合节（简称"进口凑合节"），假设其上游侧焊缝标记为 A 缝，下游侧标记为 B 缝。

　　现场划线，测量 20 组对应缺口尺寸，按照蜗壳凑合节切割工艺进行切割和打磨。

　　在蜗壳混凝土浇筑前完成 B 缝焊接、探伤、打磨及验收工作。

　　为避免 A 缝焊接过程对座环中心、水平的不利影响，A 缝焊接在混凝土浇筑完成后进行。A 缝对接时做如下处理：

　　1）坡口型式加工为内侧 V 形坡口。

　　2）焊缝外侧，加装钢板围带，并压实点焊。

　　3）焊缝内侧，加装限位板，单侧点焊。

　　施焊前，对焊缝间隙较大的部位，先进行堆焊，尽可能地减少由此而引起的焊接变形。

　　A 缝焊接采用分段退步焊法同时施焊，母材预热、保温、后热和焊条烘烤由专人负责。

　　采用多层多道焊接，强化过程质量控制，每层焊接完毕后，经打磨和磁粉探伤合格后方可进行下一层焊接。

　　焊接完成后，打磨光滑，进行探伤检验。

　　3. 机坑里衬安装

　　机坑里衬组装在安装间进行，组合缝焊接完成后，测量其椭圆度符合要求。加可靠内支撑后，根据蜗壳形状切割下料，整体吊放在座环上，调整机坑里衬中心、顶部高程符合设计要求后，进行焊接及加固。

　　外围管路及埋件安装交叉进行并符合设计要求，确保完整、准确无遗漏。

　　上述工作全部结束并验收合格后，移交土建施工进行蜗壳混凝土浇筑。

　　（三）导水机构预装

　　1. 底环预装

　　将底环吊入机坑，调整底环水平度、底环与座环同心度。将底环与基础环螺栓对称、均匀把紧，复测同心度、水平度。

　　2. 导水叶吊装

　　导水叶清扫及导叶下轴套安装完毕后，按编号将导水叶逐一吊入机坑，插入相应的导叶下轴套内，检查其转动是否灵活，将导叶置于关闭位置，检查导叶高度及顶盖、座环组合各部位尺寸，分析导叶端面总间隙是否符合设计要求。若间隙过大，可在底环下部加垫调整；若间隙过小，可在顶盖下部加垫调整。

3. 顶盖预装

（1）测量顶盖与底环同心度，检查顶盖水平和高程，各参数符合设计标准后，对称、均匀把紧组合螺栓。

（2）安装导叶轴承套筒，安装过程应平滑无卡阻，安装后导叶能灵活转动。

（3）安装导叶，并测量导叶立面间隙、端面间隙等，符合图纸要求。若端面间隙过大，可在底环下部加垫调整；若间隙过小，可在顶盖下部加垫调整。

（4）钻、铰顶盖和底环销定孔，安装销钉。

（四）转轮安装

转轮与水机轴连接工作在安装间进行，联轴时保证大轴和转轮的同心度，连接螺栓伸长值符合设计要求。顶盖吊出机坑后，可进行大轴转轮吊装工作，用专用吊具进行起吊和调平，将转轮吊入机坑，置于基础环上，调整中心偏差小于 0.05mm，高程高于设计值 10mm，以利于推力头热套，调整主轴法兰面水平度不超过 0.02mm/m，完毕后用楔子板固定。

（五）顶盖吊装

按预装程序将顶盖吊入机坑，与座环组合，调整中心，待定位销钉孔对正后插入销钉，用小锤轻轻敲紧，对称均匀把紧顶盖座环组合螺栓，螺栓扭矩或伸长值符合设计要求，按预装编号将导叶套筒逐一安装完毕，检查导叶是否转动灵活。

待下机架安装完毕后进行水轮机环形轨道和吊具安装。

（六）调速系统安装

1. 控制环、接力器安装

水轮机联轴吊入机坑后，将控制环吊入机坑，安放在顶盖上，检查其滑动摩擦面是否无异常，并调整至全关位置。接力器安装前，对接力器进行如下试验及测量：

（1）接力器油压试验，包括最低动作油压试验、耐压试验、漏油量试验，各指标应全部满足设计要求。

（2）全行程测定，用油泵将活塞推至全关位置，再推至全开位置，测定两接力器行程是否一致并符合设计要求。

（3）锁定装置解体清扫，组装后应灵活无卡阻。

上述检验试验完毕后，将接力器按图纸分别吊入机坑，安装在其基础上，调整两接力器中心、高程、水平及两接力器油缸平行度等指标使其满足设计要求后，对称、均匀把紧螺栓，钻、铰销钉孔，安装销钉。

2. 调速系统安装及导叶开度曲线测绘调速系统安装

调速系统安装及导叶开度曲线测绘调速系统安装包括：调速器柜安装，油压装置安装，接力器推拉杆安装，导水叶间隙调整，导叶拐臂、双连杆安装及其相应的测试等内容。

（1）将调速器油箱吊放在基础上，调整中心、水平、高程符合设计要求后，进行二期混凝土浇筑。

（2）油罐安装，调整其中心、高程、垂直度符合设计要求，完毕后对油箱和油罐进行彻底清扫。

（3）调速器柜安装应调整中心、高程、垂直度符合设计要求，并确保其内部清洁。调速器管路配制完成后，应经拆除酸洗合格后进行回装。

（4）油泵动作试验，充油、升压试验及安全阀调整符合设计要求。接力器、控制环、活动导叶全部处于全关位置，各部位参数符合设计要求后，用机坑环形吊具依次安装接力器推拉杆、导叶拐臂、双连臂等，安装过程平滑无卡阻。

（5）调速器系统最低动作油压试验符合设计要求。

（6）压紧行程调整，按图纸要求，调整接力器压紧行程值。

（七）水轮发电机组整体盘车和轴线调整

1．整体盘车

整体盘车前应具备以下条件：

（1）发电机推力轴承安装完成，润滑措施可靠。

（2）上、下导轴承在坐标方向抱 4 块瓦，润滑措施可靠。

（3）发电机转动部分垂直度和中心调整符合要求。

上述条件满足后，可连接发电机轴和水轮机轴，进行整体盘车与轴线调整。

2．轴线调整

（1）用联轴工具，平稳、均匀、对称提升水轮机轴。止口即将靠近时，用绸布和无水酒精再次清扫法兰面，确保无任何灰尘。

（2）止口进入时平滑、无碰撞和憋劲。

（3）螺栓把紧前，两法兰间无间隙，两法兰径向无错牙。

（4）用专用工具将螺栓对称、均匀把紧，各螺栓伸长值必须满足设计要求，其误差控制在设计允许范围内。

（5）盘车前，在整个转动部分的集电环、上导轴颈、下导轴颈、连接法兰、水导轴颈、转轮下迷宫等处设置 8 个上、下对应的盘车点，进行对应标记和编号，在上述位置 X 方向、Y 方向分别设置百分表监测摆度值，在镜板位置 X 方向、Y 方向分别设置百分表监测镜板轴向跳动值。

（6）转动前，检查各部间隙满足要求，确认转动部分调整在中心位置。盘车时，记录起始点百分表读数，每旋转 45°（即一个盘车点），记录一组数据，直至回到起始点。

（7）盘车结束后，计算各部位摆度值、倾斜值，绘制机组轴线拐点曲线和各盘车部位摆度曲线。

（8）分析各数据的合理性及准确性（是否符合正弦曲线规律），分析镜板垂直度、大轴直线度、倾斜值等参数，若有超标，采取相应措施（研刮绝缘垫或在设计允许范围内调整联轴螺栓紧度）进行处理并再次盘车分析，直至全部指标满足设计要求。

（八）主轴密封及水导轴承和其他附件安装

盘车及轴线调整符合设计标准后，以水轮机迷宫为基准，调整转动部分中心和大轴垂直度。旋转中心偏差小于 0.05mm，垂直度不超过 0.02mm/m，符合后将转动部分固定，并在转轮、发电机上下机架处 X、Y 方向分别设置百分表，监视主轴位移情况。

主轴检修密封安装前，进行气密性试验，以确保各部件无制造和运输产生的缺陷。合格后，按下述程序进行主轴密封安装：

检修密封支座就位、组合、间隙调整固定→检修密封空气围带、密封盖安装→间隙复测→气密性试验及动作试验→工作密封支座安装调整固定→密封条安装→滑环安装调整、固定→动作试验→附件安装。

水导轴承安装前对轴瓦、轴颈进行检查，按图进行研磨或研刮工作，以保证接触面满足受力或润滑要求。

将水导轴承挡油圈组合安装完毕后，进行煤油渗漏试验并符合要求。

水导轴瓦为分块瓦结构，安装调整前，根据机组轴线调整结果和图纸技术要求，结合上、下导轴承设计间隙值，与监理工程师、制造商代表充分沟通协商后，确定瓦间隙分配方案，逐块进行轴瓦间隙调整并锁定后，用面团清除油盆内灰尘，经验收签证后，进行轴承盖安装。

附件安装包括水轮机层脚踏板、栏杆、机坑进人门及机坑油、气、水管路安装等，做到整齐美观并符合设计要求。

二、发电机及其附属设备安装

（一）发电机安装

鹤岗市关门嘴子水库电站共安装 2 台套额定容量为 4000kW 的同步电机，空冷同步发电机及其附属设备，机组油、气、水系统，制动装置，灭火系统，加热除湿系统。

1. 定子安装调整

（1）定子吊装。定子的吊装用起吊梁进行。

1）定子吊装前，编制定子吊装措施并经监理工程师批复同意；对桥机及轨道进行系统性地认真检查、维护、保养，确保桥机各部分运转正常，状态良好；检查并校核定子基础板埋设是否符合设计要求；装配定子基础板，检查并清理定子基础预留孔内的杂物和积水；核对定子吊装方位，清除障碍物，保证定子吊运通道畅通无阻；清除定子基础螺栓表面的防锈漆和油污，按图装配螺栓下部的垫板与螺帽后将基础螺栓放入预留孔内；检查、测量吊钩的提升高度是否满足起吊要求。

2）起重指挥、操作人员及其他相关人员应明确分工，各司其职、各负其责。

3）吊运中，噪声较大的施工暂停作业，以保证指挥哨声清晰、准确无误。

4）根据定子吊装技术措施将定子平稳、准确地吊放在定子基础上。

（2）安装调整。定子安装以水轮机座环法兰面为基准进行调整，在对称、均布的 8 个方向各放置一个千斤顶，配以钢支墩进行定子径向调整。在每个定子基础板的两侧，分别在机架外壁上装焊支撑，用千斤顶进行定子的轴向调整。定子铁芯半径分上、中、下三个测段，圆周测点不少于 16 点。反复调整定子中心、水平、高程及铁芯垂直度至符合要求后，将基础螺栓与预埋钢筋焊接加固，加固中注意保持基础螺栓的垂直；同时密切监视定子各控制尺寸的变化并适时调整。经检查、验收合格后，进行二期混凝土浇筑。

（3）定子绕组现场试验。定子安装完成后进行定子绕组的现场试验，检测定子的三项绝缘电阻、吸收比、直流泄漏，合格后进行定子绕组的直流耐压试验。试验方法按设计图纸要求，记录并保存试验数据。

交流耐压试验升压时起始电压一般不超过试验电压的 1/3，然后逐步连续升压至满值，升压时间和全额试验电压的耐压时间符合设计图纸的要求。耐压合格后进行 RTD 检查测试。

（二）上、下机架组装

上、下机架均由中心体及支臂组成，上机架为非承重机架，下机架为承重机架，下机架上布置有推力轴承、制动闸、下导轴承等，下机架支臂间铺设盖板与水轮机室隔开，支臂底部设有环形轨道以进行水轮机零部件吊装。

施工前，熟悉图纸及制造厂的有关工艺文件，根据机架结构特点，编制合理的施工作业指导书及工艺操作规程规范，装配场地配置足够的照明，场地清洁、干净、布置整齐。中心体钢支墩结构结实、稳固、牢靠、安全。

机架部件运到安装间后，对中心体及支臂进行认真清扫，检查、校核主要配合尺寸，打磨组合缝周围的面漆，去除毛刺及高点，用行车将中心体吊到组装工位的钢支墩上。调整中心体的水平至符合要求后，分别在对称方向按配标记将支臂与中心体进行组合，支臂另一端底部用千斤顶支撑并调整其水平。在中心体中心悬挂钢琴线，测量调整支臂的半径，用加减垫片或者打磨支臂的方法调整支臂的半径和相邻支臂间的弦长值。各支臂的半径、弦长、水平、组合面间隙及中心体水平满足设计要求后，拧紧组合螺栓。按图纸要求对机架组合缝进行焊接，焊接完成后按要求进行焊缝检查。合格后提交机架安装记录报请监理工程师检查验收。

完成机架焊接后，根据图纸进行上挡风板、上灭火管、推力轴承支座、弹性油箱、制动器、环形轨道及机架部分油、气、水管路等的预装配，完工后按要求进行机架表面的刷漆。

（三）发电机总装

1. 基础埋设

基础埋设主要有下机架基础、定子基础、下部风洞盖板基础及上盖板基础等预埋。根据基础图及埋件的布置形式，进行相关基础的预埋安装。定子与下机架基础埋设采用预留孔法，浇筑一期混凝土时留出基础螺栓孔，在定子和下机架吊入时穿入基础螺栓并带上螺帽，与基础板同时进行预埋；下部风洞盖板基础在一期混凝土浇筑时按设计要求进行埋设，上盖板基础留出二期混凝土预埋槽，与上盖板一起安装。当水轮机大件吊入机坑，发电机部件预组装工作基本结束后，即可进入发电机的总装阶段。

2. 下端轴吊装

开箱后对下端轴进行认真的清扫、检查，修磨法兰面及键槽的毛刺、高点。校核主要配合尺寸，如轴长、轴径、卡环槽、法兰止口尺寸等并记录，进行下导瓦刮瓦、划分盘车点标记，上述工作完成后进行吊具装配、立轴，当水轮机主轴吊入机坑且其上部法兰水平、中心及高程调整符合要求后（水轮机主轴的法兰高程高出设计值不小于 10mm，以便进行推力头的安装），即可进行下端轴的吊装。按装配标记将下端轴吊放在水轮机主轴法兰上，对称穿入六颗联轴螺栓。

3. 下机架安装

下机架的安装高程和中心以下端轴上法兰为基准，由于下机架是承重机架，其安装高程须考虑挠度值。下机架吊装前，检查并调整预留基础孔的尺寸，清理排除孔内的杂物及积水，确保基础螺栓在孔内处于垂直状态并留有调整余量。下机架缓缓吊入机坑，利用行车配合进行机架高程与方位的初调后，在下机架支臂上焊接调整板，进行机架的标高、中心、水平及方位的精调。反复调整，直至符合要求后，进行焊接加固并浇筑二期混凝土，施工过程中采取相应的防变形措施，保证机架各参数不因焊接或混凝土浇筑变化超出允许范围。

进行推力轴承的安装调整。按要求检查试验弹性油箱，安装推力瓦，吊装镜板并调整高程、中心与水平，符合要求后，安装推力油槽并做渗漏试验。

按图纸进行推力头安装，测量推力头与镜板的间隙值，符合预定值后，进行推力头与镜板的连接。

按图纸进行制动器及其管路、附件的安装调整等工作，制动器安装前按要求进行分解、清扫、检查和耐压。

4. 转子吊装

（1）准备工作：

1）对桥机主、副车进行系统性的维护、检查、调整、注油等。

2）对桥机轨道及压紧螺栓进行认真的清扫、检查；进行桥机梁的应力测量准备。

3）吊转子使用的有关工器具，如导向木条、对讲机等均已准备就绪。

（2）转子吊装：

1）缓缓起升转子，检查桥机主钩同步及制动情况，必要时进行调整。

2）对中心体下法兰进行认真的清洗、研磨、检查，直至符合要求。

3）利用桥机配合进行转子下法兰与下端轴上法兰的对正调整，符合要求后，用联轴工具进行下端轴与转子的联轴并把紧。

5. 上机架安装

将上机架按正确位置吊放在定子机座上，以上端轴为基准进行机架高程、中心及水平调整，根据测量数据进行上机架基础板加工、焊接、配钻销钉孔，上机架高程、水平、中心符合要求后，进行上盖板及其基础的安装、调整，并浇筑基础二期混凝土。转子与下端轴连接螺栓按设计的伸长值把紧后，在上、下导轴承处各抱住 4 块导瓦，顶起风闸，松开锁定，将转动部分的重量落在推力瓦上。

（四）机组轴线调整

机组轴线调整采用电动盘车。发电机不进行单独盘车。

盘车时先进行刚性盘车，刚性盘车合格后，再进行弹性盘车检查校核。

刚性盘车：在上、下导轴领位置各对称装配 4 块导瓦并抱紧滑转子，在每个油箱的外侧装测杆，测杆下方设置 2 块百分表，上、下导轴瓦表面涂抹透平油后，分别顶起、落下转子，测量油箱压缩变形量，同时测量下机架的挠度，根据计算值调整各弹性油箱的压缩值偏差，使其在允许范围内。弹性油箱受力调整合格后，投入锁定装置，调整转子在定子中心位置，测量转子上、下部空气间隙，在上、下导轴领位置各对称装配 4 块导瓦并抱紧滑转子，分别调整上、下导轴瓦间隙，在上导、下导、镜板、水轮机主轴上法兰、水导轴承及转轮上迷宫等处同一轴向位置互成 90° 方位装设百分表，在瓦面抹上透平油；符合要求后通过盘车柜分别向定子、转子绕组中通入电流，按机组旋转方向电动盘车，每转过一点，切断电源，待转动部分平稳后方可读数。根据百分表的读数计算各测点的摆度，分析摆度产生的原因，通过调整相应部位连接螺栓的预紧力、移动主轴或研磨法兰面等方法进行处理，直至各部位摆度符合要求并经监理工程师认可。

刚性盘车合格后，退出锁定装置，按上述方法进行机组弹性盘车及转子一点固定和定子一点固定盘车检查，同时测量镜板径向跳动。轴线调整合格后，计算各部轴瓦间隙调整值报监理工程师，将转动部分固定在迷宫中心，按监理工程师批复的轴瓦间隙值进行上、下导轴瓦及水导轴瓦的安装和间隙调整。

（五）发电机附属设备安装

1. 制动和顶起系统安装

下机架安装就位后进行制动和顶起系统安装。安装时制动闸按规定要求进行分解、清扫及耐压试验，制动器安装后通压缩空气检查，要求动作灵活自然，无卡阻现象，密封良好且无漏油漏气情况。各制动器之间高程差控制在图纸要求的范围内。管路装配完成后，按要求进行耐压试验，管路接头、三通、阀门等无渗漏。

2. 通风冷却系统安装

发电机采用带空气冷却器密闭式通风系统。由上盖板、下盖板、上挡风板、下挡风板、空气冷却器构成密闭式通风系统。空气冷却器等间距对称地布置在定子机座上，空气通过转子的风扇作用产生循环。空气冷却器进行严密性耐压试验合格后，对称吊装到定子机座上。冷却器吊装就位后，配装空气冷却器的供、排水管。配装前按规范要求，所有的阀门进行水压试验，试验压力为 1.5 倍的工作压力，保持 10min 无压降。

管路配装完后，进行空气冷却器进水口与出水口之间水压降测试。

合格后对管路涂防锈漆和标识漆。

3. 发电机加热系统安装

按图纸在发电机风罩内等距离安装加热器，加热器在发电机停机一定时间后自动投入运行，以防止发电机结露受潮。

4. 其他附属系统安装

根据图纸要求，安装滑环与电刷、引出设备、中性点接地系统、自动化元件及仪表等。

（六）励磁系统安装

励磁系统是保证水轮发电机安全运行的重要组成部分，对电力系统的稳定运行及发、供电质量起着重要的作用。

1. 主要施工工艺说明

（1）基础槽钢安装：

1）按设计图进行测量放线，用水准仪和经纬仪调整槽钢的位置，确定后，与插筋焊接固定。

2）基础槽钢安装后有明显的可靠接地，浇筑二期混凝土时其顶部宜略高于抹平地面。

（2）设备就位：

1）设备搬运和安装过程中注意采取防震、防潮等安全措施。

2）励磁盘柜在安装间开箱后吊到相应位置，然后人工就位、调整，并用规定的螺栓将盘柜牢固固定在基础槽钢上。对于盘柜内的易损元件可在吊装前拆下，待盘柜固定后再进行单独安装。

3）励磁变压器连同包装在安装间卸车，通过吊物孔吊到母线层，落在地面上用叉车运送到指定位置。开箱检查后，进行励磁变压器找正就位，用螺栓牢固固定在基础槽钢上。

4）按设计和厂家要求进行设备的水平和垂直度调整。设备接地牢固可靠，装有电器的可开启的门，以裸铜软线与接地的金属构架可靠地连接。

（3）电缆敷设、连接：

1）按照电缆走向图和敷设图进行电缆敷设，敷设完后立即进行整理固定，在相应的部位挂上电缆牌，以保证查找电缆方便。

2）电缆整理、固定好后在连接前剥头进行绝缘试验，以保证绝缘要求。

3）在指定的盘柜内按规定进行电缆的绝缘接地。

4）按设计要求对电缆进行防火处理，电缆孔洞用防火材料封堵。

5）施工完后进行场地清理和盘内整理，合格后将盘柜移交调试人员调试。

2. 现场试验

（1）变压器试验：

1）测量绕组连同套管的直流电阻、所有分接头的变压比，检查变压器引出线的极性。

2）测量绕组连同套管的绝缘电阻，吸收比或极化指数。

3）绕组连同套管的交流耐压试验。

4）测量与铁芯绝缘的各紧固件及铁芯接地线对外壳的绝缘电阻。

5）无载调压切换装置的检查和试验。

6）额定电压下的冲击合闸试验。

（2）相位检查：

1）断路器及灭磁开关的绝缘电阻测定及介电强度试验，并检查导电性能和动作的可靠性。

2）率定整流元件的伏安特性参数。其控制特性的测量数值与元器件的出厂记录值无明显的差别，最大值和最小值符合产品标准。

3）测量脉冲变压器的输入与输出特性，并进行电气绝缘强度试验。

4）非线性电阻特性试验结果符合规范和产品说明要求，并进行介电强度试验。

（3）静态调试：

1）在安装、配线、元器件检查完毕以及回路绝缘良好的情况下，输入程序，进行静态调试。

2）进行交/直流电源检查，要求相序/极性正确，电压值符合产品要求；通电后风机及各部件工作正常。

3）进行模拟试验，检查操作、保护、监测、信号及接口回路动作的正确性。

4）进行自动励磁调节器各基本单元的静态特性试验、各辅助单元的静态试验和励磁装置的总体静态特性试验，其结果符合规范和产品说明要求。基本单元包括测量元件、调差单元、综合放大和积分单元、移相触发单元；辅助单元包括起励单元、稳压电源单元、其他辅助功能单元；总体特性试验包括小电流开环试验、大电流开环试验。

（4）动态调试：

1）空载试验：

a. 发电机为空载额定转速，进行手动升压、降压，自动升压、降压及起励和逆变灭磁特性的录波，起励时测定发电机电压超调量、摆动次数和调节时间。

b. 在发电机空载额定转速下，励磁调节器处于"自动""手动"或"备用"通道控制时，测量励磁调节器电压整定范围及给定电压的变化速度。

c. V/f限制试验。在发电机空载情况下，频率值每变化1%，自动励磁调节系统保证发电机电压的变化值不大于额定值±0.25%。

d. 在发电机空载情况下进行自动调节方式和手动控制方式的切换试验。

e. 10%阶跃响应试验。发电机在空载额定转速下，用自动励磁调节器将发电机定子电压调整在90%额定值，突然增加发电机额定电压的10%的阶跃信号，使发电机电压上升至额定值，录制施加阶跃信号的发电机电压、励磁电压以及励磁电流波形。然后，突加降低发电机额定电压的10%的阶跃信号，重复录制上述各量的波形。

f. 整流功率柜冷却系统的检测、噪声试验，以及均流、均压试验。

g. 发电机在空载和空载强励情况下的灭磁试验。录制发电机电压、励磁电压、励磁电流、灭磁开关磁场断路器断口电压波形。

2）负载试验：

a. 发电机并网运行后，将调差单元投入，检查调差极性是否符合设计要求。

　　b. 发电机无功负荷调整试验及甩负荷试验。发电机并网运行后，在有功功率分别为 0%、50%、100% 额定值下，调整发电机无功负荷到额定值，调节均匀，无跳变。分别在 0%、100% 的额定有功功率下，发电机带无功功率各甩负荷一次，记录甩负荷前、后发电机的各运行参数，并录制甩负荷时发电机电压、励磁电压和电流波形。

　　c. 发电机在额定工况下，跳发电机出口断路器，联动跳灭磁开关或磁场断路器灭磁。录制发电机电压、励磁电流、电压及开关断口电压波形。

　　d. 测量励磁系统顶值电压及电压影响的时间。

　　e. 发电机在额定负载和额定功率因素下连续运行 2h 进行励磁系统各部分的温升试验。

　　f. 各辅助功能单元（最大励磁电流限制器、励磁过电流限制器、欠励磁限制器）的整定与动作试验。

　　g. 与机组现地控制、保护联调试验。在以上试验过程中，配合机组现地控制进行开/停机流程及事故情况下的动作、信号检查，配合保护系统进行失磁保护、过激磁保护等保护调试。另外，配合进行升流升压试验。

　　h. 励磁系统在额定工况下与机组一起进行 72h 试运行。

三、水力机械辅助设备及管路系统

（一）水系统

1. 管路安装

（1）管路安装技术要求。管道及管件到货时都要检查制造厂的质量证明书，其材质、规格、型号符合设计文件的规定，并按国家现行标准进行外观检查。

管道安装时的关键环节是安装前先进行清扫，对于管道内污物、泥浆和一切杂物进行彻底清洗，确保所有管道内部无任何杂物；当管道采用焊接连接时，管道的焊接位置、管子的坡口形式和尺寸、管道对接焊口的组对等符合设计要求。

（2）埋管安装。埋管主要有技术供水系统和厂内排水系统管路等。埋管按设计图纸要求位置埋设，其出口位置偏差、管口伸出混凝土面距离以及管子距混凝土墙面距离符合设计要求，且不小于法兰、阀门的安装尺寸。

排水管须有同流向一致的坡度，坡度大小根据设计确定。

埋设供水管在混凝土浇筑前按要求进行压力试验，确保焊缝无渗漏及其他异常现象。所有埋管混凝土浇筑前由监理人组织有关单位人员检查埋管的数量、安装位置和畅通性，验收签字后方可浇筑混凝土。在混凝土浇筑期间，管口用钢板点焊封堵，直至与其他管道或阀门连接时才可拆除。

（3）明管安装。按管道设计布置图要求，确定管道支架或吊架位置，如预先已埋设支架固定钢板可在预埋钢板上焊接支架，否则须在混凝土墙或楼板上用膨胀螺栓安装支架或吊架。支吊架安装合格后，用人工或手拉葫芦等方法，将预先制作的管节按正确顺序吊放在管架上，进行组装连接。

穿墙、楼板、梁等的管道，在混凝土浇筑时预先按图纸要求位置埋设套管，套管直径符合设计要求。埋设的穿墙或梁套管两端与混凝土平齐，穿楼板的套管下端与楼板平齐，上端高出楼板最终完工面约 25mm，穿伸缩缝的套管按设计图纸要求做过缝处理。套管安装后将其点焊在钢筋上固定，以免浇筑混凝土时产生位移。

管道安装工作暂时不施工时，管口及时用木塞或钢板等物可靠封堵；连续施工时检查内部是否干净。

供水明管安装完成后，按设计要求的方法做严密性耐压试验，试验合格后填写试验报告报监理人验收。

（4）阀门试验及安装。检查阀门的出厂合格证，检查填料、压盖螺栓及型号是否符合设计要求。将阀门内、外清扫干净。阀门安装前做严密性耐压试验，试验合格后方可进行安装。

根据介质流向确定阀门的安装方向，然后将阀门置于关闭位置，以法兰或螺纹连接的方式将阀门装配在管道上。安全阀安装时必须垂直，投入运行时及时按要求调校开启和回座压力，在工作压力下不得有泄漏，调校合格后做铅封。

各种阀门安装后应位置正确，阀杆手柄的朝向应便于操作、转动灵活；电动阀门安装后，用手操作其动作应灵活，传动装置应无卡阻现象。

（5）管路涂漆。管路全部安装完成经监理人验收后，根据设计要求进行防锈和标识涂漆，裸露的辅助设备及管道等（除了不锈钢外）均须涂防结露材料。

2. 设备安装和试验

水泵安装前检查其基础的尺寸、位置及标高，应符合设计图纸要求。

水泵开箱后检查出厂合格证书、安装使用说明书；按出厂技术文件清点水泵零部件，确保无缺件、损坏和锈蚀现象，管口封闭良好；对水泵底板尺寸进行检查，并核对是否与混凝土基础预留孔相符，若出现问题应在安装前妥善处理。

利用安装地点的预埋吊点，用手拉葫芦或千斤顶将水泵吊放在基础垫板上，利用楔子板或垫片调整设备的高程，同时进行中心、水平调整。上述尺寸合格后浇筑水泵地脚螺栓基础混凝土，待混凝土强度达到要求后拧紧地脚螺栓固定水泵，并重新检查水泵的水平度。深井泵安装后，用钢板尺检查泵轴提升量应符合设计要求。

进行电动机与泵连接时，以泵轴线为基准，连接后使法兰面平行，间隙均匀。两轴线倾斜及偏心、联轴器之间端面间隙均符合出厂说明书或安装规范要求。

水泵安装完成后，按制造厂和规范要求在系统正式投入联合调试前，单独进行调试工作，以便顺利地进行联合调试，首先检查使电动机转向与水泵的转向一致，固定部件连接牢固，各润滑部位已注油，各指示仪、安全保护装置、电控装置均准确可靠。

水泵启动前，先打开电磁阀向水泵供润滑水，1min 后方可启动水泵，水泵运转 5min 后才能切断润滑水。检查各转动部件是否运转正常，无不良震动和噪声；管道连接牢固无渗漏；各仪表装置指示正确；轴承温度不高于设计值；连续运行 2h 以上，水泵压力、流量符合设计要求；电动机电流不超过额定值，水泵调试为合格。水泵调试期间，调整集水井各水泵的水位计及信号器。水泵调试合格后认真填写试运转记录并报监理人验收签字。

（二）厂内压缩空气系统

1. 空压机安装及调试

（1）空压机安装。空压机室的室内装修完工后，检查空压机安装基础的尺寸、位置及标高是否符合设计图纸要求。根据出厂技术文件清点设备零部件，应无缺件、损坏和锈蚀现象，管口应封闭良好；对设备底板尺寸进行检查，并核对是否与混凝土基础预留孔相符，若出现问题应在安装前妥善处理。

利用安装地点预埋吊点并用手拉葫芦或千斤顶将空压机吊放在基础垫板上，利用楔子板或垫片调整设备的高程，同时应进行中心、水平调整。上述尺寸合格后浇筑空压机地脚螺栓基础混凝土，待混凝土强度达到要求后，拧紧地脚螺栓固定空压机，并重新检查设备的水平度。

（2）空压机调试。空压机安装好后，根据产品说明书的要求进行空压机调试。检查各紧固件是否紧固和锁定，检查仪表和电气设备是否已调整正确，电机转向与空压机转向是否相符；检查润滑、冷却系统是否合格；进、排气管是否畅通，各安全阀是否已经校验，动作应灵敏、可靠；人工盘车是否灵活无阻滞现象。空载运行1h，运转中检查空压机各部件有无异常情况，温度是否符合产品说明书的要求。空载试验合格后做带空气负荷试验，试验按额定压力下运转1h进行，试验期间检查润滑油，以及各级吸排气、冷却供排水压力和温度。检查各级安全阀动作压力是否正确，动作应灵敏；自动控制装置应灵敏可靠；检查轴承、滑道等摩擦部位的温度以及运转情况是否符合产品说明书要求。试验后停止运转，清洗油过滤器，更换润滑油。

空压机调试过程做详细试验记录，试验完成后，填写试验报告，并报监理人签字认可。

2. 储气罐安装

安装前检查储气罐出厂合格证书，安装使用维护说明书；按出厂技术文件清点设备零部件，应无缺件、损坏和锈蚀现象；管口封闭应良好；对储气罐底板尺寸进行检查，并核对是否与混凝土基础预留孔相符，若出现问题应在安装前妥善处理。

储气罐安装前按《钢制压力容器》（GB 150—1998）要求进行强度耐压试验。储气罐充满水后，用电动试压泵进行1.5倍额定工作压力的耐压试验，保压30min无渗漏，试验合格清扫干净后才能安装.试验过程做详细试验记录，试验完成后填写试验报告并报监理人签字认可。如果储气罐强度耐压试验在出厂前已做，且出厂期不长，经监理人同意可免做。

利用安装地点预埋吊点并用手拉葫芦或千斤顶将储气罐吊放在基础垫板上，利用楔子板或垫片调整储气罐的高程，同时进行中心、水平调整。上述尺寸合格后，浇筑储气罐地脚螺栓基础混凝土，待混凝土强度达到要求后，拧紧地脚螺栓固定储气罐，并重新检查其水平度。储气罐安装位置与设计值的偏差小于±5mm，吊线锤用钢板尺检查其垂直度不大于3mm。

3. 管件及管夹制作

凡是有定型产品的管件必须采购，只有无法采购的管件才在现场制作。根据图纸要求的方法进行管件、管夹配制，其质量应满足设计图纸要求。制作前按设计要求选择合格的材料，其材质、规格、型号、质量应符合设计文件的规定。

4. 管道及阀门安装和试验

（1）阀门试验和安装。检查阀门的出厂合格证，检查填料、压盖螺栓及型号应符合设计要求;将阀门内、外清扫干净。阀门安装前应做严密性试验，对不合格的阀门应处理合格后方可安装。安全阀安装前应进行检查调整，当超过工作压力0.1～0.2MPa时全开，调校合格后应做铅封。阀门试验完成后，填写试验报告并报监理人签字认可。

根据介质流向确定阀门的安装方向，然后将阀门置于关闭位置。

各种阀门安装后位置应正确，阀杆手柄的朝向应便于操作、转动灵活，电动阀安装后用手操作其动作应灵活，传动装置应无卡阻现象。

（2）管道安装和试验。根据《工业管道工程施工及验收规范（金属管道篇）》（GBJ 235—82）以及《水轮发电机组安装技术规范》（GB/T 8564—2023）中的有关规定和图纸及设计布置图安装管道。

管道安装完成后，应进行严密性耐压试验，试验期间应检查接头、焊缝处有无漏气现象。

试验过程做详细试验记录，试验完成后填写试验报告并报监理人签字认可。

管路全部安装完成经监理人验收后，根据规范要求进行防锈和标识涂漆。

（三）厂内透平油、绝缘油系统

1. 油罐安装

按设计图纸布置位置吊装油罐，利用安装地点预埋吊点并用手拉葫芦或千斤顶将油罐吊放在基础垫板上，利用楔子板或垫片调整油罐的高程，同时进行中心、水平调整。上述尺寸合格后，浇筑油罐地脚螺栓基础混凝土，待混凝土强度达到要求后拧紧地脚螺栓固定油罐，并重新检查油罐的水平度。油罐安装位置与设计值的偏差小于±5mm，吊线锤用钢板尺检查其垂直度不大于 3mm。

2. 油处理设备安装和试验

油处理设备包括压力滤油机、真空滤油机和齿轮油泵等。开箱时油泵和滤油机应有出厂合格证书，安装使用维护说明书。按出厂技术文件清点油泵和滤油机零部件，查看有无缺件、损坏和锈蚀现象，管口封闭是否良好；对油泵和滤油机底座尺寸进行检查并核对是否与混凝土基础预留孔相符，出现问题在安装前妥善处理。

利用安装地点预埋吊点并用手拉葫芦或千斤顶将油泵和滤油机吊放在基础垫板上，利用楔子板或垫片调整油泵和滤油机的高程，同时进行中心、水平调整。合格后浇筑油泵和滤油机地脚螺栓基础混凝土，待混凝土强度达到要求后拧紧地脚螺栓固定油泵和滤油机，并重新检查油泵和滤油机的水平度。油泵安装后用塞尺检查齿轮与泵体径向间隙在 0.13～0.16mm，用百分表检查主、从动轴中心偏差不大于 0.08mm。

齿轮油泵、滤油机安装完成，接通电源可进行启动运转试验。试验过程检查各转动部件运转情况，有无异常声和摩擦现象，管道连接是否牢固无渗漏，各仪表装置指示是否正确，轴承温度是否不高于设计值且运转平稳。

油泵外壳振动应不大于 0.05mm，油泵轴承处外壳温度不超过设计值；油泵的压力波动小于设计值的±1.5%，油泵输油量不小于设计值。油泵、滤油机试验合格后，认真填写试验记录并报监理人验收签字。

3. 管道及阀门安装和试验

按设计图纸要求，进行管道阀门安装以及设备与管路及附件的连接工作。连接后进行复测，如发生偏移，调整管道安装位置予以校正。

阀门安装前做严密性耐压试验。管道安装完成后，按规范要求进行严密性耐压试验。油管路做 1.25 倍额定工作压力试验，30min 无渗漏和压降现象为合格。油管试验后用透平油循环冲洗，冲洗后的回油经净化再返回储油罐；冲洗要连续不断进行，直至抽取油样化验合格为止。

阀门和管道试验要做详细记录，填写试验报告报监理人验收签字。

合格后按规范要求进行阀门和管道涂漆工作。

模板十一　监测工程施工方案模板

一、监测孔钻孔施工

（一）钻进方法

（1）钻进前应对各个钻机的安全设施进行检查维修，保证钻塔的稳固、平整，防止水平位移或不均匀下沉，满足施工的需要。钻机就位后，钻塔天车、钻盘、钻孔中心三点应成一直线。

（2）松散岩层钻进。采用水压护壁式，孔内宜有 3m 以上的水头压力；采用泥浆护壁时，孔内泥浆面距地面应小于 0.5m。基岩顶部的松散覆盖层或破碎岩层，应采用套管护壁。

（3）泥浆槽的长度应在 15m 以上；砾石、粗砂、中砂含水层泥浆黏度应为 18~22Pa·s；细砂、粉砂含水层应为 16~18Pa·s；冲击钻井时，孔内泥浆含砂量不应大于 8%，胶体率不应低于 70%；回转钻井时，孔内泥浆含砂量不应大于 12%，胶体率不应低于 80%。井孔较深时，胶体率应提高。

（4）井身应圆正、铅直。井身直径不得小于设计井径。井深小于或等于 100m 的井段，孔斜（顶角的偏斜）不得超过 1.0°；大于 100m 的井段，每 100m 孔斜（顶角的偏斜）的递增速度不得超过 1.5°；每 100m 及终孔后均进行孔斜测量及钻具丈量。井段的顶角和方位角不得有突变。

（5）钻进时应合理选用钻探参数，必要时应安装钻铤和导正器。随时测量孔斜度，及时纠正。钻具的弯曲、磨损应定期检查，不合格者严禁使用。

（6）取芯井应进行全孔取芯。孔隙水岩芯采取率应达到：黏性土大于 70%，砂层、砾石层大于 40%；基岩岩芯采取率应达到：完整基岩大于 70%，构造破碎带、风化带、岩溶带等大于 30%。

（7）回转无岩芯钻井时可在井口冲洗液中捞取鉴别样。采取鉴别地层的岩、土样，非含水层每 3 ~ 5m 取一个，含水层每到 2 ~ 3m 取一个，变层时应加取一个。

（8）钻井至设计深度后，应进行电测井，再结合地层分析含水层厚度，进行水量初步估计。

（二）疏孔、换浆和试孔施工方法

（1）松散层中的井孔，终孔后应用疏孔器疏孔，使井孔圆直，上下畅通，疏孔器外径应与设计井孔直径相适应，长度应在 6 ~ 8m。

（2）泥浆护壁的井孔，除高压自流水层外，应用大于原钻头直径 10 ~ 20mm 的疏孔钻头扫孔。孔底沉淀物排净后，应及时转入换浆，送入的泥浆应由稠变稀循序渐进，不得突变。泥浆密度应小于 1.1g/cm³，出孔泥浆与入孔泥浆性能应接近一致，孔口捞取泥浆样应达到无粉砂沉淀的要求。第四系地层内采用冲洗液小于 21° 的泥浆钻进，新近系半成岩及基岩地层内选用清水作为冲洗液。

（3）下井管前，应校正孔径、孔深和测孔斜，井孔直径不得小于设计孔径 20mm；孔深偏差不得超过设计孔深的 ±2‰，孔斜应满足规范要求。

（三）钻探工程工作记录要求

在钻探过程中，应对水位、水温、冲洗液消耗量、漏水位置、自流水的水头和自流量、孔壁坍塌、涌砂和气体逸出的情况、岩层变层深度、含水构造和溶洞的起止深度等进行观测和记录。

（四）井管安装、填滤和封闭止水施工方法

1. 井管设计

（1）井壁管设计。统一采用无缝钢制管材。

（2）过滤管设计。采用无缝钢制管材，包网缠丝填砾过滤器，钢管开孔率为 20% ~ 25%，开孔方式为圆孔且呈梅花形排列。单井过滤管长度可根据实际进行调整。

（3）沉淀管设计。沉淀管安装在监测井底部，管材均采用井壁管，沉淀管底部用钢板焊接封死，或利用混凝土封死。当井深小于 50m 时，采用长度 3m 的沉淀管；井深大于等于 50m 时，则采用长度 5m 的沉淀管。

2. 井管安装

（1）井管安装前，要进行电测井；根据钻进中取得的地层岩性鉴别资料及电测井结果，核定监测井结构设计中井壁管、过滤管、沉淀管的长度和下置位置；检查井管质量，确保每节井管均符合质量要求；疏孔、换浆工作完成后，应立即进行井管安装。

（2）下管方法应根据管材强度、下置深度和起重设备能力等因素选定。当井管的自重或浮重小于井管的允许抗拉和起重设备的安全负荷时，可采用提吊下管法；当井管的自重或浮重超过井管的允许抗拉力或起重设备的安全负荷时，宜采用托盘下管法或浮板下管法。

（3）井管的连接应做到对正接直、封闭严密，接头处的强度应满足下管安全和成井质量的要求。采用焊接加内扣不锈钢节箍连接，过滤器安装位置的上下偏差不得超过 300mm。

（4）井管必须直立于井口中心，井管的上端口保持水平；相邻两节井管的接合紧密并保持竖直。

（5）每个监测井的沉淀管要封底。

（6）井壁管高于地面 300～500mm。

（7）井管质量。所购井管须满足《机井井管标准》（SL 154—2013）要求，并附有产品质量合格证书。

3. 填滤和封闭止水

（1）井管安装到位后，立即进行填砾及止水工作，填砾和止水位置应按设计文件执行。

（2）填砾时，滤杆应沿井管四周连续均匀慢速填入，并对填砾高度随填随测，应及时校核数量。当发现填入数量及深度与计算有较大出入时，应及时找出原因并采取稳妥措施进行排除。

（3）滤料应选择磨圆度良好的石英砂、砂砾石，根据地层颗粒特性，按照规范要求，确定滤料粒径，最大粒径不超过 5mm，严禁使用棱角碎石；取样部分，不符合规格的数量不得超过设计数量的 15%，不应含土和杂物；应自滤水管底端以下不小于 1m 处充填至滤水管顶端以上不小于 3m 处，填砾厚度不小于 75mm。

（4）封闭和止水的材料选用直径为 20～30mm 的优质黏土球，并应在半干状态下缓慢投入。

（5）在距地面 200mm 以下，对井口管外围采用混凝土进行封闭，尺寸为 300～400mm。

（五）洗井及抽水试验施工方法

1. 洗井方法

本次设计采用活塞或空压机或水泵洗井。

2. 洗井要求

（1）洗井工作必须在下管、填砾、止水封闭后立即进行，以防止因停置时间过长，井壁泥皮硬化，造成洗井困难，影响钻井的出水量。

（2）洗井方法和工具，可按井的结构、管材、钻井方法及含水层特征选择，应采用不同的洗井工具交错使用或联合使用。

（3）连续两次单位出水量之差小于其中任何一次单位出水量的 10%。

（4）洗井出水的含砂量的体积比小于 1/20000，洗井效果达到水清砂净；当向监测井内注入 1m 深井管容积的水量，水位恢复时间超过 15min 时，应继续进行洗井，否则，可认为完成洗井工作。洗井台班数不少于 6 个。

（5）洗井后进行透水灵敏度试验，实验结果符合水利行业标准《地下水监测规范》（SL 183—2005）中的要求。

（6）井底沉淀物厚度应小于井深的 5‰。

3. 抽水试验

（1）采用单孔稳定流抽水试验。

（2）抽水试验前，应设置井口固定点标志（在井管顶部适当位置），并测量监测井内静水位。

（3）抽水试验的水位降深次数应根据试验目的确定，此次设计进行 3 次降深。

（4）抽水试验的稳定标准，应符合在抽水稳定延续时间内，抽水孔出水量和动水位与时间关系曲线只在一定的范围内波动，且没有持续上升或下降趋势的要求。

（5）抽水试验的稳定延续时间应符合下列要求：

1）卵石、圆砾和粗砂含水层为 8h。

2）中砂、细砂和粉砂含水层为 16h。

3）基岩含水层（带）为 24h。

（6）抽水试验时，动水位和出水量观测的时间，应在抽水开始后的第 5min、10min、15min、20min、25min、30min 各测一次，以后每隔 30min 或 60min 测一次；水温、气温观测的时间，宜每隔 2 ~ 4h 同步测量一次。

（7）水位的观测，在同一试验中应采用同一方法和工具。抽水孔的水位测量应读数到厘米。

（8）出水量的测量，采用堰箱或孔板流量计时，水位测量应读数到毫米；采用容积法时，量筒充满水所需的时间不应少于 15s，应读数到 0.1s；采用水表时，应读数到 $0.1m^3$。

（9）抽水试验时，应防止抽出的水在抽水影响范围内回渗入含水层中。

（10）抽水试验终止前，应采取水样，进行水质分析与含沙量的确定。管井出水的含沙量（体积比）不得超过 1/20000。据施工方案设计报告的设计，明确抽水试验的技术要求。

（六）黏土球封孔施工方法

用黏土球封孔，在止水顶面上宜投入黏土球至地面下 2m，用水泥封井至地面，与井台建设相衔接。

充填滤料顶端至井口井段的环状间隙应进行封闭和止水，封闭和止水应根据《地下水监测井建设标准》（DZ/T 0270—2014）中 8.4 节的要求进行操作。在监测层位上部存在大厚度含水层时或下部存在承压或微承压含水层时应加大围填厚度，充填黏土球垂向厚度宜高于止水层位顶板高度 2 ~ 3m，防止地下水越流。在止水层位的上部，再充填普通膨润土至孔口，起到止水及固定和保护井壁管的作用。

基岩监测井应采用水泥固井，对上部第四系松散含水层止水，单层围填高度不小于 2m，一般选用 P.O52.5 以上硅酸盐水泥，并采用管内外水位差法和压力法检验止水效果。

二、观测墩混凝土、观测房施工

按照设计位置及尺寸及时浇筑观测墩混凝土，观测房按照设计规格尺寸、结构型式在指定地点进行修建。

附录 C.3　施工质量类资料

模板一　法定代表人授权书模板

　　兹授权我单位_____担任_____工程项目的（建设□、代建□、勘察□、设计□、施工□、监理□、检测□）从业人员，对该工程项目的（建设□、代建□、勘察□、设计□、施工□、监理□、检测□）工作实施组织管理，依据国家有关法律法规及标准规范履行职责，并对设计使用年限内的工程质量承担相应终身责任。

　　本授权书自授权之日起生效。

被授权人基本情况			
姓名		身份证号	
注册执业资格		注册执业证号	
被授权人签字：			

法定代表人（签字）：

法定代表人身份证号：

授权单位（盖章）：

授权日期：_____年___月___日

模板二 质量终身责任制承诺书模板

  本人_____担任_____工程项目的（建设单位□ 代建单位□ 勘察单位□ 设计单位□ 施工单位□ 监理单位□ 检测单位□）项目负责人，对该工程项目的（建设□ 代建□ 勘察□ 设计□ 施工□ 监理□ 检测□）工作实施组织管理。本人承诺严格依据国家有关法律法规及标准规范履行职责，并对合理使用年限内的工程质量承担相应终身责任。

承诺人签字：_____

身份证号：_____

注册执业资格：_____

注册执业证号：_____

签字日期：_____年___月___日

模板三　质量保证措施方案模板

一、施工质量保证措施的组织、管理措施

（一）建立健全质量保证体系

质量管理组织结构：建立以项目部总工为施工质量责任人的质量管理领导小组，并下设技术质量管理办公室进行具体管理，且配有持有质检工程师证件的专职质检员。根据现场实际测量数据及实验数据确定加强现场施工质量管理，并在施工场队中安排现场技术人员为质检员，加强现场质量管理。

（二）分工负责制

在质量管理上，技术质量办公室主任全面负责现场施工，其他项目部领导成员根据现场实际情况进行分工，实行领导分片管理责任制。

（三）质量管理目标

设计与施工质量满足国家及行业设计与施工验收规范、标准及质量检验评定标准要求，达标投产，争创行业优质工程。

（四）质量分析会制度

根据上段时间现场施工质量存在的问题进行开会分析，找出现场质量问题存在的原因，并制定相应的解决方案，并及时对现场的处理结果进行反馈，确保现场施工质量。

（五）质量保证体系运行流程

建立由项目经理负责、项目总工程师主持的质量自检体系。强化以第一管理者为首的质量自检、自控体系，完善内部检查制度，实行监管分离体制，立足自检、自控，建立预检和复检制度。

自检体系由项目部、施工队、施工班组三级组成，项目部为自检内控核心；按照"跟踪检查""自检""复检""抽检"的检测方法实施检测工作，严格质量一票否决制。

自检体系依据有关法规、标准与规范、设计文件、工程合同和施工工艺要求，细化分解质量目标，对重点部位、重要工序、关键环节指定专人负责，进行各个施工环节的质量跟踪控制。

自检体系以建设单位质量奖罚管理机制为基础，制定和完善岗位质量责任及考核办法，确保层层落实质量责任。

二、技术上的施工质量保证措施

（1）对现场的进场原材料及时进行检验，做到不合格不验收、不使用。

（2）确立可靠的检测方案及检测单位。

（3）测量放样：采用全站仪放样，并根据已有的控制点对放样点位进行校核，并上报监理。

（4）调集具有类似工程施工经验、技术力量强的施工队伍投入本合同段工程的施工，并从全局调配过硬的设备充实到该项目中，以高素质的施工队伍、精良的施工设备和雄厚的技术力量保证工程质量。

（5）建立"横向到边，纵向到底，控制有效"的质量保证体系。施工中严格实行"三检制"，形成项目经理部、施工队、班组、作业人员四级质量自保体系。

（6）制定技术复核制度，明确复核内容、部位及复核方法。

（7）检测试验工作是控制质量的关键，必须严格工作程序，规范操作方法，把好工程质量源头关。

三、施工质量保证措施

（1）此工程建立项目经理部、施工队、班组三级自检机构，加强工序质量内部检查。施工队严格执行"三检制"，发现问题及时处理纠正，并由质检员记入施工日志，并制定技术复核制度，明确复核内容、部位及复核方法。

（2）严格控制各种原材料的质量，把好进料质量关。各类建筑材料运到现场后，设备物资部开出材料取样通知单，由试验人员进行现场取样试验，对经试验达不到标准的材料，坚决清退出场；对防水材料等委托有试验资质的单位进行试验。各种原材料、半成品均应有出厂合格证、产品质量证明书和试验报告。进场后分类别堆码存放，并挂牌标识检验和试验状态，以防止误用和实现可追溯性。

（3）配备测量精度符合要求的仪器和有专业知识及经验丰富的技术人员，按图纸和监理工程师提供的测设基准资料和测量标志，以相关精度要求，恢复定线或定位测量。在每段或每项测量完成后，将结果提交监理工程师核查，作为施工放样的依据。对所有永久性的标桩，包括中线桩、转角桩、水准基准点及其他工程项目的控制点以及放样和检验工程必须标桩，加设易识别标志，并采取相应措施加以保护。在工程竣工前复测，对永久性标桩发生损变或移位，进行重新恢复工作。根据施工实际需要，施工中引起的标桩位置变动，如标桩暂移到附近点等，及时向监理工程师提出书面通知。

（4）选用当地有资质的实验室进行试验。在工地安排试验能力强的试验工程师负责，具体由试验技术员进行此项工作，并辅设一个工程资料室；为确保检测数据的准确可靠，即保证检测数据在相同条件下能够重复，在一定条件下能够再现，要求在检测工作的全过程中，对将影响检测结果的每一个因素，包括被检测的对象、所用的仪器设备及环境条件，都必须有检查和记录，对检测数据进行校核。

（5）编制工序的施工工艺设计，指导施工，严格按照施工组织设计和操作规程，高起点、高质量地做好每一道工序的"第一个"，将每个"第一"的检验数据结果定在全优起点上，并以此做样板，通过高标定位的全方位控制手段，确保每道工序、每一部位、整项工程最终达到优良标准。

（6）对工程所用的检验、测量和试验设备，不论是自有，还是租用，均需按设备操作规程的规定进行操作、管理、率定和保养，并制定年度率定检验计划，以保证检验、测量和试验设备均能按规定的周期得到校准和检验。对安装有特殊环境要求、不宜频繁搬动的仪器不能到场时，委托监理工程师认可的乙级以上资质试验室进行试验委托工作，并保存检验、测量和试验设备的鉴定证书和鉴定记录。

（7）设备未移交前，为下一步开工生产，未移交设备应有专人负责，定期检查维护，注意防尘、防潮、防冻、防腐蚀，对于传动设备还应定期进行盘车和切换，使其处于良好状态。

附表 C.3-1 原材料/中间产品进场报验单

（承包〔 〕报验 号）

合同名称：　　　　　　　　　　　　　　　　　　　　　　　　合同编号：

致（监理机构）：

我方于___年__月__日进场的原材料/中间产品如下表。拟用于下述部位：

1._____；2._____；3._____。

经自检，符合合同要求，请贵方审核。

序号	原材料/中间产品名称	原材料/中间产品来源地、产地	原材料/中间产品规格	用途	本批原材料/中间产品数量	承包人试验					
						试样来源	取样地点	取样日期	试验日期	试验结果	质检负责人
1											
2											
3											
...											

附件：1. 质量证明文件

　　　2. 进场原材料/中间产品外观验收检查记录

　　　3. 检验报告

承包人：（现场机构名称及盖章）

项目经理/技术负责人：（签名）

日期：　　　年　月　日

审查意见：

□ 同意进场使用

□ 不同意进场使用

理由：

监理机构：（名称及盖章）

监理工程师：（签名）

日期：　　　年　月　日

注 本表一式___份，由承包人填写，监理机构审核后，发包人___份，监理机构___份，承包人___份。

附表 C.3-2 混凝土浇筑开仓报审表

（承包〔 〕开仓 号）

合同名称： 合同编号：

<table>
<tr><td colspan="4">致（监理机构）：
　　我方下述工程混凝土浇筑准备工作已就绪，请贵方审批。</td></tr>
<tr><td>单位工程名称</td><td></td><td>分部工程名称</td><td></td></tr>
<tr><td>单元工程名称</td><td></td><td>单元工程编码</td><td></td></tr>
<tr><td rowspan="11">申报意见</td><td colspan="2">主要内容</td><td>准备情况</td></tr>
<tr><td colspan="2">备料情况</td><td></td></tr>
<tr><td colspan="2">施工配合比</td><td></td></tr>
<tr><td colspan="2">检测准备</td><td></td></tr>
<tr><td colspan="2">基面/施工缝处理</td><td></td></tr>
<tr><td colspan="2">钢筋制作安装</td><td></td></tr>
<tr><td colspan="2">模板支立</td><td></td></tr>
<tr><td colspan="2">细部结构</td><td></td></tr>
<tr><td colspan="2">预埋件（含止水安装、监测仪器安装）</td><td></td></tr>
<tr><td colspan="2">混凝土系统准备</td><td></td></tr>
<tr><td colspan="3">附：自检资料

　　　　　　　　　　承包人：（现场机构名称及盖章）

　　　　　　　　　　现场负责人：（签名）

　　　　　　　　　　日期：　　年　月　日</td></tr>
<tr><td>监理机构意见</td><td colspan="3">审批意见

　　　　　　　　　　监理机构：（名称及盖章）

　　　　　　　　　　监理工程师：（签名）

　　　　　　　　　　日期：　　年　月　日</td></tr>
</table>

注 本表一式___份，由承包人填写，监理机构审批后，发包人___份，设代机构___份，监理机构___份，承包人___份。

附表 C.3-3　_____工序/单元工程施工质量报验单

（承包〔　〕质报　　号）

合同名称：　　　　　　　　　　　　　　　　　　　　　　　　合同编号：

致（监理机构）：

致（监理机构）：

　　_____□工序/□单元工程已按合同要求完成施工，经自检合格，报请贵方复核。

　　附：□工序施工质量评定表

　　　　□工序施工质量检查、检测记录

　　　　□单元工程施工质量评定表

　　　　□单元工序施工质量检查、检测记录

　　　　　　　　　　　　　　　　　　承包人：（现场机构名称及盖章）

　　　　　　　　　　　　　　　　　　质检负责人：（签名）

　　　　　　　　　　　　　　　　　　日期：　　年　月　日

监理
机构
意见

复核结果：

　　□同意进入下一工序　　　　　　□不同意进入下一工序

　　□同意进入下一单元工程　　　　□不同意进入下一单元工程

附件：监理复核支持材料。

　　　　　　　　　　　　　　　　　　监理机构：（名称及盖章）

　　　　　　　　　　　　　　　　　　监理工程师：（签名）

　　　　　　　　　　　　　　　　　　日期：　　年　月　日

注　本表一式___份，由承包人填写，监理机构复核后，监理机构___份，返承包人___份。

附表 C.3-4　重要隐蔽单元工程（关键部位单元工程）质量等级签证表

单位工程名称		单元工程量	
分部工程名称		施工单位	
单元工程名称、部位		自评日期	年 月 日

施工单位 自评意见	1. 自评意见： 2. 自评质量等级： 终检人员：（签名）
监理单位 抽查意见	抽查意见： 监理工程师：（签名）
联合小组 核定意见	1. 核定意见： 2. 质量等级： 年　月　日
保留意见	（签名）
备查资料 清单	1. 地质编录　　　　　　　　　　　　　　　　　　　　　　　□ 2. 测量成果　　　　　　　　　　　　　　　　　　　　　　□ 3. 检测试验报告（岩芯试验、软基承载力试验、结构强度等）□ 4. 影像资料　　　　　　　　　　　　　　　　　　　　　　□ 5. 其他　　　　　　　　　　　　　　　　　　　　　　　　□

联合小组 成员		单位名称	职务、职称	签名
	项目法人			
	监理单位			
	设计单位			
	施工单位			
	运行管理			

注　重要隐蔽单元工程验收时，设计单位应同时派地质工程师参加。备查资料清单中凡涉及的项目应在"□"内打"√"，
　　　如有其他资料应在括号内注明资料的名称。

附表 C.3-5 施工质量缺陷处理方案报审表

（承包〔 〕缺方 号）

合同名称： 合同编号：

致（监理机构）： 　　我方今提交_____施工质量缺陷处理方案，请贵方审批。 　　附件：1._____施工质量缺陷处理方案 　　　　　2.······ 　　　　　　　　　　　　　承包人：（现场机构名称及盖章） 　　　　　　　　　　　　　项目经理：（签名） 　　　　　　　　　　　　　日期：　　年　月　日	
监理 机构 意见	 　　　　　　　　　　　监理机构：（名称及盖章） 　　　　　　　　　　　总监理工程师：（签名） 　　　　　　　　　　　日期：　　年　月　日
设代 机构 意见	 　　　　　　　　　　设代机构：（名称及盖章） 　　　　　　　　　　负责人：（签名） 　　　　　　　　　　日期：　　年　月　日
发包人 意见	 　　　　　　　　　　发包人：（名称及盖章） 　　　　　　　　　　负责人：（签名） 　　　　　　　　　　日期：　　年　月　日

注　1. 本表由承包人填写，应经监理机构批准，必要时应由设代机构和发包人确认。
　　2. 本表一式___份，发包人___份，设代机构___份，监理机构___份，承包人___份。

附表 C.3-6 施工质量缺陷处理措施计划报审表

（承包〔 〕缺陷 号）

合同名称： 合同编号：

致（监理机构）：

致（监理机构）：

　　我方今提交＿＿＿＿＿工程的施工质量缺陷处理措施计划报审表，请贵方审批。

　　附件：施工质量缺陷处理方案

承包人：（现场机构名称及盖章）

项目经理：（签名）

日期： 年 月 日

单位工程名称		分部工程名称	
单元工程名称		单元工程编码	
质量缺陷工程部位			
质量缺陷情况简要说明			
拟采用的施工质量缺陷处理措施计划简述			
缺陷处理时段		年 月 日至 年 月 日	

审批意见：

监理机构：（名称及盖章）

监理工程师：（签名）

日期： 年 月 日

注 本表一式＿＿份，由承包人填写，监理机构审批后，发包人＿＿份，监理机构＿＿份，承包人＿＿份。

附表 C.3-7 事 故 报 告 单

（承包〔 〕事故 号）

合同名称： 合同编号：

致（监理机构）：

　　　　　年＿＿月＿＿日＿＿时，在＿＿＿＿＿＿＿＿＿发生＿＿＿＿＿＿事故，现将事故发生情况报告如下：

1. 事故简述：

2. 已经采取的应急措施：

3. 初步处理意见：

　　　　　　　　　　　　　　　　　　　　　　承包人：（现场机构名称及盖章）

　　　　　　　　　　　　　　　　　　　　　　项目经理：（签名）

　　　　　　　　　　　　　　　　　　　　　　日期： 年 月 日

监理机构意见：

　　　　　　　　　　　　　　　　　　　　　　监理机构：（名称及盖章）

　　　　　　　　　　　　　　　　　　　　　　总监理工程师：（签名）

　　　　　　　　　　　　　　　　　　　　　　日期： 年 月 日

注 本表一式＿＿份，由承包人填写，监理机构签署意见后，发包人＿＿份，监理机构＿＿份，承包人＿＿份。

附表C.3-8 岩石（块）试验报告

检测单位				
工程名称			产地	
工程部位			代表数量	
委托单位			样品数量	
施工单位			委托日期	
试验条件	符合国家标准要求		试验日期	
样品状态	完好		报告日期	
执行标准	SL 352—2006、SL/T 204—81、SL 251—2000、SL 264—2001			
报告编号				

序号	取样编号	密度/（g/cm³）			吸水率/%		抗拉强度/MPa		抗压强度/MPa				冻融质量损失率/%	声波速度/（m/s）		弹性模量/MPa	变形模量/MPa
		天然	烘干	饱和	自然	饱和	烘干	饱和	天然	烘干	饱和	软化系数		纵波	横波		
1																	
2																	
…																	
备注																	

批准：

审核：

试验：

附表 C.3-9　水 泥 试 验 报 告

检测单位			水泥品种	普通硅酸盐水泥	
工程名称			强度等级	42.5	
工程部位			代表数量		
委托单位			样品数量		
施工单位			生产厂家		
试验条件	符合国家标准要求		委托日期		
样品状态	包装完好		试验日期		
报告日期			报告编号		
执行标准	SL 677—2014、DL/T 5144—2015、GB/T 208—2014、GB 175—2007/XG2—2015、GB/T 17671—2021、GB/T 2419—2005、GB/T 1345—2005、GB/T 134—2011、GB/T 8074—2008、JTG 3420—2020				

试验项目			标准规定	试验结果		
				单个数值（剔除时标注）		平均值
强度/MPa	3d	抗折	≥3.5			
		抗压	≥17.0			
	28d	抗折	≥6.5			
		抗压	≥42.5			
凝结时长	初　凝		不早于 45min			
	终　凝		不迟于 600 min			
安定性	试饼法		必须合格			
细度/%	80μm 筛筛余量/%		不得超过 10%			
	比表面积/(m²/kg)		≥300			
水泥快速测定	化学法		预测 28d 强度/MPa			
	湿热养护法		预测 28d 强度/MPa			
胶砂流动度/mm			不小于 180mm			
氯离子含量/%			≤0.06			
标准稠度/%						
水化热/(J/g)						
密度/(g/cm³)						
结论						
备注						

批准：　　　　　　　　审核：　　　　　　　　　　　　试验：

附表 C.3-10　砂　料　试　验　报　告

检测单位		材料产地	
工程名称		代表数量	
工程部位		样品数量	
委托单位		委托日期	
施工单位		试验日期	
试验条件	符合国家标准要求	报告日期	
样品状态	完好	报告编号	
执行标准		SL/T 352—2020、GB/T 14684—2011、SL 677—2014		

试验项目	要求指标	试验结果	试验项目	要求指标	试验结果
表观密度/（kg/m³）	≥2500		有机物含量	浅于标准色	
堆积密度/（kg/m³）	≥1400		云母含量/%		
软化物含量/%			轻物质含量/%		
含泥量/%	≤3.0		坚固性/%		
泥块含量/%	不允许		硫酸盐、硫化物含量/%		
含水量/%			碱活性		
吸水率/%			空隙率/%	≤44	0
氯离子含量/%					

颗　粒　级　配							
筛孔尺寸/mm	10.00	5.00	2.50	1.25	0.630	0.315	0.160
Ⅰ区	累计筛余/%						
Ⅱ区							
Ⅲ区							
试验结果	累计筛余/%						
	细度模数						
	级配区						

评语	被检砂样为××。能否应用于该工程中请依据设计标准进行判定
备注	

批准：　　　　　　　审核：　　　　　　　试验：

附表 C.3-11　石 料 试 验 报 告

检测单位		材料产地		
工程名称		代表数量		
工程部位		样品数量		
委托单位		委托日期		
施工单位		试验日期		
试验条件	符合国家标准要求	报告日期		
样品状态	完好	报告编号		
执行标准	SL/T 352—2020、GB/T 14685—2011、SL 677—2014			

试验项目	规范（设计）指标	试验结果	试验项目	规范（设计）指标	试验结果
表观密度/（kg/m³）	≥2600		有机物含量	浅于标准色	
堆积密度/（kg/m³）			坚固性		
紧密密度/（kg/m³）			岩石强度/（N/mm²）		
含水率/%			压碎指标值/%		
含泥量/%	<1.0		硫化物、硫酸盐含量/%		
泥块含量/%	不允许		碱活性		
针片状颗粒含量/%			孔隙率/%		
吸水率/%			软弱颗粒/%		

颗 粒 级 配											
筛孔尺寸/mm	2.36	4.75	9.50	16.0	19.0	26.5	31.5	37.5	53.0	63.0	75.0	90
标准颗粒级配范围累计筛余量/%											
实际累计筛余/%											
试验结果	符合级配要求										
评语											
备注											

批准：　　　　　　　　　　审核：　　　　　　　　　　　　试验：

附表 C.3-12 粉煤灰检测报告

第 1 页共 2 页

委托编号				
检测单位				
委托单位				
施工单位				
工程名称				
工程部位				
检测类型		样品状态特性描述		符合规范要求
样品数量	1kg	检测项目		常规
抽样日期		检测日期		
检测环境条件情况	温度 21℃/湿度 45%	检测地点		
检测试用主要仪器设备名称和型号	精密电子天平（YQ-46）			
	高温炉（YQ-43）			
	烘箱（YQ-28）			
检测技术依据	GB/T 1596—2017、GB/T 176—2017			
检验结论：检测数据见检测报告附页。				
备注				
签发日期				

粉煤灰检测报告附页

委托单位		委托编号	
工程名称		委托日期	
执行标准	GB/T 1596—2017、GB/T 176—2017	报告日期	

	分 析 项 目					
标准	等级	细度/%	需水量比/%	烧失量/%	SO₃/%	含水量/%	备注
	Ⅰ	≤12.0	≤95	≤5.0	≤3.0	≤1.0	
	Ⅱ	≤30.0	≤105	≤8.0	≤3.0	≤1.0	
	Ⅲ	≤45.0	≤115	≤10.0	≤3.0	≤1.0	
实测数据							
结论		该粉煤灰经检验为＿＿级灰					

批准：　　　　　　　　　审核：　　　　　　　　　试验：

注 本报告一式二份（其中一份存档），具有同等效力。

附表 C.3-13　钢筋机械性能试验报告

检测单位								生产厂家			
工程名称								代表数量			
委托单位								委托日期			
施工单位								报告日期			
使用部位								试验编号			

试验序号	表面形状	钢筋牌号	公称直径/mm	伸长率/%	屈服强度/MPa		抗拉强度/MPa		冷弯	相当强度等级牌号	备注
					标准	试验结果	标准	试验结果			
1											
2											
3											
…											

执行标准	GB/T 228.1—2010、GB/T 232—2010、GB 1499.2—2018

评语	合格，符合_____级。 被检钢筋经检验被检项目各项指标合格，此验收批合格

批准：　　　　　　　　　　审核：　　　　　　　　　　试验：

附表 C.3-14 钢筋机焊接性能试验报告

检测单位				生产厂家		
工程名称				代表数量		
工程部位				样品数量		
委托单位				委托日期		
施工单位				试验日期		
试验条件	符合国家标准要求			报告日期		
样品状态	完好			试验编号		
执行标准	GB/T 228.1—2010、GB/T 232—2010、GB 1499.2—2018					

试验序号	表面形状	钢筋级别	公称直径/mm	焊口尺寸/mm	抗拉强度/MPa		焊接类型	试件断裂状况	备注
					标准	试验结果			
1									
2									
3									
...									
评语	被检钢筋经检验被检项目各项指标合格								

批准：　　　　　　　　　　审核：　　　　　　　　　　试验：

附表 C.3-15　铜片止水机械性能试验报告

检测单位		生产厂家	
工程名称		铜片厚度	
工程部位		型号	
委托单位		委托日期	
施工单位		试验日期	
试验条件	符合国家标准	报告日期	
样品状态	完好	报告编号	
执行标准	GB/T 2059—2017、DL/T 5215—2005		

试验序号	标距/mm	单位伸长率/%	极限强度/MPa	焊接类型	试件断裂状况
1	100			母材	
2					
3					
…					
备注		以上数据为试验实测数据			

批准：　　　　　　　　审核：　　　　　　　　试验：

附表 C.3-16　橡胶止水带检测报告

委托单位				
工程名称				
施工单位				
产品名称与规格				
执行标准	《高分子防水材料 第 2 部分 止水带》（GB 18173.2—2014）			
检测类型				
序号	检 测 项 目		标准值	检测结果	单项结论
1	拉伸强度/MPa				
2	扯断伸长率/%				
3	密度/（g/cm³）				
4	硬度（邵尔 A）/度				
5	撕裂强度/（kN/m）				
6	空气热老化（70℃×168h）	硬度变化（邵尔 A）/度			
		拉伸强度/MPa			
		扯断伸长率/%			
7	脆性温度/℃				

检测结论：

报告日期：

批准：　　　　　　　　审核：　　　　　　　　　　　试验：

附表 C.3-17　泡沫塑料型混凝土填缝板检测报告

委托单位	
工程名称	
施工单位	
产品名称与规格	
检验依据	《土工合成材料应用技术规范》（ GB/T 50290—2014）

序号	检测项目	标准值	检测结果	单项结论
1	颜色	灰或黑		
2	表观密度/ (kg/m³)	100		
3	厚度/mm	20		
4	硬度（邵氏 A）/度	≥42		
5	压缩强度（50%应变)/kPa	≥360		
6	压缩永久变形（50%应变）/%	≤4		
7	吸水率（体积百分率，96h）/%	≤2		

检测结论：	报告日期：

批准：　　　　　　　　　审核：　　　　　　　　　试验：

注　本报告一式二份，其中一份存档，有同等效力。

附表 C.3-18　混凝土抗压强度报告

检测单位		委托单位			代表数量	
工程名称		施工单位			委托日期	
工程部位		样品状态		完好	报告日期	
试验条件	符合国家标准要求	执行标准		SL/T 352—2020	试验编号	

试件编号	部位	成型日期	试验日期	龄期/d	试件尺寸/cm	强度			备注
						设计等级值/MPa	实际龄期值/MPa	达到设计值的百分比/%	

备注	

批准：　　　　　　　审核：　　　　　　　　　试验：

附表 C.3-19 混凝土抗冻报告

检测单位		委托单位		代表数量	
工程名称		施工单位		委托日期	
工程部位		样品状态	完好	报告日期	
混凝土抗冻标号		试件尺寸	10cm×10cm×40cm	试验条件	符合国家标准要求
成型方式	机械	执行标准	SL/T 352—2020	试验编号	

冻融试验成果			
冻融次数	相对动弹性模量/%	质量损失率/%	备注
第 50 次			
第 100 次			
第 150 次			
第 200 次			
实验技术要求	1. 相对动弹性模量不小于初始值的 60%； 2. 质量损失率不大于 5%		
结论			

批准： 审核： 试验：

附表C.3-20 混凝土抗渗报告

检测单位		委托单位		
工程名称		工程部位		
施工单位		样品数量	6个	
样品状态	完好	委托日期		
试验条件	符合国家标准要求	试验日期		
报告日期		报告编号		

<table>
<tr><td colspan="5" align="center">渗 透 试 验</td></tr>
<tr><td>执行标准</td><td colspan="4" align="center">SL 352—2020、SL 677—2014</td></tr>
<tr><td>试验方式</td><td>逐级加压法</td><td>荷载强度/MPa</td><td colspan="2">0.7</td></tr>
<tr><td>加压开始时间</td><td>年 月 日</td><td>加压结束时间</td><td colspan="2">年 月 日</td></tr>
<tr><td colspan="5" align="center">试 验 结 果</td></tr>
<tr><td>试件编号</td><td>1</td><td>2</td><td colspan="2">3</td></tr>
<tr><td>试验结果</td><td></td><td></td><td colspan="2"></td></tr>
<tr><td>试件编号</td><td>4</td><td>5</td><td colspan="2">6</td></tr>
<tr><td>试验结果</td><td></td><td></td><td colspan="2"></td></tr>
<tr><td>结论</td><td colspan="4">送检混凝土抗渗等级达到_____级</td></tr>
</table>

批准：　　　　　　　　审核：　　　　　　　　试验：

附表 C.3-21 土方压实质量检测报告

检测单位					工程部位					
工程名称					设计指标					
委托单位					铺土厚度					
施工单位					压实工具					
工程标段					碾压遍数					
检测方法		灌水法			报告日期					
检测依据		GB/T 50123—2019			报告编号					
试验序号	检测日期	桩号	高程/m	距中线/m	土质描述	控制干密度/(g/cm^3)	含水率/%	干密度/(g/cm^3)	压实度/%	结论
1										
2										
3										
4										
…										

批准：　　　　　　　　　审核：　　　　　　　　　试验：

254

附表 C.3-22 孔隙率检测报告

检测单位			工程部位	
工程名称			设计指标	
委托单位			铺土厚度	
施工单位			压实工具	
工程标段			碾压遍数	
检测方法	灌水法		报告日期	
检测依据	GB/T 50123—2019		报告编号	

试验序号	检测日期	桩号	高程/m	距离中线/m	土质描述	控制干密度/(g/cm³)	含水率/%	干密度/(g/cm³)	孔隙率/%	结论
1										
2										
3										
4										
...										

批准：　　　　　　　　审核：　　　　　　　　　　试验：

附表 C.3-23　土工合成材料基本性能检验报告

试验编号：　　　　　　　　　　　　　　　　　　　　　　　　　　　　　　　　　　第 1 页共 2 页

检测单位			
样品名称	非织造布复合土工膜	产品规格及型号	
委托单位			
工程名称			
施工单位			
检验类型		样品状态 特性描述	
检测日期		检测项目	常规试验
检测环境条件情况	温度 19℃/湿度 59%	检测地点	土工试验室
检测使用主要仪器设备名称和型号	拉力试验机 YG-028		织物测厚仪 YG141
	土工膜耐静水压仪 TY-03		电子天平 EX-2000A
	马歇尔稳定仪 MAX-10		
检测技术依据	《土工合成材料　非织造布复合土工膜》（GB/T 17642—2008）		
检验结论：			
备注			
签发日期			

批准：　　　　　　　　　　审核：　　　　　　　　　　试验：

检 验 报 告 附 页

项目		标准值	试验结果	检测结论	检测方法依据
单位面积质量/（g/m²）		700			GB/T 13762—2009
膜厚（2kPa）/mm		≥0.3			GB/T 13761.1—2009
断裂强力/（kN/m）	经向	≥12.0			GB/T 15788—2017
	纬向				
断裂伸长率/%	经向	30～100			
	纬向				
撕裂强力/kN	经向	≥0.4			GB/T 13763—2010
	纬向				
CBR 顶破强力/kN		≥2.2			GB/T 14800—2010
耐静水压/MPa		≥0.6			GB/T 19979.1—2005

批准：   审核：   试验：

注 本报告一式二份，其中一份存档，具有同等效力。

附表 C.3-24　土工织物基本性能检验报告

试验编号：　　　　　　　　　　　　　　　　　　　　　　　　　　　　第 1 页共 2 页

检测单位				
样品名称	短纤针刺非织造土工布		产品规格及型号	
委托单位				
工程名称				
施工单位				
检验类型		检测日期		检测项目	常规试验
检验依据	《土工合成材料　短纤针刺非织造土工布》（GB/T 17638—2017）			
检验方法	《土工合成材料测试规程》（SL/T 235—2012）			
检测使用主要仪器设备名称和型号	拉力试验机 YG-028； 织物测厚仪 YG141； 土工布透水试验测定仪 YT020； 电子天平 EX-2000A； 马歇尔稳定仪 MAX-10			
检验结论				
备注				
签发日期				

批准：　　　　　　　　　　审核：　　　　　　　　　　试验：

检 验 报 告 附 页

试验编号：

项目		标准值	试验结果	检测结论	检测方法依据
单位面积质量/(g/m²)		400			GB/T 13762—2009
单位面积质量偏差/%		±5			
厚度偏差率/%		±10			GB/T 13761.1—2009
等效孔径（O_{90}）/mm		0.07 ~ 0.2			GB/T 14799—2005
断裂强力/(kN/m)	经向	≥15.0			GB/T 15788—2017
	纬向				
断裂伸长率/%	经向	20 ~ 100			
	纬向				
撕裂强力/kN	经向	≥0.4			GB/T 13763—2010
	纬向				
CBR 顶破强力/kN		≥2.2			GB/T 14800—2010
耐静水压/MPa		≥0.6			GB/T 19979.1—2005
垂直渗透系数/(cm/s)		≤1 × 10⁻¹⁰			GB/T 15789—2005

批准：   审核：   试验：

注 本报告一式 2 份，其中一份存档，具有同等效力。

附表 C.3–25　雷诺护垫性能检测报告

试验编号：

共 1 页

工程名称		
委托单位		
施工单位		
产品名称与规格	雷诺护垫	
参照执行标准	《水利堤（岸）坡防护工程 格宾与雷诺护垫施工技术规范》（DB23/T 1501—2013）	
检验类别		

		检 测 结 果		
序号	检 测 项 目	标准值（设计值）	检测结果	单项结论
1	边缘网丝直径/mm	3.4±0.06		
2	网格钢丝直径/mm	2.2±0.06		
3	绑扎网丝直径/mm	2.2±0.06		
4	网孔尺寸/mm×mm	60×80		
5	边缘网丝抗拉强度/（N/mm²）	350～500		
6	边丝网钢丝延伸率/%	≥8		
7	绑扎钢丝抗拉强度/（N/mm²）	350～500		
8	边丝网钢丝延伸率/%	≥8		
9	网格网丝抗拉强度/（N/mm²）	350～550		
10	网格网丝延伸率/%	≥8		
11	边缘网丝镀层重量（classA）/（g/m²）	≥265		
12	网格网丝镀层重量（classA）/（g/m²）	≥230		
13	绑扎网丝镀层重量（classA）/（g/m²）	≥230		
14	边缘网丝镀层中铝含量/%	≥5		
15	网格网丝镀层中铝含量/%	≥5		
16	绑扎网丝镀层中铝含量/%	≥5		

检测结论：	报告日期：

批准：　　　　　　　　审核：　　　　　　　　　　试验：

附表 C.3-26 格宾网箱性能检测报告

试验编号：共 1 页

工程名称	
委托单位	
施工单位	
产品名称与规格	雷诺护垫
参照执行标准	《水利堤（岸）坡防护工程 格宾与雷诺护垫施工技术规范》 （DB23/T 1501—2013）
检验类别	

		检 测 结 果		
序号	检 测 项 目	标准值（设计值）	检测结果	单项结论
1	边缘网丝直径/mm	3.4±0.06		
2	网格钢丝直径/mm	2.7±0.06		
3	绑扎网丝直径/mm	2.2±0.06		
4	网孔尺寸/mm×mm	100×120		
5	边缘网丝抗拉强度/（N/mm²）	350～500		
6	边丝网钢丝延伸率/%	≥8		
7	绑扎钢丝抗拉强度/（N/mm²）	350～500		
8	边丝网钢丝延伸率/%	≥8		
9	网格网丝抗拉强度/（N/mm²）	350～550		
10	网格网丝延伸率/%	≥8		
11	边缘网丝镀层重量（classA）/（g/m²）	≥265		
12	网格网丝镀层重量（classA）/（g/m²）	≥245		
13	绑扎网丝镀层重量（classA）/（g/m²）	≥230		
14	边缘网丝镀层中铝含量/%	≥5		
15	网格网丝镀层中铝含量/%	≥5		
16	绑扎网丝镀层中铝含量/%	≥5		

检测结论：	报告日期：

批准：审核：试验：

附表 C.3-27 金属结构涂层厚度检测报告

检测单位		构件名称	
工程名称		委托单位	
生产厂家		试验编号	
执行标准	《水工金属结构防腐蚀规范》（SL 105—2007）		
测点编号	设计值/μm	实测平均值/μm	评定
1			
2			
3			
4			
5			
6			
7			
8			
9			
...			
结论			

批准： 审核： 试验：

附表 C.3-28　聚苯乙烯泡沫板（EPS）基本性能检验报告

试验编号：　　　　　　　　　　　　　　　　　　　　　　　　　　　　　　　共 1 页

产品名称与规格	聚苯乙烯泡沫塑料板
委托单位	
工程名称	
施工单位	
检验类型	
检验依据	《绝热用模塑聚苯乙烯泡沫塑料（EPS）》（GB/T 10801.1—2021）； 《水工建筑物抗冰冻设计规范》（SL 211—2006）； 《水利水电工程土工合成材料应用技术规范》（SL/T 225—98）

<table>
<tr><td colspan="4" align="center">检　测　结　果</td></tr>
<tr><td align="center">项目</td><td align="center">性能指标</td><td align="center">实测结果</td><td align="center">结论</td></tr>
<tr><td>表观密度/（kg/m³）</td><td>≥20</td><td></td><td></td></tr>
<tr><td>压缩强度（10%相对变形）/kPa</td><td>≥100</td><td></td><td></td></tr>
<tr><td>导热系数/[W/（m·K）]</td><td>≤0.041</td><td></td><td></td></tr>
<tr><td>尺寸稳定性 （70℃，48h）/%</td><td>≤4</td><td></td><td></td></tr>
<tr><td>吸水率（体积百分数）/%</td><td>≤4</td><td></td><td></td></tr>
<tr><td colspan="2">检测结论：</td><td colspan="2">报告日期：</td></tr>
</table>

批准：　　　　　　　　　审核：　　　　　　　　　　试验：

注　本报告一式二份，其中一份存档，具有同等效力。

附表 C.3-29 电 缆 检 测 报 告

检测单位		检测地点	
工程名称		试验条件	
委托单位		代表数量	
制造单位		试验日期	
安装单位		报告日期	
执行标准	《电气装置安装工程　电气设备交接试验标准》（GB 50150—2016）； 《额定电压 1kV(U_m=1.2kV)到 35kV(U_m=40.5kV)挤包绝缘电力电缆及附件 第 2 部分：额定电压 6kV(U_m=7.2kV)和 30kV(U_m=36kV)电缆》（GB/T 12706.2—2008）； 《额定电压 10kV 架空绝缘电缆》（GB/T 14049—2008）	试验编号	
型号规格		电缆规格	
额定电压		出厂日期	

试验项目	质量标准	实测记录	评定
标志	应有制造厂名、产品型号（额定电压）的连续标志，印字应完整、清晰、耐擦 10 次		
绝缘厚度/mm	0.9 ~ 1.1		
护套厚度/mm	1.8		
20℃时导体电阻/（Ω/km）	≤1.15		
绝缘电阻常数（20℃）/MΩ	≥50		
耐压试验	5min 3.5kV 耐压试验不会被击穿		
结论			

批准：　　　　　　　　　审核：　　　　　　　　　试验：

附表 C.3-30　平面钢闸门无水升降调试记录

工程名称			工程部位	
施工单位			调试日期	年　月　日
项　目			检　验　记　录	
升降时门叶前、后倾斜情况				
升降时门叶水平情况				
闸门处于工作部位时	主轮（胶木滑道）与主轨接触情况			
	反轮（滑块）与反轨接触情况			
	橡胶止水密封情况			
冲水阀密封及动作情况				
锁定工作情况				
抓梁	穿退销（挂脱钩）动作情况			
	油缸密封情况			
启闭机中心与门槽中心偏移情况				
制动工作情况				
连锁装置工作情况				

调试结论：

建设单位	监理单位	设计单位	施工单位	运行管理单位

265

附表 C.3-31　平面钢闸门静水、动水升降调试记录

工程名称			工程部位	
施工单位			调试日期	年　　月　　日

项　目		检　验　记　录
充水阀	灵活性	
	开度	
	充水时间	
	震动情况	
	止水效果	
启门时间		
闭门时间		
漏水量		
电压或电流值		
启闭时闸门运行情况		
启闭机行程开关动作情况		

调试结论：

建设单位	监理单位	设计单位	施工单位	运行管理单位

附表 C.3-32　弧形闸门升降调试记录

工程名称			工程部位	
施工单位			调试日期	年　月　日
项　目			检　验　记　录	
全行程间		启门		
		闭门		
启闭时闸门运行情况				
开度指示与闸门位置关系		开度指示		
		闸门位置		
油压或电流值		启门时		
		闭门时		
止水橡胶压缩情况				
制动情况				
漏水量				
连锁装置动作情况				
调试结论：				
建设单位	监理单位	设计单位	施工单位	运行管理单位

附表 C.3-33 发电机组定子电气试验报告

编号：

单位工程		电 站	分项工程	电气安装	安装位置	
铭牌	型号	SF4000-18/2840	额定容量	4706kVA/4000kW	额定功率因数	0.85（滞后）
	额定电压	10.5kV	额定功率	50Hz	额定转速	333.3r/min
	额定电流	258.8A	允许最高温度	120℃	飞轮力矩	≥48t·m²
	绝缘等级	F	连接方式	星形连接，中性点不接地	出厂日期	

定子绕组绝缘电阻及吸收比	日期：			温度：		湿度：	
	合格标准	1. 用 2500V 兆欧表，在环境温度为 10～40℃时测量，在温度 t（℃）时定子每相绝缘电阻值 R_t 应不低于 $10.1 \times 1.6^{(100-t)/10}$（MΩ）。 2. 在 40℃ 以下时，环氧粉云母绝缘的绝缘电阻吸收比 $R_{60}/R_{15} \geq 1.6$ 或极化指数不小于 2.0					
	相序	绝缘电阻/MΩ			吸收比	极化指数
		R_{15s}	R_{60s}	R_{10min}	$R_{60s/15s}$	$R_{10min/60s}$
	A-BC（地）					
	B-AC（地）					
	C-AB（地）					

定子绕组直流耐压及泄漏电流试验	日期：			温度：		湿度：	
	合格标准	1. 试验电压为 3.0 倍额定线电压值； 2. 泄漏电流不随时间延长而增大； 3. 在规定的试验电压下，各项泄漏电流的差别不应大于最小值的 50%					
	相 序	泄漏电流/μA					
		$0.5U_n$（5.25kV）	$1.0U_n$（10.5kV）	$1.5U_n$（15.75kV）	$2.0U_n$（21kV）	$2.5U_n$（26.25kV）	$3.0U_n$（31.5kV）
	A-BC（地）						
	B-AC（地）						
	C-AB（地）						

定子绕组交流耐压试验	日期：	温度：		湿度：		
	合格标准	1. 定子绕组的交流耐压试验电压应为出厂试验电压的 0.8 倍。 2. 整机起晕电压应不小于 1.0 倍额定电压。 3. 耐压时间：1min（无闪烁和放电现象）				
	相　序	试验电压/kV	试验时间/s	起晕电压/kV	电容电流/A	试验结果
	A 相					
	B 相					
	C 相					

定子绕组直流电阻试验	日期：		温度：		湿度：		
	合格标准	1. 各相、各分支的直流电阻，校正由于引线长度不同而引起的误差后，相互间差别不必大于最小值的 2%； 2. 换算至发电机出厂试验同温度下的电阻误差不小于 2%					
	测试温度/℃	直流电阻/mΩ					误差/%
		A 相上	A 相下	B 相上	B 相下	C 相上	C 相下	

定子铁芯磁化试验	合格标准	磁感应强度按 1T 折算，持续时间为 90min： 1. 铁芯最高温升不得超过 25K；相互间最大温差，不得超过 15K。 2. 铁芯与机座的温差应符合制造厂规定。 3. 单位铁损应符合制造厂规定。 4. 定子铁芯无异常情况。 备注：制造厂叠片的定子，有出厂试验记录者，可以不做
	试验结果分析	

结论	

施工单位：	监理单位：
试验人员：	
记录人：	复核人：
年　　月　　日	年　　月　　日

注　本表中数据以鹤岗市关门嘴子水库为例。

附表 C.3-34　发电机组转子电气设备试验报告

编号：

单位工程	电站	分项工程	电气安装	安装位置	
铭牌	型号		转速		接线方式	
	功率		频率		绝缘等级	
	额定励磁电压	112V	额定励磁电流	301A	制造厂家	
	相数		产品编号		出厂日期	

转子绕组绝缘电阻	日期：		温度：	湿度：		
	合格标准	使用 1000V 兆欧表，绝缘电阻值不小于 0.5MΩ				
	测试阻值					

转子单个磁极直流电阻	日期：			温度：	湿度：	
	合格标准		相互比较，其差别一般不超过 2%			
	磁极号	直流电阻/mΩ	磁极号	直流电阻/mΩ	磁极号	直流电阻/mΩ
	1		7		13	
	2		8		14	
	3		9		15	
	4		10		16	
	5		11		17	
	6		12		18	

转子绕组直流电阻	合格标准	测得值与产品出厂计算数值换算至同温度下的数值比较无异常	
	磁极接头直流电阻值/mΩ		结论

续表

转子单个磁极交流阻抗	日期：　　　　　　　温度：　　　　湿度：			
	合格标准	相互比较不应有显著差别		
	磁极号	电压/V	电流/A	功率/W	阻抗/Ω
	1				
	2				
	3				
	4				
	5				
	6				
	7				
	8				
	9				
	...				
	试验结果分析：			
转子绕组交流耐压	日期：　　　　　　　温度：　　　　湿度：			
	合格标准	试验电压为额定励磁电压的 8 倍，且不低于 1200V，耐压 1min，无异常现象		
	试验结果分析			

结论		备注	
施工单位：　　　　　试验人员：　　　　　记录人：		监理单位：　　　　　复核人：	
	年　月　日		年　月　日

附表 C.3-35 配电装置试验报告（励磁变压器）

编号：

单位工程		电站	分项工程	电气安装	安装位置	
铭牌	产品名称	励磁变压器	型 号		相 数	
	额定容量		额定电压		连接方式	
	绝缘等级		阻 抗		出厂日期	

1号励磁变压器绝缘电阻及吸收比	日期：	温度： 湿度：		
	合格标准	绝缘电阻值不应低于产品出厂试验值的70%或不低于10000MΩ（20℃）		
	高压侧—低压侧及地	（应填写测试量程及阻值）		
	低压侧—高压侧及地	（应填写测试量程及阻值）		
	励磁电缆	（应填写测试量程及阻值）		

2号励磁变压器绝缘电阻及吸收比	日期：	温度： 湿度：		
	合格标准	绝缘电阻值不应低于产品出厂试验值的70%或不低于10000MΩ（20℃）		
	高压侧—低压侧及地	（应填写测试量程及阻值）		
	低压侧—高压侧及地	（应填写测试量程及阻值）		
	励磁电缆	（应填写测试量程及阻值）		

励磁变压器交流耐压试验	日期：	温度： 湿度：		
	合格标准	1. 励磁变压器绕组的交流耐压试验电压应为28kV，应符合《电气装置安装工程电气设备交接试验标准》（GB 50150—2016）规程要求。2. 耐压时间：1min（无闪烙和放电现象）		
	高压侧—低压侧及地	试验电压/kV	试验时间/s	试验结果
	1号励磁变压器	28	60	
	2号励磁变压器	28	60	

励磁变压器绕组直流电阻	日期：	温度： 湿度：		
	合格标准	1. 各相绕组相互间的差别不应大于4%；2. 无中性点引出的绕组，线间各绕组相互差别不应大于2%		
	1号励磁变压器	高压绕组直流电阻/mΩ		
		AO	BO	CO
		低压绕组直流电阻/mΩ		
		ab	bc	ca

续表

励磁变压器绕组直流电阻	2 号励磁变压器	高压绕组直流电阻/mΩ		
		AO	BO	CO
		低压绕组直流电阻/mΩ		
		ab	bc	ca

励磁变压器铁芯及夹件绝缘电阻	合格标准	采用 2500V 兆欧表测量，持续时间应为 1min，应无闪络及击穿现象
	1 号励磁变压器	测量铁芯及对地绝缘电阻、夹件对地绝缘电阻、铁芯对夹件绝缘电阻阻值
	2 号励磁变压器	测量铁芯及对地绝缘电阻、夹件对地绝缘电阻、铁芯对夹件绝缘电阻阻值

励磁变压器分接开关电压比测量	合格标准	1. 所有分接的电压比应符合电压比的规律。 2. 与制造厂铭牌数据相比，应符合下列规定： （1）电压等级在 35kV 以下，电压比小于 3 的变压器电压比允许偏差应为±1%； （2）其他所有变压器额定分接下电压比允许偏差不应超过±0.5%； （3）其他分接的电压比应在变压器阻抗电压值（%）的 1/10 以内，且允许偏差应为±1%

极性检查	合格标准	检查变压器的三相接线组别和单相变压器引出线的极性，应符合下列规定： 1. 变压器的三相接线组别和单相变压器引出线的极性应符合设计要求。 2. 变压器的三相接线组别和单相变压器引出线的极性应与铭牌上的标记和外壳上的符号相符

励磁变压器冲击合闸试验	合格标准	1. 在额定电压下对变压器的冲击合闸试验，应进行 5 次，每次间隔时间宜为 5min，应无异常现象。 2. 冲击合闸宜在变压器高压侧进行，对中性点接地的电力系统试验时变压器中性点应接地。 3. 发电机变压器组中间连接元操作断点的变压器，可不进行冲击合闸试验。 4. 无电流差动保护的干式变可冲击 3 次
	1 号励磁变压器	
	2 号励磁变压器	

励磁变压器相位检查	合格标准	应与电网相位一致
	1 号励磁变压器	
	2 号励磁变压器	

结论		备注	
施工单位： 试验人员： 记录人： 年　月　日		监理单位： 复核人： 年　月　日	

附表 C.3-36　配电装置试验报告（厂用变压器）

编号：

单位工程		电站	分项工程	电气安装	安装位置	
铭牌	产品名称	厂用变压器	型　号		相　数	
	额定容量		额定电压		连接方式	
	绝缘等级		阻　抗		出厂日期	
1号厂用变压器绝缘电阻及吸收比/MΩ	日期：　　　　　　　　　　温度：　　　湿度：					
	合格标准		绝缘电阻值不应低于产品出厂试验值的70%			
	高压侧—低压侧及地		（应填写测试量程及阻值）			
	低压侧—高压侧及地		（应填写测试量程及阻值）			
2号厂用变压器绝缘电阻及吸收比/MΩ	日期：　　　　　　　　　　温度：　　　湿度：					
	合格标准		绝缘电阻值不应低于产品出厂试验值的70%			
	高压侧—低压侧及地		（应填写测试量程及阻值）			
	低压侧—高压侧及地		（应填写测试量程及阻值）			
厂用变压器交流耐压试验	日期：　　　　　　　　　　温度：　　　湿度：					
	合格标准	1. 厂用变压器绕组的交流耐压试验电压应为 28kV，应符合《电气装置安装工程电气设备交接试验标准》（GB 50150—2016）规程要求。 2. 耐压时间：1min（无闪烙和放电现象）				
	高压侧—低压侧及地	试验电压/kV		试验时间/s	试验结果	
	1号厂用变压器	28		60		
	2号厂用变压器	28		60		
厂用变压器绕组直流电阻	日期：　　　　　　　　　　温度：　　　湿度：					
	合格标准	1. 各相绕组相互间的差别不应大于4%。 2. 无中性点引出的绕组，线间各绕组相互差别不应大于2%。 3. 同温下产品出厂实测值比较，相应变化不大于2%。 4. 由于变压器结构等原因，差值超过第1项时，可只按第2项比较，并说明原因				
	1号厂用变压器	高压绕组直流电阻/mΩ				
		AO		BO	CO	
		低压绕组直流电阻/mΩ				
		ab		bc	ca	

续表

		高压绕组直流电阻/mΩ		
2号厂用变压器		AO	BO	CO
		低压绕组直流电阻/mΩ		
		ab	bc	ca
厂用变压器铁芯及夹件绝缘电阻	合格标准	采用2500V兆欧表测量，持续时间应为1min，应无闪络及击穿现象		
	1号厂用变压器	测量铁芯及对地绝缘电阻、夹件对地绝缘电阻、铁芯对夹件绝缘电阻阻值		
	2号厂用变压器	测量铁芯及对地绝缘电阻、夹件对地绝缘电阻、铁芯对夹件绝缘电阻阻值		
厂用变压器分接开关电压比测量	合格标准	1. 所有分接的电压比应符合电压比的规律。 2. 与制造厂铭牌数据相比，应符合下列规定： （1）电压等级在35kV以下，电压比小于3的变压器电压比允许偏差应为±1%； （2）其他所有变压器额定分接下电压比允许偏差不应超过±0.5%； （3）其他分接的电压比应在变压器阻抗电压值（%）的1/10以内，且允许偏差应为±1%		
极性检查	合格标准	检查变压器的三相接线组别和单相变压器引出线的极性，应符合下列规定： 1. 变压器的三相接线组别和单相变压器引出线的极性应符合设计要求。 2. 变压器的三相接线组别和单相变压器引出线的极性应与铭牌上的标记和外壳上的符号相符		
厂用变压器冲击合闸试验	合格标准	1. 在额定电压下对变压器的冲击合闸试验，应进行5次，每次间隔时间宜为5min，应无异常现象。 2. 冲击合闸宜在变压器高压侧进行，对中性点接地的电力系统试验时变压器中性点应接地。 3. 发电机变压器组中间连接无操作断点的变压器，可不进行冲击合闸试验。 4. 无电流差动保护的干式变可冲击3次		
	1号厂用变压器			
	2号厂用变压器			
厂用变压器相位检查	合格标准	应与电网相位一致		
	1号厂用变压器			
	2号厂用变压器			

结论		备注	
施工单位： 试验人员： 记录人： 　　　　年　月　日		监理单位： 复核人： 　　　　年　月　日	

附表 C.3-37　配电装置试验报告（电流互感器）

编号：

单位工程		电站	分项工程	电气安装	安装位置	例：机组出口
铭牌	产品名称	电流互感器	型　号		变　比	
	功　率		额定电流		额定电压	
	绝缘水平				出厂日期	
绝缘电阻/MΩ	日期：　　　　　　　　温度：　　　湿度：					
	合格标准	1. 应测量一次绕组对二次绕组及外壳、各二次绕组间及其对外壳的绝缘电阻，阻值不宜低于1000MΩ。 2. 测量电流互感器一次绕组段间的绝缘电阻，绝缘电阻值不宜低于1000MΩ，由于结构原因无法测量时可不测量。 3. 应采用2500V兆欧表测量				
	测量时机	A 相		B 相		C 相
	耐压前					
	耐压后					
交流耐压试验	日期：　　　　　　　　温度：　　　湿度：					
	合格标准	1. 应按出厂试验电压的80%进行，并应在高压侧监视施加电压。 2. 二次绕组间及其对箱体(接地)的工频耐压试验电压应为2kV，可用2500V兆欧表测量绝缘电阻试验替代				
	相别	试验电压/kV		试验时间/s		试验结果
	A 相			60		
	B 相			60		
	C 相			60		
局部放电测量	合格标准	1. 局部放电测量宜与交流耐压试验同时进行。 2. 局部放电测量时，应在高压侧（包括电磁式电压互感器感应电压）监测施加的一次电压				
	试验记录	测量电压/kV			允许的视在放电量水平/pC	
		$1.2U_m/\sqrt{3}$			50	
		U_m			100	
	结论：					

续表

单位工程	电站	分项工程	电气安装	安装位置	例：机组出口

	日期：　　　　　　　　　　温度：　　　　湿度：				
绕组直流电阻/mΩ	合格标准	同型号、同规格、同批次电流互感器一次、二次绕组的直流电阻和平均值的差异不宜大于 10%			
	试验记录				
励磁特性曲线	要求及标准	1. 当继电保护对电流互感器的励磁特性有要求时，应进行励磁特性曲线测量。 2. 当电流互感器为多抽头时，应测量当前拟定使用的抽头或最大变比的抽头，测量后应核对是否符合产品技术条件要求。 3. 当励磁特性测量时施加的电压高于绕组允许值(电压峰值为 4.5kV)，应降低试验电源频率			
	试验记录				

	要求及标准	1. 用于关口计量的互感器应进行误差测量。 2. 用于非关口计量的互感器，应检查互感器变化，并应于制造厂铭牌值相符，对多抽头的互感器，可只检查使用分接的变化			

误差及变比测量

检测结果	编号	一次电流/A	1S1-1S2		2S1-2S2	
			电流/A	误差/%	电流/A	误差/%

结论		备注	

施工单位：	监理单位：
试验人员：	
记录人：	复核人：
年　月　日	年　月　日

附表 C.3-38 配电装置试验报告（电压互感器）

编号

单位工程		电站	分项工程	电气安装	安装位置	例：机组出口
铭牌	产品名称	电压互感器	型号		功率	
	额定电压		电压比		连接方式	
	绝缘等级				出厂日期	

绝缘电阻/MΩ	日期： 温度： 湿度：			
	合格标准	1. 应测量一次绕组对二次绕组及外壳、各二次绕组间及其对外壳的绝缘电阻，阻值不宜小于 1000MΩ。 2. 测量电压互感器接地端（N）对外壳（地）的绝缘电阻，阻值不宜小于 1000MΩ。 3. 应采用 2500V 兆欧表测量		
	试验项目	A 相	B 相	C 相
	耐压前			
	耐压后			

交流耐压试验	日期： 温度： 湿度：			
	合格标准	1. 应按出厂试验电压的 80%进行，并应在高压侧监视施加电压。 2. 二次绕组间及其对箱体(接地)的工频耐压、接地端（N）对地的工频耐压试验电压应为 2kV，可用 2500V 兆欧表测量绝缘电阻试验替代		
	相别	试验电压/kV	试验时间/s	试验结果
	A 相			
	B 相			
	C 相			

空载电流试验	合格标准	1. 在额定电压下，空载电流与出厂数值比较无明显差别。 2. 与同批次、同型号的电磁式电压互感器相比，彼此差异不大于 30%					
	测量时机	A 相		B 相		C 相	
		an（电压）	dadn（电压）	an（电压）	Dadn（电压）	an（电压）	dadn（电压）
	耐压前						
	耐压后						

续表

单位工程		电站	分项工程	电气安装	安装位置	例：机组出口
绕组直流电阻 /mΩ	日期：		温度：		湿度：	
	合格标准	1. 一次绕组直流电阻测量值，与换算到同一温度下的出厂值比较，相差不宜大于10%。 2. 二次绕组直流电阻测量值，与换算到同一温度下的出厂值比较，相差不宜大于15%				
	试验记录	A 相		B 相		C 相
励磁特性曲线（电磁式）	要求及标准	1. 用于励磁曲线测量的仪表应为方均根值表，当发生测量结果与出厂试验报告和型式试验报告相差大于30%时，应核对使用的仪表种类是否正确。 2. 励磁曲线测量点应包括额定电压的20%、50%、80%、100%和120%。 3. 对于中性点直接接地的电压互感器，最高测量点应为150%。 4. 对于中性点非直接接地系统，半绝缘结构电磁式电压互感器最高测量点应为190%，全绝缘结构电磁式电压互感器最高测量点应为120%				
	试验记录	（制作数据表格）				
误差及变比测量	要求及标准	1. 用于关口计量的互感器应进行误差测量。 2. 用于非关口计量的互感器，应检查互感器变比，并应与制造厂铭牌值相符；对多抽头的互感器，可只检查使用分接的变比				
	检测结果					
高压熔断器直流电阻测量	合格标准	测量高压限流熔丝管熔丝的直流电阻值，与同型号产品相比不应有明显差别				
	试验记录	A 相		B 相		C 相

结论		备注	

施工单位：	监理单位：
试验人员：	
记录人：	复核人：
年 月 日	年 月 日

附表 C.3-39 配电装置试验报告（真空断路器）

编号：

单位工程	电站	分项工程	电气安装	安装位置	例：1T 主变压器出线侧开关柜
铭牌	产品名称	真空断路器	型　号	VBG-12F/1250-40	额定功率	
	额定电流		额定电压		出厂日期	

绝缘电阻 /MΩ	日期：　　　　　　　　温度：　　　　湿度：			
	合格标准	整体绝缘电阻值测量，应符合制造厂规定		
	试验项目	A 相	B 相	C 相
	耐压前　断口间			
	整体对地			
	耐压后　断口间			
	整体对地			

回路电阻测试/MΩ	合格标准	1. 测量应采用电流不小于 100A 的直流压降法。 2. 测试结果应符合产品技术条件的规定	
	A 相	B 相	C 相

交流耐压试验	日期：　　　　　　　　温度：　　　　湿度：		
	合格标准	1. 应在断路器合闸及分闸状态下进行交流耐压试验，时间 1min。 2. 当在合闸状态下进行时，真空断路器的交流耐受电压应符合 GB 50150—2016 的规定。 3. 当在分闸状态下进行交流耐压试验时，真空灭弧室断口间的试验电压应按产品技术条件的规定，当产品技术文件没有特殊规定时，真空断路器的交流耐受电压应符合 GB 50150—2016 的规定	

根据 GB 50150—2016，表 11.0.4 规定，本产品真空断路器的交流耐受电压如下：

额定电压 /kV	1min 工频耐受电压有效值/kV			
	相对地	相间	断路器断口	隔离断口
12	42/30	42/30	42/30	48/36

注：斜线下的数值为中性点接地系统使用的数值，亦为湿试时的数值。

合闸	相别	试验电压/kV	试验时间/s	试验结果
	A 相	42	60	
	B 相	42	60	
	C 相	42	60	

续表

单位工程	电站	分项工程	电气安装	安装位置	例:1T 主变压器出线侧开关柜		
交流耐压试验	分闸	相别	试验电压/kV	试验时间/s	试验结果		
		A 相	42	60			
		B 相	42	60			
		C 相	42	60			
分合闸试验	合格标准	1. 合闸过程中触头接触后的弹跳时间不应大于 2ms。 2. 测量应在断路器额定操作电压条件下进行。 3. 实测数值应符合产品技术条件的规定					
		试验项目	A 相	B 相	C 相	不同期	
		分闸时间（一）					
		合闸时间（一）					
		分闸时间（二）					
		合闸时间（二）					
		分闸时间（三）					
		合闸时间（三）					
		合闸时触头 弹跳时间					
分、合闸线圈及合闸接触器线圈的绝缘电阻和直流电阻	日期：		温度：		湿度：		
	合格标准	1. 绝缘电阻值不应低于 10MΩ。 2. 直流电阻值与产品出场试验值相比应无明显差别					
	试验记录	试验项目		绝缘电阻/MΩ		直流电阻/mΩ	
		分闸线圈					
		合闸线圈					
		合闸接触器线圈					

结论		备注	
施工单位： 试验人员： 记录人： 年　月　日		监理单位： 复核人： 年　月　日	

附表 C.3-40　配电装置试验报告（负荷开关）

编号：

<table>
<tr><td>单位工程</td><td colspan="2">电站</td><td>分项工程</td><td colspan="2">电气安装</td><td>安装位置</td><td></td></tr>
<tr><td rowspan="2">铭牌</td><td>产品名称</td><td colspan="2">负荷开关</td><td>型号</td><td></td><td>生产厂家</td><td></td></tr>
<tr><td>额定电流</td><td colspan="2"></td><td>额定电压</td><td></td><td>出厂日期</td><td></td></tr>
<tr><td rowspan="6">绝缘电阻
/MΩ</td><td colspan="7">日期：　　　　　　　　　温度：　　　　　湿度：</td></tr>
<tr><td rowspan="2">合格标准</td><td colspan="6">1. 应测量负荷开关的有机材料传动杆的绝缘电阻。
2. 负荷开关的有机料传动杆的绝缘电阻应不低于1200MΩ</td></tr>
<tr><td colspan="2">额定电压/kV</td><td colspan="2">3.6～12</td><td colspan="2">24～40.5</td></tr>
<tr><td colspan="2" rowspan="2"></td><td colspan="2">绝缘电阻/MΩ</td><td colspan="2">1200</td><td colspan="2">3000</td></tr>
<tr><td>试验项目</td><td colspan="2">A 相</td><td colspan="2">B 相</td><td>C 相</td></tr>
<tr><td>耐压前</td><td colspan="2"></td><td colspan="2"></td><td></td></tr>
</table>

<table>
<tr><td rowspan="4">回路电阻试验/Ω</td><td>耐压后</td><td colspan="2"></td><td colspan="2"></td><td></td></tr>
<tr><td>合格标准</td><td colspan="5">1. 宜采用电流不小于 100A 的直流压降法。
2. 测试结果不应超过产品技术条件规定</td></tr>
<tr><td>A 相</td><td colspan="2">B 相</td><td colspan="3">C 相</td></tr>
<tr><td></td><td colspan="2"></td><td colspan="3"></td></tr>
</table>

<table>
<tr><td rowspan="5">交流耐压试验</td><td colspan="6">日期：　　　　　　　　　温度：　　　　　湿度：</td></tr>
<tr><td rowspan="3">合格标准</td><td colspan="5">三相同一箱体的负荷开关，应按相间及相对地进行耐压试验，还应按产品技术条件规定进行每个断口的交流耐压试验。试验电压应符合如下规定：</td></tr>
<tr><td rowspan="2">额定电压
/kV</td><td colspan="4">1min 工频耐受电压有效值/kV</td></tr>
<tr><td>相对地</td><td>相间</td><td>断路器断口</td><td>隔离断口</td></tr>
<tr><td>12</td><td>42/30</td><td>42/30</td><td>42/30</td><td>48/36</td></tr>
</table>

<table>
<tr><td rowspan="4">交流耐压试验</td><td>相别</td><td>试验电压/kV</td><td>试验时间/s</td><td>试验结果</td></tr>
<tr><td>A 相</td><td></td><td></td><td></td></tr>
<tr><td>B 相</td><td></td><td></td><td></td></tr>
<tr><td>C 相</td><td></td><td></td><td></td></tr>
</table>

续表

单位工程		电站	分项工程	电气安装	安装位置	
操动机构线圈最低动作电压	合格标准	应符合制造厂的规定				
	试验记录					
高压熔断器直流电阻测量/mΩ	合格标准	测量高压限流熔丝管熔丝的直流电阻值，与同型号产品相比不应有明显差别				
	试验记录	A 相		B 相		C 相

操作机构试验	合格标准	1. 动力式操动机构的分、合闸操作，当其电压或气压在下列范围时，应保证隔离开关的主闸刀或接地闸刀可靠地分闸和合闸： （1）电动机操动机构：当电动机接线端子的电压在其额定电压的80%～110%范围内时； （2）压缩空气操动机构：当气压在其额定气压带的85%～110%范围内时； （3）二次控制线圈和电磁闭锁装置：当其线圈接线端子的电压在其额定电压的80%～110%范围内时。 2. 隔离开关的机械或电气闭锁装置应准确可靠。 3. 具有可调电源时，可进行高于或低于额定电压的操动试验
	试验记录	

结论		备注	

施工单位：

试验人员：

记录人：

监理单位：

复核人：

年　月　日　　　　　年　月　日

附表 C.3-41 配电装置试验报告（隔离开关）

编号：

<table>
<tr><td colspan="2">单位工程</td><td>电站</td><td>分项工程</td><td>电气安装</td><td>安装位置</td><td></td></tr>
<tr><td rowspan="2">铭牌</td><td>产品名称</td><td>隔离开关</td><td>型号</td><td></td><td>生产厂家</td><td></td></tr>
<tr><td>额定电流</td><td></td><td>额定电压</td><td></td><td>出厂日期</td><td></td></tr>
</table>

<table>
<tr><td rowspan="5">绝缘电阻
/MΩ</td><td colspan="4">日期： 温度： 湿度：</td></tr>
<tr><td>合格标准</td><td colspan="3">1. 应测量隔离开关的有机材料传动杆的绝缘电阻。
2. 隔离开关的有机材料传动杆的绝缘电阻值，在常温下不应低于如下规定。<table><tr><td>额定电压/kV</td><td>3.6 ~ 12</td><td>24 ~ 40.5</td></tr><tr><td>绝缘电阻/MΩ</td><td>1200</td><td>3000</td></tr></table></td></tr>
<tr><td>试验项目</td><td>A 相</td><td>B 相</td><td>C 相</td></tr>
<tr><td>耐压前</td><td></td><td></td><td></td></tr>
<tr><td>耐压后</td><td></td><td></td><td></td></tr>
<tr><td rowspan="2">交流耐压试验</td><td colspan="4">日期： 温度： 湿度：</td></tr>
<tr><td>合格标准</td><td colspan="3">35kV 及以下电压等级的隔离开关应进行交流耐压试验，可在母线安装完毕后一起进行，试验电压应符合下表规定：<table><tr><td rowspan="2">额定电压
/kV</td><td colspan="4">1min 工频耐受电压有效值/kV</td></tr><tr><td>电压互感器</td><td>电流互感器</td><td>穿墙套管</td><td>支持绝缘子</td></tr><tr><td>10</td><td>24/33</td><td>24/33</td><td>26/36</td><td>湿 24/干 34</td></tr><tr><td>15</td><td>32/44</td><td>32/44</td><td>34/47</td><td>湿 32/干 46</td></tr></table>注：斜线下的数值为该类设备的外绝缘干耐受电压。</td></tr>
<tr><td rowspan="4">交流耐压试验</td><td>相别</td><td>试验电压/kV</td><td>试验时间/s</td><td>试验结果</td></tr>
<tr><td>A 相</td><td></td><td></td><td></td></tr>
<tr><td>B 相</td><td></td><td></td><td></td></tr>
<tr><td>C 相</td><td></td><td></td><td></td></tr>
<tr><td rowspan="2">操动机构线圈
最低动作电压</td><td>合格标准</td><td colspan="3">应符合制造厂的规定</td></tr>
<tr><td>试验记录</td><td colspan="3"></td></tr>
<tr><td rowspan="3">高压熔断器
直流电阻测量</td><td>合格标准</td><td colspan="3">测量高压限流熔丝管熔丝的直流电阻值，与同型号产品相比不应有明显差别</td></tr>
<tr><td rowspan="2">试验记录</td><td>A 相</td><td>B 相</td><td>C 相</td></tr>
<tr><td></td><td></td><td></td></tr>
</table>

操作机构试验	合格标准	1. 动力式操动机构的分、合闸操作，当其电压或气压在下列范围时，应保证隔离开关的主闸刀或接地闸刀可靠地分闸和合闸： （1）电动机操动机构：当电动机接线端子的电压在其额定电压的 80%～110% 范围内时； （2）压缩空气操动机构：当气压在其额定气压的 85%～110% 范围内时； （3）二次控制线圈和电磁闭锁装置：当其线圈接线端子的电压在其额定电压的 80%～110% 范围内时。 2. 隔离开关的机械或电气闭锁装置应准确可靠。 3. 具有可调电源时，可进行高于或低于额定电压的操动试验
	试验记录	

结论		备注	

施工单位：

试验人员：

记录人：

监理单位：

复核人：

年　月　日

年　月　日

附表 C.3-42　配电装置试验报告（氧化锌避雷器）

编号：

单位工程		电站	分项工程	电气安装	安装位置	例：10kV 输电线路
铭牌	产品名称	氧化锌避雷器	型号	YH5WS-17/50	生产厂家	
	额定电压				出厂日期	

绝缘电阻 /MΩ	日期：　　　　　　　　　温度：　　　　　　湿度：			
	合格标准	1. 电压等级 1kV 以上用 2500V 兆欧表，绝缘电阻值不低于 1000MΩ。 2. 电压等级 1kV 及以下用 500V 兆欧表测量，绝缘电阻值不低于 2MΩ。 3. 基座绝缘电阻值不低于 5MΩ		
	耐压前			
	耐压后			

工频耐压试验	日期：　　　　　　　　　温度：　　　　　　湿度：			
	合格标准	1. 金属氧化物避雷器对应于工频参考电流下的工频参考电压，整支或分节进行的测试值，应符合现行国家标准《交流无间隙金属氧化物避雷器》（GB 11032）或产品技术条件的规定。 2. 测量金属氧化物避雷器在避雷器持续运行电压下的持续电流，其阻性电流和全电流值应符合产品技术条件的规定		
	类型	试验电压/kV	试验时间/s	试验结果

放电计数器动作试验	合格标准	1.使用雷击计数器测试器进行测试。 2.检查放电计数器的动作应可靠，避雷器监视电流表指示应良好
	试验记录	

直流参考电压和 0.75 倍直流参考电压下的泄漏电流试验	合格标准	1. 金属氧化物避雷器对应于直流参考电流下的直流参考电压，整支或分节进行的测试值，不应低于现行国家标准《交流无间隙金属氧化物避雷器》（GB 11032）规定值，并应符合产品技术条件的规定。实测值与制造厂实测值比较，其允许偏差应为 ± 5%。 2. 0.75 倍直流参考电压下的泄漏电流值不应大于 50μA，或符合产品技术条件的规定。750kV 电压等级的金属氧化物避雷器应测试 1mA 和 3mA 下的直流参考电压值，测试值应符合产品技术条件的规定；0.75 倍直流参考电压下的泄漏电流值不应大于 65μA，尚应符合产品技术条件的规定。 3. 试验时若整流回路中的波纹系数大于 1.5%时，应加装滤波电容器，可为 0.01 ~ 0.1μF，试验电压应在高压侧测量
	试验记录	

工频放电电压试验	合格标准	1. 应符合产品技术条件的规定。 2. 放电后应快速切除电源，切断电源时间不应大于 0.5s，过流保护动作电流应控制在 0.2 ~ 0.7A

结论		备注	
施工单位： 试验人员： 记录人： 　　　　　　　　　　年　月　日			监理单位： 复核人： 　　　　　　　　　年　月　日

附表 C.3-43 配电装置试验报告（电力电路电缆）

编号：

<table>
<tr><td>单位工程</td><td>电站</td><td>分项工程</td><td>电气安装</td><td>安装位置</td><td></td></tr>
<tr><td rowspan="2">铭牌</td><td>产品名称</td><td>电力电路电缆</td><td>型号</td><td></td><td>生产厂家</td><td></td></tr>
<tr><td>额定电压</td><td></td><td>芯数</td><td></td><td>出厂日期</td><td></td></tr>
</table>

<table>
<tr><td rowspan="6">绝缘电阻
/MΩ</td><td colspan="4">日期：　　　　　温度：　　　　　湿度：</td></tr>
<tr><td>合格标准</td><td colspan="3">1. 耐压试验前、后，绝缘电阻测量应无明显变化。
2. 橡塑电缆外护套、内衬层的绝缘电阻不应低于 0.5MΩ/km。
3. 测量绝缘电阻用兆欧表的额定电压等级，应符合下列规定：
（1）电缆绝缘测量宜采用 2500V 兆欧表，6/6kV 及以上电缆也可用 5000V 兆欧表；
（2）橡塑电缆外护套、内衬层的测量宜采用 500V 兆欧表</td></tr>
<tr><td>试验项目</td><td>A 相</td><td>B 相</td><td>C 相</td></tr>
<tr><td>耐压前</td><td></td><td></td><td></td></tr>
<tr><td>耐压后</td><td></td><td></td><td></td></tr>
</table>

<table>
<tr><td rowspan="5">交流耐压试验</td><td colspan="4">日期：　　　　　温度：　　　　　湿度：</td></tr>
<tr><td rowspan="2">合格标准</td><td colspan="3">1. 橡塑电缆应优先采用 20～300Hz 交流耐压试验，试验电压和时间应符合如下规定：</td></tr>
<tr><td colspan="3">

额定电压 U_0/U	试验电压	时间/min
18/30kV 及以下	$2U_0$	15（或 60）

2. 不具备上述试验条件和有特殊规定时，可采用施加正常系统对地电压 24h 方法代替交流耐压</td></tr>
<tr><td>类型</td><td>试验电压/kV</td><td>试验时间/s</td><td>试验结果</td></tr>
<tr><td></td><td></td><td></td><td></td></tr>
</table>

<table>
<tr><td rowspan="2">线路两端相位</td><td>合格标准</td><td>应与电网的相位一致</td></tr>
<tr><td>试验记录</td><td></td></tr>
</table>

<table>
<tr><td>结论</td><td></td><td>备注</td><td></td></tr>
</table>

施工单位：

试验人员：

记录人：

　　　　　　　　　年　月　日

监理单位：

复核人：

　　　　　　　　　年　月　日

附表 C.3-44　配电装置试验报告（低压电器）

编号：

单位工程		电站	分项工程	电气安装	安装位置	例：××低压配电柜
铭牌	产品名称	低压电器	型号		生产厂家	
	额定电压				出厂日期	

绝缘电阻 /MΩ	日期：		温度：		湿度：	
	合格标准	1. 馈电线路大于 0.5MΩ。 2. 二次回路绝缘电阻值不小于 1MΩ，比较潮湿的地方不于 0.5MΩ				
	耐压前					
	耐压后					

交流耐压试验	日期：		温度：		湿度：	
	合格标准	1. 当回路绝缘电阻值大于 10MΩ 时，用 2500V 兆欧表摇测 1min；无闪络击穿现象；当回路绝缘电阻值在 1～10MΩ 时，做 1000V 交流耐压试验；时间 1min，无闪络击穿现象。 2. 回路中的电子元件不应参加交流耐压试验，48V 及以下电压等级配电装置不做交流耐压试验				
	类型	试验电压/V		试验时间/s		试验结果

电压线圈动作值校验	合格标准	线圈吸合电压不大于额定电压的 85%，释放电压不小于额定电压的 5%；短时工作的合闸线圈应在额定电压的85%～110%范围内,分励线圈应在额定电压的75%～110%范围内均能可靠工作
	试验记录	

相位	合格标准	检查配电装置内不同电源的馈线间或馈线两侧的相位一致。
	试验记录	

直流电阻试验/mΩ	合格标准	测量电阻器和变阻器的直流电阻值，其差值分别符合产品技术条件的规定，电阻值应满足回路使用的要求
	试验记录	

结论		备注	
施工单位：		监理单位：	
试验人员：			
记录人：		复核人：	
	年　月　日		年　月　日

附表 C.3-45　配电装置试验报告（直流系统）

编号：

单位工程		电站	分项工程	电气安装	安装位置	
铭牌	产品名称	直流系统	型　号		生产厂家	
	额定电压				出厂日期	
蓄电池 绝缘电阻 /MΩ		日期：		温度：	湿度：	
		合格标准	1. 电压为 220V 的蓄电池组不小于 0.2MΩ。 2. 电压为 110V 的蓄电池组不小于 0.1MΩ。 3. 电压为 48V 的蓄电池不小于 0.05MΩ			
		试验记录	（　　）绘制测试表格（　　）			
阀控蓄电池组 容量试验		合格标准	阀控蓄电池组容量试验的恒流限压充电电流和恒流放电电流均为 I_{10}，额定电压为 2V 的蓄电池，放电终止电压为 1.8V；额定电压为 6V 的组合式电池，放电终止电压为 5.25V；额定电压为 12V 的组合蓄电池，放电终止电压为 10.5V。只要其中一个蓄电池放到了终止电压，应停止放电。在 3 次充放电循环之内，若达不到额定容量值的 100%，此组蓄电池不合格			
		试验记录				
不间断电源装置（UPS）	绝缘电阻 /MΩ	合格标准	1. UPS 额定电压不大于 60V，绝缘电阻值大于 2MΩ。 2. UPS 额定电压大于 60V，绝缘电阻值大于 10MΩ。 3. 隔离变压器绝缘电阻值不小于 10MΩ			
		试验记录				
	启动试验	合格标准	1. 按步骤操作时启动正常。 2. 在无交流输入情况下，依靠蓄电池能正常启动			
		试验记录				
	切换试验	合格标准	符合产品技术文件要求			
		试验记录				
	保护及 告警	合格标准	符合设计文件及产品技术文件要求			
		试验记录				
	带载试验	合格标准	正常带载、蓄电池带载均正常			
		试验记录				
	通信	合格标准	正常			
		试验记录				
	接地	合格标准	良好			
		试验记录				
	试运行	合格标准	72h 试运行正常；检查表计、显示器指示正常，控制特性符合设计文件及产品技术文件要求，装置工作正常			
		试验记录				
	面板显示	合格标准	显示正常			
		试验记录				
逆变电源装置（INV）	绝缘电阻 /MΩ	合格标准	1. UPS 额定电压不大于 60V，绝缘电阻值大于 2MΩ。 2. UPS 额定电压大于 60V，绝缘电阻值大于 10MΩ。 3. 隔离变绝缘电阻值不小于 10MΩ			
		试验记录				
	启动试验	合格标准	1. 按步骤操作时启动正常。 2. 在无交流输入情况下，依靠蓄电池能正常启动			
		试验记录				

逆变电源装置（INV）	切换试验	合格标准	符合产品技术文件要求
		试验记录	
	保护及告警	合格标准	符合设计文件及产品技术文件要求
		试验记录	
	带载试验	合格标准	正常带载、蓄电池带载均正常
		试验记录	
	通信	合格标准	正常
		试验记录	
	接地	合格标准	良好
		试验记录	
	试运行	合格标准	72h试运行正常；检查表计、显示器指示正常，控制特性符合设计文件及产品技术文件要求，装置工作正常
		试验记录	
	面板显示	合格标准	显示正常
		试验记录	
高频开关充电装置	耐压及绝缘	合格标准	1. 耐压时无闪络、击穿。 2. 母线及各支路绝缘电阻值不小于10MΩ
		试验记录	
	启动试验	合格标准	启动正常，符合产品技术文件要求
		试验记录	
	绝缘监察及保护、告警	合格标准	1. 当直流系统发生接地故障或绝缘水平下降到产品技术要求设定值时，绝缘监察装置可靠动作。 2. 当直流母线高压高于产品技术要求的上限设定值或者低于下限设定值时，电压监察装置可靠动作。 3. 发生故障时，监察装置可靠发出告警信号
		试验记录	
	充电转换试验	合格标准	符合产品技术文件要求
		试验记录	
	通信	合格标准	正常
		试验记录	
	接地	合格标准	良好
		试验记录	
	试运行	合格标准	72h试运行正常；检查表计、显示器指示正常，装置工作正常
		试验记录	
	面板显示	合格标准	显示正常
		试验记录	

结论		备注	
施工单位： 试验人员： 记录人： 　　　　　　　年　月　日		监理单位： 复核人： 　　　　　　　年　月　日	

附表 C.3-46 附属设备电机试验报告（消防水泵电机）

编号：

<table>
<tr><td>单位工程</td><td>电站</td><td>分项工程</td><td>电气安装</td><td>安装位置</td><td></td></tr>
<tr><td rowspan="4">铭牌</td><td>产品名称</td><td>消防水泵电机</td><td>型号</td><td></td><td>生产厂家</td><td></td></tr>
<tr><td>额定电压</td><td></td><td>额定电流</td><td></td><td>额定功率</td><td></td></tr>
<tr><td>连接方式</td><td></td><td>相数</td><td></td><td>出厂日期</td><td></td></tr>
<tr><td rowspan="4">绝缘电阻
/MΩ</td><td colspan="5">日期：　　　　　　　　温度：　　　湿度：</td></tr>
<tr><td>合格标准</td><td colspan="4">1. 额定电压为 1000V 以下，常温下绝缘电阻值不应低于 0.5MΩ；额定电压为 1000V 以上，折算至运行温度时的绝缘电阻值，定子绝缘绕组不应低于 1MΩ/kV，转子绕组不应低于 0.5MΩ/kV。
2. 1000V 以上的电动机应测量吸收比，吸收比不应低于 1.2，中性点可拆开的应分相测量</td></tr>
<tr><td>试验项目</td><td colspan="2">A 相</td><td>B 相</td><td>C 相</td></tr>
<tr><td>测试阻值</td><td colspan="2"></td><td></td><td></td></tr>
<tr><td rowspan="3">直流电阻测量</td><td>合格标准</td><td colspan="4">1. 1000V 以上或容量 100kW 以上的电动机各相绕组直流电阻值相互差别不应超过其最小值的 2%。
2. 中性点未引出的电动机可测量线间直流电阻，其相互差别不应超过其最小值的 1%。
3. 特殊结构的电动机各相绕组直流电阻值与出厂试验值差别不应超过 2%</td></tr>
<tr><td>测量相间</td><td colspan="2">U1-V1</td><td>U1-W1</td><td>V1-W1</td></tr>
<tr><td>测试阻值</td><td colspan="2"></td><td></td><td></td></tr>
<tr><td rowspan="2">可变电阻器、启动电阻器、灭磁电阻器的绝缘电阻</td><td>合格标准</td><td colspan="4">当与回路一起测量时，绝缘电阻不应低于 0.5MΩ</td></tr>
<tr><td>试验记录</td><td colspan="4"></td></tr>
<tr><td rowspan="2">检查定子绕组极性及其连接的正确性</td><td>合格标准</td><td colspan="4">1. 定子绕组的极性及其连接应正确。
2. 中性点未引出者可不检查极性</td></tr>
<tr><td>检查结果</td><td colspan="4"></td></tr>
<tr><td rowspan="2">空载转动检查和空载电流测量</td><td>合格标准</td><td colspan="4">1. 电动机空载转动的运行时间应为 2h。
2. 应记录电动机空载转动时的空载电流。
3. 当电动机与其机械部分的连接不易拆开时，可连在一起进行空载转动检查试验</td></tr>
<tr><td>试验记录</td><td colspan="4"></td></tr>
<tr><td>结论</td><td colspan="2"></td><td>备注</td><td colspan="2"></td></tr>
<tr><td colspan="3">施工单位：

试验人员：

记录人：

　　　　　　　　　　年　月　日</td><td colspan="3">监理单位：

复核人：

　　　　　　　　　　年　月　日</td></tr>
</table>

附表 C.3-47　计算机监控系统试验报告（上位机设备）

编号：

单位工程		电站	分项工程	电气安装	安装位置	
铭牌	产品名称	上位机设备	型号		生产厂家	
	额定电压				出厂日期	
模拟量数据采集与处理功能测试	日期：　　　　　　　　　　　　温度：　　　　　湿度：					
	合格标准	模拟量显示、登录及越限、复限记录正确，其越限、复限报警值，登录及人机接口显示内容符合产品技术文件要求				
	试验记录					
数字量数据采集与处理功能测试	日期：　　　　　　　　　　　　温度：　　　　　湿度：					
	合格标准	数字量数据采集与处理功能正确，符合产品技术文件要求				
	试验记录					
计算量数据采集与处理功能测试	合格标准	计算量数据采集与处理功能正确，符合产品技术文件要求				
	试验记录					
数据输出通道测试	合格标准	1. 数字量输出通道测试正确，并与实际设置一致。 2. 模拟量输出通道测试正确，模拟量输出精度符合产品技术文件要求				
	试验记录					
控制功能测试	合格标准	各种控制功能符合产品技术文件要求，且最终的控制流程及设置的有关参数与现场设备要求一致				
	试验记录					
功率调节功能	合格标准	1. 有功功率调节品质满足运行要求，并应在不同水头时重复该试验，以确定多种水头下对应的最佳有功功率调节参数。 2. 无功功率调节品质应满足运行要求				
	试验记录					
系统时钟及不同现地控制单元（LCU）之间的事件分辨率测试	合格标准	1. 系统各人机接口设备时钟与全厂卫星对时系统时钟一致。 2. 不同现地控制单元（LCU）之间的事件分辨率符合产品技术文件要求				
	试验记录					
实时性能指标检查及测试	合格标准	1. 模拟量输入信号突变到画面上数据显示改变时间测试（在模拟量输入信号突变条件下进行）符合产品技术文件要求。 2. 数字量输入变位到画面上图块或数据显示改变或发出报警信息音响的时间测试符合产品技术文件要求。 3. 控制命令发出到画面响应时间符合产品技术文件要求；命令发出到现地控制单元（LCU）开始执行控制输出时间符合产品技术文件要求。 4. 人机接口响应时间测试符合产品技术文件要求。 5. 双机切换时间符合产品技术文件要求，切换过程中不应出错或出现死机				
	试验记录					

自动发电控制 （AGC）功能 测试	合格标准	1. "厂站"方式下 AGC 功能测试符合产品技术文件要求。 2. "调度"方式下 AGC 功能测试符合产品技术文件要求。 3. 人机接口功能测试符合产品技术文件要求。 4. 各种控制方式下 AGC 运算结果正确。 5. AGC 的各种约束条件测试符合产品技术文件要求。 6. AGC 的各种保护功能测试符合产品技术文件要求
	试验记录	
自动电压控制 （AVC）功能 测试	合格标准	1. "厂站"方式下 AVC 功能测试符合产品技术文件要求。 2. "调度"方式下 AVC 功能测试符合产品技术文件要求。 3. 人机接口功能测试符合产品技术文件要求。 4. 各种控制方式下 AVC 运算结果正确。 5. AVC 的各种约束条件测试符合产品技术文件要求。 6. AVC 的各种保护功能测试符合产品技术文件要求
	试验记录	
外部通信功能 测试	合格标准	与各级调度及其他外部系统和设备（如水情、厂内信息管理系统及保护、自动装置、智能仪表等）的通信功能进行测试，符合产品技术文件要求。对具有冗余配置的通道，通道切换正常
	试验记录	
其他功能	合格标准	电厂设备运行管理及指导功能、数据处理功能、合同中规定的其他功能。其测试结果符合产品技术文件要求和合同要求
	试验记录	

结论		备注	

施工单位：

试验人员：

记录人：

　　　　　　　　　　　年　　月　　日

监理单位：

复核人：

　　　　　　　　　　　年　　月　　日

附表 C.3-48 配电装置试验报告（主变压器）

编号：

单位工程		电站	分项工程	电气安装	安装位置	升压站
铭牌	产品名称	主变压器	型号		相数	
	额定容量		额定电压		连接方式	
	绝缘等级		阻抗		出厂日期	

1号主变压器绝缘电阻及吸收比/MΩ	日期：　　　　　　　　温度：　　　　湿度：			
	合格标准	换算至同一温度比较，绝缘电阻值应不低于产品出厂试验值的70%		
	高压侧—低压侧及地	（应填写测试量程及阻值）		
	低压侧—高压侧及地	（应填写测试量程及阻值）		

2号主变压器绝缘电阻及吸收比/MΩ	日期：　　　　　　　　温度：　　　　湿度：			
	合格标准	绝缘电阻值不应低于产品出厂试验值的70%		
	高压侧—低压侧及地	（应填写测试量程及阻值）		
	低压侧—高压侧及地	（应填写测试量程及阻值）		

主变压器交流耐压试验	日期：　　　　　　　　温度：　　　　湿度：			
	合格标准	1. 主变压器绕组的交流耐压试验电压应为28kV，应符合 GB 50150—2016 的要求。 2. 耐压时间：1min（无闪烙和放电现象）		
	高压侧—低压侧及地	试验电压/kV	试验时间/s	试验结果
	1号主变压器	28	60	
	2号主变压器	28	60	

主变压器绕组连同套管直流电阻/mΩ	日期：　　　　　　　　温度：　　　　湿度：			
	合格标准	1. 各相测值相互差值应小于平均值的2%；线间测值相互差值应小于平均值的1%。 2. 同温下产品出厂实测值比较，相应变化不大于2%。 3. 由于变压器结构等原因，差值超过第1项时，可只按第2项比较，并说明原因		
	1号主变压器	高压绕组直流电阻		
		AO	BO	CO
		低压绕组直流电阻		
		ab	bc	ca
	2号主变压器	高压绕组直流电阻		
		AO	BO	CO
		低压绕组直流电阻		
		ab	bc	ca

续表

主变压器相位检查	合格标准	应与电网相位一致	
	1号主变压器		
	2号主变压器		
主变压器铁芯及夹件绝缘电阻	合格标准	采用2500V兆欧表测量，持续时间应为1min，应无闪络及击穿现象	
	1号主变压器	测量铁芯及对地绝缘电阻、夹件对地绝缘电阻、铁芯对夹件绝缘电阻阻值	
	2号主变压器	测量铁芯及对地绝缘电阻、夹件对地绝缘电阻、铁芯对夹件绝缘电阻阻值	
主变压器分接开关电压比测量	合格标准	1. 所有分接的电压比应符合电压比的规律。 2.与制造厂铭牌数据相比，应符合下列规定： （1）电压等级在35kV以下，电压比小于3的变压器电压比允许偏差应为±1%； （2）其他所有变压器额定分接下电压比允许偏差不应超过±0.5%； （3）其他分接的电压比应在变压器阻抗电压值（%）的1/10以内，且允许偏差应为±1%	
极性检查	合格标准	检查变压器的三相接线组别和单相变压器引出线的极性，应符合下列规定： 1. 变压器的三相接线组别和单相变压器引出线的极性应符合设计要求。 2. 变压器的三相接线组别和单相变压器引出线的极性应与铭牌上的标记和外壳上的符号相符	
主变压器冲击合闸试验	合格标准	1. 在额定电压下对变压器的冲击合闸试验，应进行5次，每次间隔时间宜为5min，应无异常现象。 2. 冲击合闸宜在变压器高压侧进行，对中性点接地的电力系统试验时变压器中性点应接地。 3. 发电机变压器组中间连接无操作断开点的变压器，可不进行冲击合闸试验。 4. 无电流差动保护的干式变压器可冲击3次	
	1号主变压器		
	2号主变压器		
主变压器绝缘油试验	合格标准	应符合GB 50150—2016的规定或产品技术文件要求	
	1号主变压器	（应提供绝缘油测试报告）	
	2号主变压器	（应提供绝缘油测试报告）	
主变压器绕组变形试验	合格标准	1. 对于35kV及以下电压等级的变压器，宜采用低电压短路阻抗法。 2. 将测量数据作为原始指纹型参数保存	
	1号主变压器	（记录数据并绘制表格）	
	2号主变压器	（记录数据并绘制表格）	
三相变压器的接线组别和单相变压器引出线极性	合格标准	与设计要求及铭牌标记和外壳符号相符	
	1号主变压器	记录数据	
	2号主变压器	记录数据	

结论		备注	
施工单位： 试验人员： 记录人： 年 月 日		监理单位： 复核人： 年 月 日	

附表 C.3-49　水轮发电机组启动试验

编号：

单位工程		分项工程		安装位置	
铭牌	产品名称		型号		相数	
	额定容量		额定电压			
	绝缘等级				出厂日期	

机组充水试验标准	1. 充水试验前，再次检查确认充水流道内应清洁无杂物，并封闭进人门。 2. 根据技术文件要求分阶段向尾水输水系统、尾水调压室、引水输水系统充水，监视、检查各部位变化情况，应无异常现象。 3. 向机组尾水管充水，充水过程及平压后检查各部位，正常后再在静水下进行尾水工作闸门启闭试验，试验完成将尾水工作门提起锁锭。 4. 向蜗壳、配水环管充水，充水过程及平压后检查各部位，应无渗漏和其他异常现象。 5. 在静水下进行进水口检修闸门、工作闸门或蝴蝶阀、球阀、筒形阀的手动、自动启闭试验，启闭时间应符合技术文件要求。 6. 检查和调试机组蜗壳及尾水取水系统，其工作应正常。进行机组技术供水系统调整试验，各部水压、流量、信号指示正常

机组空载试验标准 / 机组机械运行检查

1. 机组首次启动时应手动开机；启动升速过程中，监视各部位，应无异常现象；升速应按 25%、50%、75%、100%分阶段进行，观察各部运行情况，无异常后继续分阶段升至额定值。
2. 测量并记录上、下游水位及在该水头下机组的空载开度。
3. 观察轴承油面是否处于正常位置，观察油槽有无甩油。监视各部位轴承温度，不应有急剧升高现象。运行至轴瓦温度稳定，其稳定温度应不大于设备技术要求规定值，各部油槽油温不大于 50℃。
4. 测量机组运行摆度（双幅值），其值应不大于 70%的轴承安装（冷态）总间隙。
5. 测量机组振动，各部位振动允许值不大于下表的要求，如果机组的振动超过下表的要求，应进行动平衡试验。

水轮发电机组各部位的振动允许值

机组型式		项目	额定转速下的振动允许值/mm
立式机组	水轮机	顶盖水平通频振动值	0.05
		顶盖垂直通频振动值	0.06
	水轮发电机	带推力轴承支架的垂直通频振动值	0.05
		带导轴承支架的水平振动值（转频值）	0.07
		定子铁芯部位机座水平振动值（转频值）	0.03
		定子铁芯振动值（100Hz 极频双幅值）	0.03

注　1. 振动值系指机组在除过速运行以外的各种稳态运行工况下的双振幅值。
　　2. 额定转速为：$n=250 \sim 375r/min$。

6. 测量发电机残压及相序，相序应正确。

机组空载试验标准	调速器调整、试验	1. 机组能在手动控制方式下空转稳定运行,接力器 30min 内位置漂移不超过-0.2%～0.2%条件下,机组转速摆动值不超过±0.20%。 2. 调速器应进行手动、自动切换试验,接力器应无明显的摆动,切换过程的摆动值应不超过接力器全行程的±2%。 3. 调速器空转扰动试验,机组空转工况自动运行,施加不小于额定频率±4%阶跃扰动信号,录制机组转速、调节时间等的暂态过程的动态调节性能应符合《水轮机电液调节系统及装置技术规程》(DL/T 563—2016)的规定。 4. 当手动空转转速摆动相对值符合第 1 条内容时,机组自动工况任意 3min 内转速摆动相对值应符合《水轮机电液调节系统及装置技术规程》(DL/T 563—2016)的规定。 5. 调速器故障模拟和控制切换试验,检查故障保护和容错功能、切换功能和接力器位移变化。 6. 记录油压装置油泵向压力油罐输油的时间及工作周期,进行油泵工作电源切换试验,切换应平稳、可靠。 7. 调速器自动运行时,记录导叶接力器、轮叶接力器、喷针接力器活塞摆动值及摆动周期
	停机过程及停机后应检项目	1. 手动投入制动,录制停机转速和时间关系曲线。 2. 检查测速装置接点的动作情况。 3. 监视各部轴承温度情况,机组各部在停机过程应无异常现象。 4. 停机后检查机组各部位,应无异常现象
	机组动平衡试验	1. 动平衡试验应以装有导轴承的发电机上机架或下机架的水平振动双幅值为计算和评判的依据,宜采用专门的振动分析装置和相应的计算机软件。 2. 当发电机转子长径比小于 1/3 时,可只做单面动平衡试验,当长径比大于 1/3 时,应进行双面动平衡试验。 3. 动平衡试验宜采用"三次试重法",最终配重块应在转子中心体上固定、焊接牢固
	机组过速试验	应按技术文件要求的过速保护装置整定值进行试验,并检查下列各项: 1. 测量各部位运行摆度及振动值。 2. 测量过速过程中发电机空气间隙变化值(具有在线监测空气间隙系统的机组),绘制发电机空气间隙变化过程曲线。 3. 监视并记录各部位轴承温度。 4. 油槽无甩油情况。 5. 监视电气与机械过速保护装置的动作情况,验证过速保护装置按设计整定值动作的正确性。 6. 过速试验后对机组内部进行全面检查
	机组自动启动应检项目	1. 机组开机程序和自动化元件的动作应正确,技术供水等辅助设备的投入应正常。 2. 录制自发出开机脉冲至机组升至额定转速时,转速和时间的关系曲线;机组启动开始至转速(频率)达到同期转速带(99.5%n_r～101%n_r,n_r为机组额定转速)所经历的时间,应不大于机组启动开始至转速到达 80%n_r的升速时间的 5 倍。 3. 推力轴承高压油顶起装置的动作应正确,油压应正常。 4. 测速装置的转速触电动作值应正确。 5. 调速器系统的自动工作应正常
	机组自动停机应检项目	1. 检查自动停机程序应正确。 2. 录制自发出停机脉冲至机组转速降至零时,转速和时间的关系曲线。 3. 当机组转速降至高压油顶起装置启动转速时,高压油顶起装置应能自动投入。 4. 当机组转速降至规定制动转速时,测速装置投制动接点动作应正常,检查机组制动情况和制动停机时间。 5. 停机过程中,调速器及各自动化元件的动作应正常

机组空载试验标准	发电机稳态短路升流试验	1. 分阶段对发电机逐级升流，检查电流二次回路不应开路，各继电保护电流回路的极性和相位正确，电气测量仪表接线及指示应正确。 2. 录制发电机短路特性曲线，定子最大电流值应至 1.1 倍发电机额定电流或设备技术要求允许最大连续运行的电流；每隔 10% 额定电流下记录定子电流与转子电流。 3. 在发电机额定电流下，跳开磁场断路器，其灭磁情况应正常。录取发电机灭磁示波图，并求取时间常数。 4. 根据试验结果校核发电机设计短路特性曲线。 5. 在发电机升流过程中，进行发电机差动保护、发电机过流保护等动作试验，保护动作逻辑和动作出口应符合技术文件要求
	发电机空载升压试验	1. 分阶段升压至额定电压、发电机及发电机电压设备带电情况应正常。 2. 电压互感器二次回路的电压、相序及仪表指示应正常。继电保护装置工作应正常。 3. 在 50% 及 100% 额定电压下，跳开磁场断路器，其灭磁情况应正常。录取发电机在额定电压下的灭磁示波图，并求取时间常数。 4. 在额定电压下测量发电机轴电压。 5. 机组运行摆度、振动值应符合机组机械运行检查项目的第 4 条、第 5 条内容，及水轮发电机组各部位振动允许值表的规定。 6. 监测记录发电机运行空间间隙值。 7. 在发电机升压过程中，进行发电机单相接地保护、发电机过电压保护等动作模拟试验，保护动作逻辑和动作出口应符合技术文件要求
	空载特性	在额定转速下，录制发电机空载特性，当发电机的励磁电流升至额定值时，测量发电机定子最高电压。对有匝间绝缘的电机，最高电压下持续时间为 5min。进行此项试验时，定子电压应不超过 1.3 倍额定电压。根据试验结果校核发电机设计空载特性曲线
	同步电抗非饱和值和短路比	根据发电机的空载特性和短路体系求取发电机的直轴同步电抗的非饱和值 x_d 和短路比 k_c
	发电机空载工况下励磁系统的调整试验	1. 零起升压、自动升压、软起励试验正常。 2. 检查励磁装置的电压调整范围，应为 10% ~ 110%。 3. 检查励磁调节器投入，上、下限调节，手动和自动相互转换，通道切换，阶跃量为发电机额定电压的 10% 扰动等情况下的动态特性，超调量不大于阶跃量的 20%，振荡次数不超过 3 次，调节时间不大于 3s。 4. 发电机空载运行，转速在 0.95 ~ 1.05 倍额定转速范围内，投入励磁系统，使发电机机端电压从零上升至额定值时，其电压超调量不大于额定电压的 5%，振荡次数不超过 3 次，调节时间不大于 5s。 5. 自动降压、逆变灭磁试验正常。 6. 改变机组转速，测得发电机机端电压的变化。频率每变化 1% 时，自动励磁调节系统应保证发电机端电压变化不超过额定电压的 ±0.25%。 7. 进行空载电压/频率限制试验（伏/赫兹限制试验）应正常。 8. 进行电压互感器（PT）断线、电源切换、故障模拟、过电压等保护的模拟动作试验，其动作应正确。 9. 空载额定时，并联整流桥均流系数不小于 0.85。 10. 空载额定跳灭磁开关试验正常。 11. 停机过程中励磁系统应能自动灭磁
	单相接地试验	根据中性点接地方式不同，发电机应作单相接地试验，进行消弧线圈补偿或保护动作正确性校验

机组空载试验标准	电气制动试验	机组设计有电气制动，则应进行电气制动试验。电气制动流程应正确，投入电气制动的转速、投入混合制动的转速、总制动时间应符合设备设计要求，发电机转速应平滑下降，制动过程中，相关设备应无局部过热等异常现象
	主变压器及高压配电装置试验	发电机带主变压器及高压配电装置试验要求应符合《水轮发电机启动试验规程》（DL/T 507—2014）的规定
	机组及主变压器的发变组短路热稳定试验	按技术文件要求进行机组及主变压器的发变组短路热稳定试验，符合下列要求： 1. 分阶段升流至 100%发电机额定电流，维持机组稳定运行。 2. 升流过程中按发电机稳态短路升流试验要求再次检查设备工作情况，各 CT 二次电流幅值和相位、发电机、主变压器差动保护差流值应正确。 3. 检查从发电机中性点到主变压器短路点的一次回路各部温度，记录一次回路导体、外壳及支撑件、定子绕组、定子铁芯、空气冷却器进/出风、主变压器绕组和油、低压套管及屏蔽板温度，以及主变压器噪声。 4. 记录主变压器低压侧电压和发电机电流，换算主变压器高压侧短路的阻抗电压值。 5. 当各部件温升速率小于 1K/30min 时，停止试验。检查发电机出口温度指示，判断温度及温升情况
机组并网及负载试验标准	机组并网试验应具备的条件	1. 发电机对主变压器高压侧经稳态短路升流试验正常。 2. 发电机对主变压器递升加压及系统对主变压器冲击合闸试验正常，检查同期回路接线应正确。 3. 与机组投入系统有关的电气一次和二次设备均已调试试验合格，各自动记录仪表工作正常
	机组并网试验应满足的要求	1. 有功负荷应逐步增加。 2. 带小负荷（小于 25%）时停留一段时间，检查各仪表指示正确，发电机各保护功率、电流、电压极性应正确。 3. 机组运转应正常，调速、励磁系统测量、调节正确，各部位温度符合要求。 4. 机组带负荷、甩负荷试验宜相互穿插进行。 5. 机组负荷下的振动、摆度应符合"机组机械运行检查"第 4 条、第 5 条的要求，在正常大负荷运行工况下（$70\%P_r \sim 100\%P_r$，P_r 为机组额定负荷），各导轴承处测得的摆度值（双幅值）应不大于 70%的轴承热态设计总间隙。 6. 观察在各种符合工况下机组大轴补气或尾水管补气装置的工作情况，在当时水头下的机组振动区及最大出力值
	机组甩负荷试验	机组甩负荷试验，应在额定负荷的 25%、50%、75%、100%下分别进行，并测量记录有关参数值。 1. 观察自动励磁调节器的稳定性，甩 100%额定负荷时，调节时间不大于 5s，电压摆动次数不超过 3 次。 2. 调速器的调节性能符合下列要求： 1）甩 25%额定负荷时，录制自动调节的过渡过程。测定接力器不动时间，应不大于 0.2s。 2）甩 100%额定负荷时，校核导叶接力器关闭规律和时间，记录蜗壳水压上升率、机组转速上升率及尾水管真空压力值、调压井水位（如果有），均应不大于技术文件要求的调节保证值。 3）甩 100%额定负荷时，录制自动调节的过渡过程，检查导叶分段关闭情况。在转速的变化过程中，超过稳态转速 3%以上的波峰不超过 2 次。 4）甩 100%额定负荷后，记录接力器从第一次向开启方向移动起，到机组转速摆动值不超过±1%为止所经历的时间，应不大于 40s。 5）检查甩负荷过程中转桨式或水斗式水轮机协联关系。 6）对于带有调压阀控制的水轮机调速系统，检查甩负荷过程中导叶与调压阀协调动作是否符合《水轮机调速系统技术条件》（GB/T 9652.1—2019）和《水轮机电液调节系统及装置技术规程》（DL/T 563—2016）的规定

机组并网及负载试验标准	负载下励磁系统试验	1. 在各种负荷下，调节过程应平稳。 2. 手动、自动和通道切换时，无功功率应无明显波动。 3. 额定工况下并联整流桥均流系数应不小于0.9。 4. 发电机处于零功率因数下，投入励磁调节器调差单元，将无功调至额定值或增减励磁调节无功，测定并计算发电机电压调差率整定范围，发电机端电压调差率整定范围为±15%，级差不大于1%。 5. 退出励磁调节器调差单元，断开发电机断路器，使发电机负载从额定视在功率降至零，测定并计算发电机电压静差率，发电机调压精度或发电机电压静差率应优于±0.5%。 6. 励磁调节器分别进行各种限制器及保护的试验和整定： 　1）进行过无功限制试验应正常。 　2）进行欠励限制试验应正常。 7. 发电机负载下灭磁试验正常。 8. 在有功功率大于80%额定负荷下（功率因数接近1）进行电力系统稳定器装置（PSS）试验，PSS对抑制有功低频振荡作用应正常
	负载下调速器试验	1. 在自动运行时进行各种控制方式转换试验，机组的负荷、接力器行程摆动应满足设备技术要求。 2. 在小负荷工况检查不同的调节参数组合下，机组速增或速减10%额定负荷，录制机组转速、水压、功率和接力器行程等参数的过渡过程，选定负载工况时的调节参数，应满足机组稳定性要求。进行此项试验时，应避开机组的振动区。 3. 对具有黑启动要求机组的调速器，机组单机带负荷运行时的频率调节过程应稳定。 4. 调速系统涉网试验应符合《水轮机调节系统并网运行技术导则》（DL/T 1245—2013）、《水轮机调节系统建模及参数实测技术导则》（DL/T 1800—2018）、《水力发电机组一次调频技术要求及试验导则》（DL/T 2194—2020）的规定
	额定负载试验	在额定负载下进行下列试验： 1. 调速器低油压关闭导叶试验。 2. 事故配压阀关闭导叶试验。 3. 根据设计文件要求和电站具体情况，进行动水关闭工作闸门或主阀(或筒形阀)试验。 4. 水轮发电机组的噪声测量，噪声等级应满足技术文件对设备性能的要求
	72h运行试验	在额定负载下，机组应进行72h连续运行。 受电站水头和电力系统条件限制，机组不能带额定负载时，可按当时条件在尽可能大的负载下进行此项试验
	30d运行试验	按合同规定有30d考核试运行要求的机组，应在通过72h连续试运行并经停机检查处理发现的所有缺陷后，立即进行30d考核试运行。机组30d考核试运行期间，由于机组及其附属设备故障或因设备制造安装质量原因引起中断，应及时处理，合格后继续进行30d运行，中断前、后运行时间可以累加；但出现以下情况之一者，中断前、后的运行时间不应累加计算，机组应重新开始30d考核试运行： 1. 一次中断运行时间超过24h。 2. 累计中断次数超过3次。 其他形式考核试运行按设备技术要求和相关技术文件要求执行
	涉网专项试验	按电网要求进行涉网专项试验，主要包括： 1. 调速系统参数测试机建模、一次调频试验。 2. 励磁系统参数测试及建模、PSS试验。 3. 机组进相、调相试验。 4. 机组稳定性试验。 5. 自动发电控制（AGC）、自动电压控制（AVC）试验

续表

| 机组并网及负载试验标准 | 进相试验 | 机组进相试验应在电网批准的前提下进行，并符合下列要求：
1. 进相试验应根据《发电机组并网安全条件及评价》（GB/T 28566—2012）规定的条件进行。
2. 进相试验工况宜选在 0%、50%、75%、100%的有功功率下，由满负荷至空载顺序进行。
3. 发电机本体相关测温元件满足试验要求，测试回路准确。
4. 进相试验满足下列条件：
　1）发电机功角不大于 70°，发电机在并网前额定转速和额定电压下校准发电机功角零位。
　2）发电机定子绕组温度、定子铁芯温度、定子铁芯两端齿部温度不大于设计允许值。
　3）发电机定子电流不大于 1.1 倍额定值，发电机端电压应不低于 0.9 倍额定值；高压母线电压、厂用电母线电压不低于规定的下限值。
　4）进相深度限制值应与发电机失磁保护定值相配合，发电机正式进相运行时不应进入其失磁保护动作区。
5. 试验时自动电压调节器（AVR）投"自动"位置（AVR 投入、AVC 及 AGC 退出），被试发电机有关保护、测量回路投入，预调整励磁调节器低励限制值，满足试验要求，发电机进相运行试验中不失步。
6. 机组进相可通过逐渐提高系统电压使被试机组自然进入欠励工况，若无法实施，可采用人工减励磁方法实现。
7. 试验中测量记录发电机有功功率、无功功率、功角、定子绕组和铁芯端部及金属结构件温度、机端电压、发电机电流、励磁电压、励磁电流、高/低压母线电压等。
8. 根据试验结果校核发电机功率圆图和 V 形曲线。发电机额定有功功率下的进相深度应符合设计技术文件要求，进相能力范围符合设备技术要求 |
| | 调相运行试验 | 按技术文件要求进行机组调相运行试验，检查、记录下列各项：
1. 记录关闭导叶后，转轮在空气中运行时，机组所消耗的有功功率。
2. 检查压水充气情况及补气装置动作情况应符合技术文件要求。记录吸出管内水位压至转轮以下后机组所消耗的有功功率和补气装置动作间隔时间。
3. 发电与调相工况相互切换时，自动控制程序及自动化元件的动作应正确。
4. 发电机无功功率在设计范围内的调节应平稳，记录励磁电流为额定值时零功率因数下的最大无功功率输出。
5. 根据试验结果校核发电机功率圆图和 V 形曲线 |

结论		备注	

施工单位：　　　　　　　　　　　　　　　监理单位：

试验人员：

记录人：　　　　　　　　　　　　　　　　复核人：

　　　　　　　　　　年　月　日　　　　　　　　　　　年　月　日

附表 C.3–50　水轮发电机组甩负荷试验记录表格式

机组负荷/kW											
记录时间			甩前	甩时	甩后	甩前	甩时	甩后	甩前	甩时	甩后
测量参数	机组转速/（r/min）										
	机组调节过程中最低转速/（r/min）										
	导叶开度/%										
	导叶关闭时间/s										
	接力器活塞往返次数										
	调速器调节时间/s										
	蜗壳实际压力/MPa										
	真空破坏阀开启时间/s										
	吸出管真空度/Pa										
	下导轴承处运行摆度	mm									
	上导轴承处运行摆度										
	水导轴承处运行摆度										
	上、下机架振动	水平									
		垂直									
	定子振动	水平									
		垂直									
	转速上升率①/%										
	蜗壳水压上升率②/%										
	永态转差系数实际值③/%										
	转轮叶片关闭时间/s										
	转轮叶片角度/（°）										
	转动部分上台量/mm										

上游水位：　　　　　下游水位：　　　　　记录整理：　　　　　技术负责人：　　　　　年　月　日

① 转速上升率 $= \dfrac{\text{甩负荷时最高转速} - \text{甩负荷前稳定转速}}{\text{甩负荷前稳定转速}} \times 100\%$。

② 蜗壳水压上升率 $= \dfrac{\text{甩负荷蜗壳最高水压} - \text{甩负荷前蜗壳水压}}{\text{甩负荷前蜗壳水压}} \times 100\%$。

③ 永态转差系数实际值 $= \dfrac{\text{甩负荷后稳定转速} - \text{甩负荷前稳定转速}}{\text{甩负荷前稳定转速}} \times 100\%$。

附表 C.3-51　泵站机电设备试验报告

编号：

单位工程	泵站	分项工程	机电设备安装	安装位置	

铭牌	型号		额定容量		额定功率因数	
	额定电压		额定功率		额定转速	
	额定电流		允许最高温度		转动惯量	
	绝缘等级		连接方式		出厂日期	

部位	试验项目	合　格　标　准
离心泵电机	电刷绝缘电阻	电刷绝缘应良好，刷架绝缘电阻应大于 1MΩ
	测量绕组绝缘电阻和吸收比	1. 额定电压大于等 1000V，折算至运行温度时的绝缘电阻值，定子绕组不应低于 1MΩ/kV，转子绕组不应低于 0.5MΩ/kV。 2. 额定电压大于等于 1000V，应测量吸收比，吸收比不应低于 1.2，中性点可拆开的应分相测量
	测量绕组直流电阻	额定电压大于等于 1000V 或容量大于等于 100kW 的电动机： 1. 各相绕组直流电阻值相互差别不应超过其最小值的 2%。 2. 中性点未引出的电动机，可测量线间直流电阻，其相互差别不应超过其最小值的 1%
	定子绕组直流耐压试验和泄漏电流测量	1. 额定电压大于等于 1000V 及容量大于等于 100kW、中性点连线已引出至出线端子板的定子绕组应分相进行直流耐压试验。试验电压为定子绕组额定电压的 3 倍。在规定的试验电压下，各相泄漏电流的差值不应大于最小值的 100%；当最大泄漏电流在 20μA 以下时，各相应无明显差别。 2. 中性点连线未引出的不进行此项试验
	定子绕组交流耐压试验	额定电压为 10kV 时，试验电压为 16kV
	绕线式电动机转子绕组交流耐压试验	1. 不可逆的，试验电压为（$1.5U_k$+750V）。 2. 可逆的，试验电压为（$3.0U_k$+750V）。 注：U_k 为转子静止时，在定子绕组上施加额定电压，转子绕组开路时测得的电压
	同步电动机转子绕组交流耐压试验	试验电压值为额定励磁电压的 7.5 倍，且不应低于 1200V，但不应高于出厂试验电压值的 75%
	测量可变电阻器、启动电阻器、灭磁电阻器的绝缘电阻	与回路一起测量时，绝缘电阻值不应低于 0.5MΩ
	测量可变电阻器、启动电阻器、灭磁电阻器的直流电阻	与产品出厂数值比较，其差值不应超过 10%；调节过程中应接触良好，无开路现象，电阻值的变化应有规律性

部位	试验项目	合 格 标 准
离心泵电机	测量电动机轴承的绝缘电阻	当有油管路连接时，应在油管安装后，采用1000V兆欧表测量，绝缘电阻值不应低于0.5MΩ
	检查定子绕组极性及其连接的正确性	1. 检查定子绕组的极性及其连接应正确。 2. 中性点未引出者可不检查极性
	电动机空载转动检查和空载电流测量	电动机空载转动检查的运行时间2h，并记录电动机的空载电流。当电动机与其机械部分的连接不易拆开时，可连在一起进行空载转动检查试验
变压器	绝缘油试验	绝缘油试验类别与试验项目及标准应符合《电气装置安装工程　电气设备交接试验标准》（GB 50150—2016）的规定
	绕组连同套管直流电阻	1. 1600kVA及以下三相变压器，各相绕组相互间的差别不应大于4%；无中性点引出的绕组，线间各绕组相互间差别不应大于2%。 2. 与同温下产品出厂实测数值比较，相应变不应大于2%。 3. 无励磁调压变压器送电前最后一次测量，应在使用的分接锁定后进行
	电压比	1. 所有分接的电压比应符合电压比的规律。 2. 与制造厂铭牌数据相比，应符合下列规定： （1）电压等级在35kV以下，电压比小于3的变压器电压比允许偏差应为±1%； （2）其他所有变压器额定分接下电压比允许偏差不应超过±0.5%； （3）其他分接的电压比应在变压器阻抗电压值（%）的1/10以内，且允许偏差应为±1%
	铁芯及夹件绝缘电阻	采用2500V兆欧表测量，持续时间应为1min，应无闪络及击穿现象
	绕组连同套管绝缘电阻、吸收比	1. 绝缘值不应低于产品出厂值的70%，或不低于10000MΩ（20℃）； 2. 当测量温度与产品出厂试验时的温度不符合时，应换算到同一温度时的数值进行比较
	绕组连同套管交流耐压试验	1. 变压器绕组的交流耐压试验电压应为28kV，应符合GB 50150—2016的规定。 2. 耐压时间：1min（无闪烙和放电现象）
	额定电压下冲击合闸试验	1. 在额定电压下对变压器的冲击合闸试验，应进行5次，每次间隔时间宜为5min，应无异常现象。 2. 冲击合闸宜在变压器高压侧进行，对中性点接地的电力系统试验时变压器中性点应接地。 3. 发电机变压器组中间连接元操作断开点的变压器，可不进行冲击合闸试验。 4. 无电流差动保护的干式变压器可冲击3次
	相位	应与电网相位一致
电气盘柜	隔离开关	测量绝缘电阻：阻值不应低于1200MΩ
		交流耐压试验：1min工频耐受电压（kV）有效值湿试24kV，干试34kV（支持绝缘子）
	真空断路器	测量绝缘电阻：阻值应符合制造厂规定
		回路电阻测试：测试结果应符合产品技术条件的规定

部位	试验项目	合　格　标　准
电气盘柜	真空断路器	交流耐压试验： 1. 应在断路器合闸及分闸状态下进行交流耐压试验，时间 1min。 2. 当在合闸状态下进行时，真空断路器的交流耐受电压应符合 GB 50150—2016 的规定。 3. 当在分闸状态下进行时，真空灭弧室断口间的试验电压应按产品技术条件的规定，当产品技术文件没有特殊规定时，真空断路器的交流耐受电压应符合 GB 50150—2016 的规定
		分合闸试验： 1. 合闸过程中触头接触后的弹跳时间不应大于 2ms。 2. 测量应在断路器额定操作电压条件下进行。 3. 实测数值应符合产品技术条件的规定
		分合闸线圈及合闸接触器线圈的绝缘电阻和直流电阻： 1. 绝缘电阻值不应低于 10MΩ。 2. 直流电阻值与产品出场试验值相比应无明显差别
	避雷器	测量绝缘电阻： 1. 电压等级 35kV 及以下、1kV 以上，用 2500V 兆欧表，绝缘电阻值不应低于 1000MΩ。 2. 电压等级 1kV 及以下，用 500V 兆欧表测量，绝缘电阻值不应低于 2MΩ。 3. 基座绝缘电阻值不应低于 5MΩ
		工频耐压试验： 1. 金属氧化物避雷器对应于工频参考电流下的工频参考电压，整支或分节进行的测试值，应符合现行国家标准《交流无间隙金属氧化物避雷器》（GB 11032）或产品技术条件的规定。 2. 测量金属氧化物避雷器在避雷器持续运行电压下的持续电流，其阻性电流和全电流值应符合产品技术条件的规定
		直流参考电压和 0.75 倍直流参考电压下的泄露电流试验： 1. 金属氧化物避雷器对应于直流参考电流下的直流参考电压，整支或分节进行的测试值，不应低于现行国家标准《交流无间隙金属氧化物避雷器》（GB 11032）规定值，并应符合产品技术条件的规定。实测值与制造厂实测值比较，其允许偏差应为±5%。 2. 0.75 倍直流参考电压下的泄漏电流值不应大于 50μA，或符合产品技术条件的规定。750kV 电压等级的金属氧化物避雷器应测试 1mA 和 3mA 下的直流参考电压值，测试值应符合产品技术条件的规定；0.75 倍直流参考电压下的泄漏电流值不应大于 65μA，尚应符合产品技术条件的规定。 3. 试验时若整流回路中的波纹系数大于 1.5%时，应加装滤波电容器，可为 0.01～0.1μF，试验电压应在高压侧测量
		放电计数器动作试验： 1. 使用雷击计数器测试器进行测试； 2. 检查放电计数器的动作应可靠，避雷器监视电流表指示应良好
		工频放电电压试验： 1. 应符合产品技术条件的规定。 2. 放电后应快速切除电源，切断电源时间不应大于 0.5s，过流保护动作电流应控制在 0.2～0.7A
	互感器	测量绝缘电阻： 1. 应测量一次绕组对二次绕组及外壳、各二次绕组间及其对外壳的绝缘电阻；阻值不宜低于 1000MΩ。 2. 测量电流互感器一次绕组段间的绝缘电阻，绝缘电阻值不宜低于 1000MΩ，由于结构原因无法测量时，可不测量。 3. 测量电容型电流互感器的末屏及电压互感器接地端（N）对外壳（地）的绝缘电阻，绝缘电阻值不宜小于 1000MΩ。当末屏对地绝缘电阻小于 1000MΩ 时，应测量其 tanδ，其值不应大于 2%。 4. 应采用 2500V 兆欧表测量

部位	试验项目	合　格　标　准
电气盘柜	互感器	交流耐压试验： 1. 应按出厂试验电压的 80% 进行，并应在高压侧监视施加电压； 2. 电流互感器二次绕组间及其对箱体(接地)的工频耐压试验电压应为 2kV，可用 2500V 兆欧表测量绝缘电阻试验替代。 3. 电压互感器二次绕组间及其对箱体(接地)的工频耐压、接地端（N）对地的工频耐压试验电压应为 2kV，可用 2500V 兆欧表测量绝缘电阻试验替代
		局部放电测量： 1. 局部放电测量宜与交流耐压试验同时进行。 2. 局部放电测量时，应在高压侧（包括电磁式电压互感器感应电压）监测施加的一次电压。 3. 局部放电测量的测量电压及允许的视在放电量水平应符合 GB 50150—2016 规定
		空载电流试验： 1. 在额定电压下，空载电流与出厂数值比较无明显差别。 2. 与同批次、同型号的电磁式电压互感器相比，彼此差异不大于 30%
		绕组直流电阻： 1. 电流互感器同型号、同规格、同批次电流互感器一次、二次绕组的直流电阻和平均值的差异不宜大于 10%。 2. 电压互感器一次绕组直流电阻测量值，与换算到同一温度下的出厂值比较，相差不宜大于 10%。 3. 电压互感器二次绕组直流电阻测量值，与换算到同一温度下的出厂值比较，相差不宜大于 15%
		励磁特性曲线： 1. 当继电保护对电流互感器的励磁特性有要求时，应进行励磁特性曲线测量。 2. 当电流互感器为多抽头时，应测量当前拟定使用的抽头或最大变比的抽头。测量后应核对是否符合产品技术条件要求。 3. 当电流互感器励磁特性测量时施加的电压高于绕组允许值(电压峰值 4.5kV)，应降低试验电源频率。 4. 电压互感器用于励磁曲线测量的仪表应为方均根值表，当发生测量结果与出厂试验报告和型式试验报告相差大于 30% 时，应核对使用的仪表种类是否正确。 5. 电压互感器励磁曲线测量点应包括额定电压的 20%、50%、80%、100% 和 120%。 6. 对于中性点直接接地的电压互感器，最高测量点应为 150%；对于中性点非直接接地系统，半绝缘结构电磁式电压互感器最高测量点为 190%，全绝缘结构电磁式电压互感器最高测量点应为 120%
	高压熔断器	测量高压限流熔丝管熔丝的直流电阻值，与同型号产品相比不应有明显差别
	UPS 电源	绝缘电阻： 1. UPS 额定电压不大于 60V，绝缘电阻值大于 2MΩ。 2. UPS 额定电压大于 60V，绝缘电阻值大于 10MΩ。 3. 隔离变压器绝缘电阻值不小于 10MΩ
		启动试验： 1. 按步骤操作时启动正常。 2. 在无交流输入情况下，依靠蓄电池能正常启动

部位	试验项目	合　格　标　准
电气盘柜	UPS 电源	切换试验：符合产品技术文件要求
		保护及告警：符合设计文件及产品技术文件要求
		带载试验：正常带载、蓄电池带载均正常
	二次回路	绝缘电阻： 1. 设备电压等级小于 100V，兆欧表电压等级选用 250V。 2. 设备电压等级小于 500V，兆欧表电压等级选用 500V。 3. 设备电压等级小于 3000V，兆欧表电压等级选用 1000V。 4. 小母线在断开所有其他并联支路时，不应小于 10MΩ。 5. 二次回路的每一支路和断路器、隔离开关的操动机构的电源回路等，均不应小于 1MΩ。在比较潮湿的地方，不应小于 0.5MΩ
		交流耐压试验： 1. 试验电压应为 1000V。当回路绝缘电阻值在 10MΩ 以上时，可采用 2500V 兆欧表代替，试验持续时间为 1min，尚应符合产品技术文件规定。 2. 48V 及以下电压等级回路可不做交流耐压试验。 3. 回路中有电子元器件设备的，试验时应将插件拔出，或将其两端短接

结论		备注	

施工单位：

试验人员：

记录人：

　　　　　　　　　年　月　日

监理单位：

复核人：

　　　　　　　　　年　月　日

附表 C.3-52　管理站房电气设备试验项目

单位工程	鱼类增殖站	分项工程	机电设备安装	安装位置	
铭牌	型号		额定容量		额定功率因数	
	额定电压		额定功率		额定转速	
	额定电流		允许最高温度		转动惯量	
	绝缘等级		连接方式		出厂日期	

部位	试验项目	合　格　标　准
电动机	绝缘电阻	1. 低压电动机抽查 50%，且不得少于 1 台。 2. 绝缘电阻值不应小于 0.5MΩ
	试运行	1. 空载试运行时间宜为 2h，机身和轴承温升、电压和电流等应符合建筑设备或工艺装置的空载状态运行要求，并记录电流、电压、温度、运行时间等有关数据。 2. 空载状态下可启动次数及间隔时间应符合产品技术文件的要求；无要求时，连续启动 2 次的时间间隔不应小于 5min，并应在电动机冷却至常温下进行再次启动。 3. 按设备总数抽查 10%，且不得少于 1 台
箱式变压器	绝缘油试验	绝缘油试验类别与试验项目及标准应符合 GB 50150—2016 的规定
	绕组连同套管直流电阻	1. 1600kVA 及以下三相变压器，各相绕组相互间的差别不应大于 4%；无中性点引出的绕组，线间各绕组相互间差别不应大于 2%。 2. 与同温下产品出厂实测数值比较，相应变不应大于 2%。 3. 无励磁调压变压器送电前最后一次测量，应在使用的分接锁定后进行
	电压比	1. 所有分接的电压比应符合电压比的规律； 2. 与制造厂铭牌数据相比，应符合下列规定： （1）电压等级在 35kV 以下，电压比小于 3 的变压器电压比允许偏差应为 ±1%； （2）其他所有变压器额定分接下电压比允许偏差不应超过 ±0.5%； （3）其他分接的电压比应在变压器阻抗电压值（%）的 1/10 以内，且允许偏差应为 ±1%
	铁芯及夹件绝缘电阻	采用 2500V 兆欧表测量，持续时间应为 1min，应无闪络及击穿现象
	绕组连同套管绝缘电阻、吸收比或极化指数	1. 绝缘值不应低于产品出厂值的 70%，或不低于 10000MΩ（20℃）； 2. 当测量温度与产品出厂试验时的温度不符合时，应换算到同一温度时的数值进行比较
	绕组连同套管交流耐压试验	1. 变压器绕组的交流耐压试验电压应为 28kV，应符合 GB 50150—2016 的规定。 2. 耐压时间：1min（无闪烁和放电现象）
	额定电压下冲击合闸试验	1. 在额定电压下对变压器的冲击合闸试验，应进行 5 次，每次间隔时间宜为 5min，应无异常现象。 2. 冲击合闸宜在变压器高压侧进行，对中性点接地的电力系统试验时，变压器中性点应接地。 3. 发电机变压器组中间连接元操作断开点的变压器，可不进行冲击合闸试验。 4. 无电流差动保护的干式变压器可冲击 3 次
	相位	应与电网相位一致
电气盘柜	隔离开关	测量绝缘电阻：阻值不应低于 1200MΩ
		交流耐压试验：1min 工频耐受电压（kV）有效值湿试 24kV，干试 34kV（支持绝缘子）
	负荷开关	测量绝缘电阻：阻值应符合制造厂规定
		回路电阻测试：测试结果应符合产品技术条件的规定
		交流耐压试验： 三相同一箱体的负荷开关，应按相间及相对地进行耐压试验，还应按产品技术条件规定进行每个断口的交流耐压试验

部位	试验项目	合 格 标 准
电气盘柜	负荷开关	操动机构线圈最低动作电压：应符合制造厂的规定
		高压熔断器直流电阻测量：测量高压限流熔丝管熔丝的直流电阻值，与同型号产品相比不应有明显差别
		操作机构试验：负荷开关的机械或电气闭锁装置应准确可靠
	避雷器	测量绝缘电阻： 1. 电压等级35kV及以下、1kV以上，用2500V兆欧表，绝缘电阻值不应低于1000MΩ。 2. 电压等级1kV及以下，用500V兆欧表测量，绝缘电阻值不应低于2MΩ。 3. 基座绝缘电阻值不应低于5MΩ
		工频耐压试验： 1. 金属氧化物避雷器对应于工频参考电流下的工频参考电压，整支或分节进行的测试值，应符合现行国家标准《交流无间隙金属氧化物避雷器》（GB 11032）或产品技术条件的规定。 2. 测量金属氧化物避雷器在避雷器持续运行电压下的持续电流，其阻性电流和全电流值应符合产品技术条件的规定
		直流参考电压和0.75倍直流参考电压下的泄露电流试验： 1. 金属氧化物避雷器对应于直流参考电流下的直流参考电压，整支或分节进行的测试值，不应低于现行国家标准《交流无间隙金属氧化物避雷器》（GB 11032）规定值，并应符合产品技术条件的规定。实测值与制造厂实测值比较，其允许偏差应为±5%。 2. 0.75倍直流参考电压下的泄漏电流值不应大于50μA，或符合产品技术条件的规定。750kV电压等级的金属氧化物避雷器应测试1mA和3mA下的直流参考电压值，测试值应符合产品技术条件的规定；0.75倍直流参考电压下的泄漏电流值不应大于65μA，尚应符合产品技术条件的规定。 3. 试验时若整流回路中的波纹系数大于1.5%时，应加装滤波电容器,可为0.01~0.1μF，试验电压应在高压侧测量
		放电计数器动作试验： 1. 使用雷击计数器测试器进行测试； 2. 检查放电计数器的动作应可靠，避雷器监视电流表指示应良好
		工频放电电压试验： 1. 应符合产品技术条件的规定； 2. 放电后应快速切除电源，切断电源时间不应大于0.5s,过流保护动作电流应控制在0.2~0.7A
	低压成套配电柜	低压成套配电柜和馈电线路的每路配电开关及保护装置的相间和对地间的绝缘电阻不应小于0.5MΩ；当国家现行产品标准未作规定时，电气装置的交流工频耐压试验电压为1000V，试验持续时间应为1min；当绝缘电阻值大于10MΩ时，宜采用2500V兆欧表测量
	计量表	各种仪表指示应正常
	电力电缆	应按照GB 50150—2016的规定进行耐压试验、记录，并应合格
		低压配电线： 1. 绝缘电阻应不低于0.5MΩ。 2. 按每检验批次的线路数量抽查20%，且不得少于1条线路，并应覆盖不同型号的电缆或电线
	接地	接地装置的接地电阻值应符合设计要求

结论		备注	
施工单位： 试验人员： 记录人： 　　　　　　　　　　　年　月　日		监理单位： 复核人： 　　　　　　　　　　　年　月　日	

附表 C.3-53 鱼类增殖站电气试验项目

单位工程		鱼类增殖站	分项工程	机电设备安装	安装位置	
铭牌	型号		额定容量		额定功率因数	
	额定电压		额定功率		额定转速	
	额定电流		允许最高温度		转动惯量	
	绝缘等级		连接方式		出厂日期	
部位	试验项目	合 格 标 准				
电动机	绝缘电阻	1. 低压电动机抽查 50%，且不得少于 1 台。 2. 绝缘电阻值不应小于 0.5MΩ				
	试运行	1. 空载试运行时间宜为 2h，机身和轴承温升、电压和电流等应符合建筑设备或工艺装置的空载状态运行要求，并记录电流、电压、温度、运行时间等有关数据。 2. 空载状态下可启动次数及间隔时间应符合产品技术文件的要求；无要求时，连续启动 2 次的时间间隔不应小于 5min，并应在电动机冷却至常温下进行再次启动。 3. 按设备总数抽查 10%，且不得少于 1 台。				
箱式变压器	绝缘油试验	绝缘油试验类别与试验项目及标准应符合 GB 50150—2016 的规定				
	绕组连同套管直流电阻	1.1600kVA 及以下三相变压器，各相绕组相互间的差别不应大于 4%；无中性点引出的绕组，线间各绕组相互间差别不应大于 2%。 2. 与同温下产品出厂实测数值比较，相应变不应大于 2%。 3. 无励磁调压变压器送电前最后一次测量，应在使用的分接锁定后进行				
	电压比	1. 所有分接的电压比应符合电压比的规律。 2. 与制造厂铭牌数据相比，应符合下列规定： （1）电压等级在 35kV 以下，电压比小于 3 的变压器电压比允许偏差应为 ±1%； （2）其他所有变压器额定分接下电压比允许偏差不应超过 ±0.5%； （3）其他分接的电压比应在变压器阻抗电压值（%）的 1/10 以内，且允许偏差应为 ±1%				
	铁芯及夹件绝缘电阻	采用 2500V 兆欧表测量，持续时间应为 1min，应无闪络及击穿现象				
	绕组连同套管绝缘电阻、吸收比或极化指数	1. 绝缘值不应低于产品出厂值的 70%，或不低于 10000MΩ（20℃）。 2. 当测量温度与产品出厂试验时的温度不符合时，应换算到同一温度时的数值进行比较				
	绕组连同套管交流耐压试验	1. 变压器绕组的交流耐压试验电压应为 28kV，应符合 GB 50150—2016 的规定。 2. 耐压时间：1min（无闪烁和放电现象）				
	额定电压下冲击合闸试验	1. 在额定电压下对变压器的冲击合闸试验，应进行 5 次，每次间隔时间宜为 5min，应无异常现象。 2. 冲击合闸宜在变压器高压侧进行，对中性点接地的电力系统试验时变压器中性点应接地。 3. 发电机变压器组中间连接无操作断开点的变压器，可不进行冲击合闸试验。 4. 无电流差动保护的干式变可冲击 3 次				
	相位	应与电网相位一致				
电气盘柜	隔离开关	测量绝缘电阻：阻值不应低于 1200MΩ				
		交流耐压试验：1min 工频耐受电压（kV）有效值湿试 24kV，干试 34kV（支持绝缘子）				
	负荷开关	测量绝缘电阻：阻值应符合制造厂规定				
		回路电阻测试：测试结果应符合产品技术条件的规定				
		交流耐压试验：三相同一箱体的负荷开关，应按相间及相对地进行耐压试验，还应按产品技术条件规定进行每个断口的交流耐压试验				

续表

部位	试验项目	合 格 标 准
电气盘柜	负荷开关	操动机构线圈最低动作电压：应符合制造厂的规定
		高压熔断器直流电阻测量：测量高压限流熔丝管熔丝的直流电阻值，与同型号产品相比不应有明显差别
		操作机构试验：负荷开关的机械或电气闭锁装置应准确可靠
	避雷器	测量绝缘电阻： 1. 电压等级 35kV 及以下，1kV 以上，用 2500V 兆欧表测量，绝缘电阻值不低于 1000MΩ。 2. 电压等级 1kV 及以下用 500V 兆欧表测量，绝缘电阻值不低于 2MΩ。 3. 基座绝缘电阻值不低于 5MΩ
		工频耐压试验： 1. 金属氧化物避雷器对应于工频参考电流下的工频参考电压，整支或分节进行的测试值，应符合现行国家标准《交流无间隙金属氧化物避雷器》（GB 11032）或产品技术条件的规定。 2. 测量金属氧化物避雷器在避雷器持续运行电压下的持续电流，其阻性电流和全电流值应符合产品技术条件的规定
		直流参考电压和 0.75 倍直流参考电压下的泄漏电流试验： 1. 金属氧化物避雷器对应于直流参考电流下的直流参考电压，整支或分节进行的测试值，不应低于现行国家标准《交流无间隙金属氧化物避雷器》（GB 11032）的规定值，并应符合产品技术条件的规定。实测值与制造厂实测值比较，其允许偏差应为 ± 5%。 2. 0.75 倍直流参考电压下的泄漏电流值不应大于 50 μ A，或符合产品技术条件的规定。750kV 电压等级的金属氧化物避雷器应测试 1mA 和 3mA 下的直流参考电压值，测试值应符合产品技术条件的规定；0.75 倍直流参考电压下的泄漏电流值不应大于 65 μ A，尚应符合产品技术条件的规定。 3. 试验时若整流回路中的波纹系数大于 1.5% 时，应加装滤波电容器，可为 0.01 ~ 0.1 μ F，试验电压应在高压侧测量
		放电计数器动作试验： 1. 使用雷击计数器测试器进行测试。 2. 检查放电计数器的动作应可靠，避雷器监视电流表指示应良好
		工频放电电压试验： 1. 应符合产品技术条件的规定。 2. 放电后应快速切除电源，切断电源时间不应大于 0.5s，过流保护动作电流应控制在 0.2 ~ 0.7A
	低压成套配电柜	低压成套配电柜和馈电线路的每路配电开关及保护装置的相间和对地间的绝缘电阻不应小于 0.5MΩ；当国家现行产品标准未作规定时，电气装置的交流工频耐压试验电压应为 1000V，试验持续时间应为 1min，当绝缘电阻值大于 10MΩ 时，宜采用 2500V 兆欧表测量
	计量表	各种仪表指示应正常
	电力电缆	应按照 GB 50150—2016 的规定进行耐压试验、记录，并应合格
		低压配电线： 1. 绝缘电阻应不低于 0.5MΩ。 2. 按每个检验批的线路数量抽查 20%，且不得少于 1 条线路，并应覆盖不同型号的电缆或电线
	接地	接地装置的接地电阻值应符合设计要求

结论		备注	
施工单位：		监理单位：	
试验人员：			
记录人：		复核人：	
	年　月　日		年　月　日

附表 C.3-54 接 地 装 置 试 验

单位工程		电站	分项工程	电气安装	安装位置	
铭牌	产品名称		型号		生产厂家	
	额定电流		额定电压		出厂日期	

接地网电气完整性测试	日期：	温度：	湿度：
	合格标准	1. 应测量同一接地网的各相邻设备接地线之间的电气导通情况，以直流电阻值表示。 2. 直流电阻值不宜大于 0.05Ω	
	试验记录		

接地阻抗	日期：	温度：	湿度：
	合格标准	1. 接地阻抗值应符合设计文件规定，当设计文件没有规定时应符合下表的要求； 2. 试验方法可按现行行业标准《接地装置特性参数测量导则》（DL 475）的有关规定执行，试验时应排除与接地网连接的架空地线、电缆的影响。 3. 应在扩建接地网与原接地网连接后进行全场全面测试	
	接地网类型	要 求	
	有效接地系统	$Z \leqslant 2000/I$ 或当 $I > 4000A$ 时，$Z \leqslant 0.5Ω$ 式中 I——经接地装置流入地中的短路电流，A； 　　　Z——考虑季节变化的最大接地阻抗，Ω。 当接地阻抗不符合以上要求时，可通过技术经济比较增大接地阻抗，但不得大于 5Ω。并应结合地面电位测量对接地装置综合分析和采取隔离措施	
	非有效接地系统	1. 当接地网与 1kV 及以下电压等级设备共同接地时，接地阻抗 $Z \leqslant 120/I$。 2. 当接地网仅用于 1kV 及以上设备时，接地阻抗 $Z \leqslant 250/I$。 3. 上述两种情况下，接地阻抗不得大于 10Ω	
	1kV 以下电力设备	使用同一接地装置的所有这类电力设备，当总容量大于等于 100kVA 时，接地阻抗不宜大于 4Ω；当总容量小于 100kVA 时，则接地阻抗可大于 4Ω，但不应大于 10Ω	
	独立微波站	接地阻抗不宜大于 5Ω	
	独立避雷针	接地阻抗不宜大于 10Ω； 当与接地网连在一起时，可不单独测量	

	接地网类型	要 求
接地阻抗	露天配电装置的集中接地装置及独立避雷针（线）	接地阻抗不宜大于 10Ω
	有架空地线的线路杆塔	当杆塔高度在 40m 以下时，应符合下列规定： 1. 土壤电阻率小于等于 500Ω·m 时，接地阻抗不应大于 10Ω。 2. 土壤电阻率为 500～1000Ω·m 时，接地阻抗不应大于 20Ω。 3. 土壤电阻率为 1000～1000Ω·m 时，接地阻抗不应大于 25Ω。 4. 土壤电阻率大于 2000Ω·m 时，接地阻抗不应大于 30Ω
	与架空线直接连接的旋转电机进线段上避雷器	接地阻抗不宜大于 3Ω
	无架空地线的线路杆塔	1. 对于非有效接地系统的钢筋混凝土杆、金属杆，接地阻抗不宜大于 30Ω。 2. 对于中性点不接地的低压电力网线路的钢筋混凝土杆、金属杆，接地阻抗不宜大于 50Ω。 3. 对于低压进户线绝缘子铁脚，接地阻抗不宜大于 30Ω
场区地表电位梯度、接触电位差、跨步电压和转移电位测量	合格标准	1. 对于大型接地装置宜测量场区地表电位梯度、接触电位差、跨步电压和转移电位，试验方法可按现行行业标准《接地装置特性参数测量导则》（DL 475）的有关规定执行，试验时应排除与接地网连接的架空地线、电缆的影响。 2. 当接地网接地阻抗不满足要求时，应测量场区地表电位梯度、接触电位差、跨步电压和转移电位，并应进行综合分析
	试验记录	

结论		备注	

施工单位：	监理单位：
试验人员：	
记录人：	复核人：
年　月　日	年　月　日

附表 C.3-55 桥（门）式启闭机（起重机）试运转记录

工程名称			工程部位	
施工单位			试运转日期	年　月　日

项目		检验记录
无负荷	电动机	
	电气设备	
	限位、保护、联锁装置	
	控制器	
	大、小车行走时	
	机械部件	
	轴承和齿轮	
	运行时制动瓦	
	钢丝绳、滑动轮	
静负荷	升降机构制动器	
	小车停在桥架中间（起吊 1.25 倍额定负荷）	
	小车停在桥架中间（起吊额定负荷）	
动负荷	升降机构制动器	
	行走机构制动器	

试运转结论：

建设单位	监理单位	设计单位	施工单位	运行管理单位

附表 C.3-56 固定卷扬式启闭机试运转记录

工 程 名 称			工程部位	
施 工 单 位			试运转日期	年 月 日

项 目		检 验 记 录
无负荷	电动机	
	电气设备	
	控制器接头	
	限位开关	
	高度指示器	
	机械部件	
	构件连接处	
	制动闸瓦	
	钢丝绳	
静负荷	1.25 倍额定负荷时	
	闸门无水压及有水压全行程启闭时	

试运转结论：

建设单位	监理单位	设计单位	施工单位	运行管理单位

附表 C.3-57　螺杆式启闭机试运转记录

工程名称			工程部位		
施工单位			试运转日期		年　　月　　日
项　　目			检　验　记　录		
无负荷	手摇部分				
	行程开关				
	转动机构				
	电气设备				
	机箱				
静负荷	电气和机械部分				
	超载保护装置				

试运转结论：

建设单位	监理单位	设计单位	施工单位	运行管理单位

附表 C.3-58 油压启闭机启闭试验及液压试验记录

工 程 名 称				工程部位		
施 工 单 位				试验日期	年 月 日	
项 目				检 验 记 录		
液压试验		强 度				
		严密性				
油泵试验		空载试验				
	油泵在工作压力的		25%			
			50%			
			75%			
			100%			
		排油检查				
		启动阀检查				
电接点压力表整定值						
无水手动操作试验		电接点压力表整定值				
		闸门升降				
主令控制器接通、断开时						
活塞和管路系统漏油检查						
无水自动操作试验		闸门启闭				
		机组过速时，继电器动作				
试验结论：						

建设单位	监理单位	设计单位	施工单位	运行管理单位

附表 C.3-59 泵站试运行记录

工程名称			工程部位	
施工单位			试运行日期	年　月　日

项　目	检 验 记 录
站内外土建工程和机电设备的运行状况	
检查机组在启动、停机和持续运行时各部位工作是否正常，站内各种设备是否协调，停机后检查机组各部位有无异常现象	
测定主机组在设计和非设计工况（或调节工况）下运行时的主要水力、电气参数和各部位有无异常现象	
对于高扬程泵站，一次事故停泵后，测试有关水力参数，检验水锤防护是否可靠	
测定泵站机组的振动	

试运行结论：

建设单位	监理单位	设计单位	施工单位	运行管理单位

附表 C.3-60 调 试 通 用 记 录

工程名称				
施工单位				
调试单位				
工程部位		调试项目		
设备或设施名称		规格型号		
系统编号		调试日期	年 月 日	
调试内容及要求				
调试结论				
建设单位	监理单位	设计单位	施工单位	运行管理单位

附表 C.3-61 管道注水法试验记录

工程名称			试验日期		年　月　日
施工单位					
桩号及地段					

管道内径/mm		管材种类		接口种类		试验段长度/m

工作压力/MPa		试验压力/MPa		15min 降压值/MPa		允许渗漏量/ [L/（min·km）]

渗水量测定记录	次数	达到试验压力的时间（时：分）	恒压结束时间（时：分）	恒压时间 T/min	恒压时间内补入的水量 W/L	实测渗水量/[L/（min·km）]
	1					
	2					
	折合平均实测渗水量/[L/（min·km）]					

外观	
评语	

建设单位	监理单位	设计单位	施工单位	运行管理单位

附表 C.3-62 水池满水试验记录

工程名称				
施工单位				
水池名称		注水日期		年 月 日
水池结构		允许渗漏量		L/（m²·d）
水池平面尺寸	m²	水面面积 A_1		m²
水深	m	湿润面积 A_2		m²
测读时间	（年－月－日 时：分）			
测读特征值	初读数		末读数	两次读数差
水池水位 E/mm				
蒸发水箱水位 e/mm				
大气温度/℃				
水温/℃				
实际渗水量	m³/d		L/（m²·d）	占允许量的百分比 / %
试验结论：				
建设单位	监理单位	设计单位	施工单位	运行管理单位

附表 C.3-63 防 水 工 程 试 验 记 录

工程名称						
施工单位						
专业施工单位						
检查部位				检查日期	年 月 日	
检查方式	□蓄水	□淋水		蓄水时间	从 年 月 日 时起	
	□	□			至 年 月 日 时止	

检查结果：

复查结果：

复查人： 复查日期： 年 月 日

其他说明：

建设单位	监理单位	设计单位	施工单位	运行管理单位

附表 C.3-64 施 工 试 验 通 用 记 录

工程名称				
施工单位		试验日期		年 月 日
试验部位		规格、材质		

试验项目及说明：

试验内容：

结论：

技术负责人	质检员	试验员

附表C.3-65 砂浆抗压强度汇总表

工程名称	
施工单位	

序号	工程部位	设计强度/MPa	试件编号	养护条件	龄期/d	抗压强度/MPa	备注
技术负责人				质检员			

附表 C.3-66 混凝土抗压（抗渗、抗冻）试验汇总表

工程名称							
施工单位							
序号	工程部位	设计等级	试件编号	养护条件	龄期/d	试验结果	备注
技术负责人			质检员				

附表 C.3-67　密 度 试 验 汇 总 表

工程名称									
施工单位									
序号	试样编号	试验日期	施工部位	取样位置	土样种类	干密度 / (g/cm³)	压实度 /%	备注
技术负责人					质检员			

注　对不合格样所代表的部位，应说明是否进行了处理，有无进行下道工序施工。

附录 C.4　施 工 安 全 类 资 料

附表 C.4-1　安全生产目标管理计划审核表

工程名称：

致（监理机构）： 　　根据规定，我方已完成安全生产目标管理计划，请贵方审核。 　　附件：安全生产目标管理计划。   　　　　　　　　　　　　　　　　　　　单位名称：（全称及盖章） 　　　　　　　　　　　　　　　　　　　负责人：（签名） 　　　　　　　　　　　　　　　　　　　日期：　　　　年　月　日
监理单位审核意见：   　　　　　　　　　　　　　　　　　　　监理机构：（全称及盖章） 　　　　　　　　　　　　　　　　　　　监理工程师：（签名） 　　　　　　　　　　　　　　　　　　　日期：　　　　年　月　日
项目法人意见：   　　　　　　　　　　　　　　　　　　项目法人：（全称及盖章） 　　　　　　　　　　　　　　　　　　负责人：（签名） 　　　　　　　　　　　　　　　　　　日期：　　　　年　月　日

　　注　本表一式____份，由施工单位填写，报监理单位审核，项目法人同意后，项目法人、监理机构、施工单位各一份。

附表 C.4-2　安全生产目标管理计划变更审核表

工程名称	
目标管理计划变更内容及变更原因：（可另设附　　页）	
单位意见： 单位名称：（全称及盖章） 负责人：（签名） 日期：　　　年　月　日	
监理单位审核意见： 监理机构：（全称及盖章） 总监理工程师：（签名） 日期：　　　年　月　日	
项目法人意见： 项目法人：（全称及盖章） 负责人：（签名） 日期：　　　年　月　日	

注　本表一式____份，由施工单位填写，报监理单位审核，项目法人同意后，项目法人、监理机构、施工单位各一份。

附表C.4-3 安全生产目标管理考核表

工程名称:

考核单位				被考核单位		
序号	项目	考核要求			分值	实得分
一	伤亡控制指标	杜绝死亡、重伤事故,避免一般性伤害发生				
二		施工安全达标				
1	安全生产责任制	建立安全责任制,严格执行责任制,按规定配备专(兼)职安全员、管理人员责任制考核合格				
2	目标管理	进行安全责任目标分解,落实考核办法				
3	安全措施方案	审查安全措施,监督安全措施落实				
4	安全检查	安全检查有记录,检查出事故隐患整改做到"四定",对重大事故隐患整改通知书所列项目如期完成				
5	安全教育	新入厂工人进行三级安全教育,有具体安全教育内容,变换工种时进行安全教育,专职安全员按规定进行年度培训考核并考核合格				
6	特种作业持证上岗	特种作业人员均经培训后从事特种作业,特种作业人员持操作证上岗				
7	工伤事故	工伤事故按规定报告,工伤事故按事故调查分析规定处理,建立工伤事故档案				
8	安全标志	有现场安全标志布置总平面图,现场安全标志按总平面图设置				
⋯						
三		文明(创优)施工目标				
1	封闭管理	建立门卫和门卫制度,进入现场佩戴工作卡				
2	现场防火	动火审核、动火监护管理				
3	治安综合治理	建立治安保卫制度并进行责任分解,制定治安防范措施				
4	施工现场标牌	设置"五牌一图"、安全标牌				
⋯						
检查合计分						

考核结果:

考核负责人: 考核日期:

注 1. 本表一式__份,由项目法人填写,项目法人、监理机构、施工单位各一份,用于考核施工单位安全生产目标完成情况。
　　2. 表中考核内容仅供参考,项目法人应根据安全目标责任书的内容制订考核办法。

附表 C.4-4　安全生产目标管理考核表（20＿＿＿年＿＿＿季度）

工程名称：

序号	被考核部门、班组	伤亡控制指标		安全达标			文明施工目标			隐患治理目标	考核结果	考核人
		"五无"目标	年度轻伤事故频率≤24‰	优良	合格	不合格	优良	合格	不合格	本月查处隐患数量/隐患治理率100%		

注　1. 本表一式__份，由施工单位填写，用于考核施工单位内部各部门、班组和责任人。

　　2. 考核结果分为优良（打"△"）、合格（打"√"）和不合格（打"×"）。

　　3. "五无"指无死亡事故、无中毒事故、无重大机构事故、无火灾事故、无重伤事故。

　　4. 年度轻伤事故频率是指现场受轻伤人数与项目作业的平均人数之千分比。

　　5. 安全达标指以《建筑施工安全检查标准》（JGJ 59）中的评分标准划分。

　　6. 隐患治理率是指导本月治理隐患与查出隐患数量之百分比。

附表C.4-5 项目部管理人员安全生产目标管理考核表（　　年　　季度）

安全生产管理 总目标	一、伤亡控制指标：零死亡、无火灾事故、无坍塌事故、无重大机械事故、无职业中毒事故、零重伤。 二、《建筑施工安全检查标准》（JGJ 59）要求达到合格等级以上。 三、文明施工按照本地标准达到合格等级以上。 四、隐患治理率达到100%				
序号	管理人员	目　标　分　解	考核期	考核结论	被考核人	考核负责人
1	项目负责人	贯彻执行企业安全生产规章制度，建立本项目的规章制度，制定本项目的安全生产管理目标，落实本项目的各项安全管理工作，并落实安全管理责任，对所承建的项目的安全生产负责	按季度考评			
2	项目副经理	贯彻落实上级安全生产指令，掌握各种安全生产规章制度，协助项目经理做好各项安全生产工作，并有针对性地制定实施细则，落实本项目安全生产管理目标，组织落实分解目标，并监督实施	按季度考评			
3	项目技术负责人	对项目的安全技术管理工作负责，落实项目负责人部署的安全生产管理工作	按季度考评			
4	专职安全员	落实项目负责人、技术负责人布置的生产安全管理工作，根据不同的施工部位或施工内容，在开工前向班组进行危险作业告知、书面安全技术交底和安全管理交底。巡查作业期间现场设备、设施安全措施的落实情况，对存在的安全隐患提出整改意见并跟进落实情况，按照检查标准，协助项目经理落实定期安全检查考核工作。发生安全事故应立即组织抢救，报告上级，针对险情组织疏散，保护现场，协助上级进行事故调查	按季度考评			
5	施工员	落实生产安全管理工作和经过审批的施工方案中的安全技术措施，根据不同的施工部位或施工内容，在布置工作的同时组织班组进行危险作业告知、安全技术交底和安全管理交底；对所管的施工现场、环境、安全和一切安全防护设施的完整、有效负责。在班组作业前以及检查生产进度的同时检查班组作业范围的安全设施使用情况，对存在的隐患及时予以处理，严重的应停止作业。发生安全事故应立即组织抢救，报告上级，针对险情组织疏散，保护现场，协助上级进行事故调查	按季度考评			
6	试验员	严格按照国家有关建筑施工安全的法律法规、标准，执行本单位的安全管理制度，按照标准要求抽取样品试验，负责检查试验报告的有效性，按规定及时提交试验报告。发现不合格品及时报告有关负责人处理	按季度考评			
7	预算员/成本员	按照有关建筑施工安全的法律法规以及本单位的安全管理制度，根据项目经理的安排，结合工程实际，制定安全生产费用计划，并按规定对安全生产资金的投入与实施进行管理，负责审查安全生产资金在项目的落实情况，负责建立健全安全生产资金台账	按季度考评			

序号	管理人员	目 标 分 解	考核期	考核结论	被考核人	考核负责人
8	机械设备管理员	负责所属项目的机、电、起重设备的操作人员的专业安全教育，落实项目经理、技术负责人布置的生产安全管理工作和专项施工方案中安全技术措施，向班组或操作人员进行危险作业告知、安全技术交底和安全管理交底。对所负责的施工项目的机具、电气、起重设备、压力容量的安全负责，按制度检查机电设备设施情况，对存在的隐患及时予以处理，严重的应停止作业，并报告项目经理、施工员处理。发生的安全事故应立即组织抢救，报告上级，针对险情组织疏散，保护现场，协助上级进行事故调查	在本项目任期内，按季度考评			
9	材料员	根据工程的需要负责按国家标准采购安全产品、设施、劳动保护用品，选择符合资格的生产商和经销商进货。严格执行材料进场检验、试验制度，供应施工现场使用的一切机具和附件等，在购入时，必须有出厂合格证明，发放时必须符合安全保护要求，回收后必须验收。按施工平面图和有关材料存放规定堆放材料，负责材料的储存安全。按规定填写材料进场检查、检验记录，负责管理材料的合格证和检验报告等资料，按规定定期移交	在本项目任期内，按季度考评			
10	班组长及分包单位负责人	1. 在项目经理或施工员的领导下负责本单位、本班组工作范围内的施工安全，认真执行安全生产规章制度及用人制度，模范遵守安全操作规程。掌握班组人员的技术、身体、精神（情绪）等情况，合理安排工作，每日班前检查机具、设备、防护用具及作业环境作业范围的安全情况，并认真做好安全交底。作业中要督促班组人员严格遵守安全制度、安全操作规程和正确使用个人防护用品，纠正违章作业和不安全行为，有权拒绝违章指挥，发现问题要及时解决，不能解决的要采取控制措施，并及时上报。组织开展本单位、班组作业人员进行安全学习活动，经常进行安全意识、安全技术知识教育，特别做好新调入员工、变换工种的员工、复工人员的安全教育，督促工人持证上岗，对新进场的工人要进行安全教育，在未熟悉工作环境前指定专人帮带，负责其人身安全。组织开展班前安全生产会，做好收工前的安全检查，组织一周的安全讲评工作，及时总结交流安全生产先进经验，表扬好人好事。 2. 实行互保作业，即班组成员两两结对，互相监督、互相保护，协调配合，实现安全生产。 3. 发生工伤事故要立即组织抢救，保护好现场并向项目负责人报告	在本项目任期内，按季度考评			
审批人（签名）					年　月　日	

注　本表一式＿＿＿份，由施工单位填写，用于考核内部岗位人员，表中目标、管理岗位和班组及其职责等内容权作参考，可视工程的实际进行增减。

附表 C.4-6　安全生产目标管理考核汇总表

工程名称：　　　　　　　　　　　　　　　　　　　　　　　考核单位：

序号	被考核人员	职务	考核结果				全年评价	备注
			一季度	二季度	三季度	四季度		

注　本表一式____份，由项目法人或施工单位填写，用于内部管理人员考核结果的汇总。

附表 C.4–7　安全生产责任制审核表

工程名称：

致（监理机构）： 　　根据规定，我方已完成安全生产责任制，请贵方审核。 　　　附件：安全生产责任制   　　　　　　　　　　　　　　　　　　　　施工单位：（全称及盖章） 　　　　　　　　　　　　　　　　　　　　项目经理：（签名） 　　　　　　　　　　　　　　　　　　　　日期：　　　年　月　日
监理单位审核意见：   　　　　　　　　　　　　　　　　　　　　监理机构：（全称及盖章） 　　　　　　　　　　　　　　　　　　　　监理工程师：（签名） 　　　　　　　　　　　　　　　　　　　　日期：　　　年　月　日

　　注　本表一式____份，由施工单位填写，报监理机构审核后，项目法人、监理机构、施工单位各一份。

附表 C.4-8 安全生产责任制考核表

工程名称：

被考核部门/被考核人			考核时间	
责任制考核情况				
存在问题				
考核意见	在此次考核中，评定为_____。 考核单位： 考核负责人： 日期：　　年　月　日			

　　注　本表一式___份，由考核单位填写，用于考核单位内部各部门和人员的安全生产目标管理完成情况。

附表 C.4-9 安全生产管理制度执行情况评估表

工程名称：

评估主持人		职务	
评估日期		地点	

安全生产管理制度评估概况：

安全生产管理制度拟修订理由及修订内容：

参加评估人员签名：

注 本表一式＿＿份，由评估单位填写，并印发内部各部门和相关参建单位。

附表 C.4-10　安全生产管理制度学习记录表

工程名称：

工程名称		学习日期	
学习部门		教育者	
受教育者		参加人数	

学习内容：

记录人：

受教育人签名：

注　本表一式___份，由组织学习单位填写，用于存档和备查。

附表 C.4-11　安全生产费用使用计划审核表

工程名称：

致（监理机构）： 　　根据规定，我方已完成安全生产费用使用计划，请贵方审核。 　　附件：安全生产费用使用计划   　　　　　　　　　　　　　　　　　　　　施工单位：（全称及盖章） 　　　　　　　　　　　　　　　　　　　　项目经理：（签名） 　　　　　　　　　　　　　　　　　　　　日期：　　年　　月　　日
监理单位审核意见：   　　　　　　　　　　　　　　　　　　　　监理机构：（全称及盖章） 　　　　　　　　　　　　　　　　　　　　监理工程师：（签名） 　　　　　　　　　　　　　　　　　　　　日期：　　年　　月　　日
项目法人意见：   　　　　　　　　　　　　　　　　　　　　项目法人：（全称及盖章） 　　　　　　　　　　　　　　　　　　　　项目负责人：（签名） 　　　　　　　　　　　　　　　　　　　　日期：　　年　　月　　日

注　本表一式___份，由施工单位申报，监理机构、项目法人签署意见后，施工单位、监理机构、项目法人各存一份。

附表 C.4-12 安全生产费用使用计划表

工程名称：

序号	费 用 项 目	金额/万元	使用日期	备注
1	完善、改造和维护安全防护设备设施			
2	安全生产教育培训			
3	配备劳动保护用品			
4	安全评价、重大危险源监控、事故隐患评估和整改			
5	设施设备安全性能检测检验			
6	应急救援器材、装备的配备及应急救援演练			
7	安全标志、标识及其他安全宣传			
8	职业危害防治措施、职业危害作业点检测、职业健康体检			
9	安全生产适用的新技术、新标准、新工艺、新装备的推广应用			
10	安全生产检查			
11	安全生产咨询			
12	安全生产标准化建设			
13	其他与安全生产直接相关的物品或者活动			
...				
	合计			

注 本表一式___份，由施工单位填写，用于归档和备查，施工单位、监理机构、项目法人各一份。

附表C.4-13 安全生产费用投入台账

工程名称：

序号	登记时间	费用项目名称	费用使用部门	项目负责人	批准人	金额/万元	备注

注 本表一式___份，各参建单位填写，用于存档和备查。

附表C.4-14　专项施工方案报审表

工程名称：

致（监理单位）：

　　我方已完成安全专项施工方案的编制，并经公司技术负责人批准，请予以审查。

　　附件：1. ⋯⋯
　　　　　2. ⋯⋯

总承包单位：（项目章）

项目负责人：（签名）

日期：　　年　月　日

专业监理工程师审查意见：

专业监理工程师：（签名）

日期：　　年　　月　　日

总监理工程师审核意见：

项目监理机构：（项目章）

总监理工程师：（注册章）

日期：　　年　　月　　日

注　本表一式＿＿份，由施工单位申报，监理机构审核后，项目法人、监理机构、施工单位各一份。

附表 C.4-15 超过一定规模的危险性较大的单项工程专项施工方案专家论证审查表

一、工程基本情况						
工程名称				地点		
建设单位		施工总承包单位			专业承包单位	
单项工程类别：						
工程基本情况：						
二、参加专家论证会的有关人员（签名）						
类　　别	姓名	单位（全称）		专业	职务/职称	手机
专家组组长						
专家组成员						
建设单位项目负责人或技术负责人						
监理单位项目总监理工程师						
监理单位专业监理工程师						
施工单位安全管理机构负责人						
施工单位工程技术管理机构负责人						
施工单位项目负责人						
施工单位项目技术负责人						
专项方案编制人员						
项目专职安全生产管理人员						
设计单位项目技术负责人						
其他有关人员						
三、专家组审查综合意见及修改完善情况						

专家组审查意见：

论证结论：　　□通过　　　□修改通过　　　□不通过

专家签名：

专家组组长：（签名）

日期：　　　年　月　日

施工单位就专家论证意见对专项方案的修改情况：（对专家提出的意见逐条回复，可另附页）
施工单位意见：   　　　　　　　　　施工总承包单位：（公章） 　　　　　　　　　项目负责制人：（签名） 　　　　　　　　　单位技术负责人：（签名） 　　　　　　　　　日期：　　年　月　日
监理单位意见：   　　　　　　　　　总监理工程师：（注册章） 　　　　　　　　　日期：　　年　月　日
项目法人意见：   　　　　　　　　　项目负责人：（签名）　　　　　　（公章） 　　　　　　　　　日期：　　年　月　日

注　本表一式＿＿份，由施工单位填写，监理机构、项目法人签署意见后，施工单位、监理单位、项目法人各一份。

附表C.4-16 安全技术交底单

工程名称		施工单位	
施工部位		施工内容	
交底负责人		施工期限	年　月　日至　年　月　日

基本安全技术要求		
施工现场针对性交底	危险因素	
	防范措施	
	应急措施	

交底人签名		接受交底负责人签名		交底时间	
接受交底人员签名					

注 本表一式____份，由施工单位填写，用于存档和备查。

附表 C.4-17 安全生产教育培训计划表

工程名称： 单位名称：

序号	时间	培训内容	培训方式	培训学时	培训对象	授课人员

注 本表一式____份，由各参建单位分别填写，用于存档和备查。

附表 C.4-18 职工安全生产教育培训记录表

工程名称： 单位名称：

工程名称		教育日期	
教育部门		教育者	
受教育者		培训学时	

教育内容：

记录人：

受教育人签名：

注 本表一式___份，由参建单位分别填写，用于存档和备查。

附表 C.4-19　三级安全教育培训登记表

姓名：　　　　　　　　　　　　　　　　身份证号码：

单位名称：　　　　　　　　　　　　　　班组及工种：

从业人员手册证号：　　　　　　　　　　本工地建卡日期：

三级安全教育内容			
一级教育	进行安全基本知识、法律、法制教育，主要包括下列内容： 1. 党和国家的安全生产方针、政策。 2. 安全生产法规、标准和法制观念。 3. 本单位施工过程及安全规章制度，安全纪律。 4. 本单位安全生产形势及历史上发生的重大事故及应吸取的教训。 5. 发生事故后如何抢救伤员、排险、保护现场和及时进行报告	教育部门	受教育人姓名
		教育人签名	
		年　　月　　日	
二级教育	进行现场规章制度和遵章守纪教育，主要包括下列内容： 1. 本单位施工特点及施工安全基本知识。 2. 本单位（包括施工、生产现场）安全生产制度、规定及安全注意事项。 3. 本工种的安全操作技术规程。 4. 高处作业、机械设备、电气安全基础知识。 5. 防火、防毒、防尘、防爆知识及紧急情况安全处置和安全疏散知识。 6. 防护用品发放标准及防护用品、用具使用的基本知识	教育人岗位	受教育人签名
		教育人签名	
		年　　月　　日	
三级教育	进行本工种岗位安全操作及班组安全制度、纪律教育，主要包括下列内容： 1. 本班组作业特点及安全操作规程。 2. 班组安全活动制度及纪律。 3. 爱护和正确使用安全防护装置（设施）及个人劳动保护用品。 4. 本岗位易发生事故的不安全因素及防范对策。 5. 本岗位的作业环境及使用机械设备、工具的安全要求	教育班组	受教育人签名
		教育人签名	
		年　　月　　日	

注　本表一式___份，由施工单位填写，用于存档和备查。

附表 C.4-20 现场设施安全管理台账

工程名称：　　　　　　　　　　　　　　　　　　施工单位：

序号	名称	规格型号	制造厂家	安装位置	厂内编号	运行情况	投用时间	检验周期	检验时间	检验情况

注　本表一式＿＿份，由施工单位填写，用于存档和备查。

附表 C.4-21 现场机械设备安全管理台账

工程名称：   施工单位：

序号	名称	规格型号	制造厂家	安装位置	厂内编号	运行情况	投用时间	检验周期	检验时间	检验情况

注　本表一式___份，由施工单位填写，用于存档和备查。

附表 C.4-22 消防设施设备安全管理台账

工程名称：　　　　　　　　　　　　　　　　　　　　施工单位：

序号	设施设备名称	规格型号	数量	购置日期	配置地点	责任人	维护、保养记录			
							第一次	第二次	第三次	第四次

　注 1. 本表一式___份，由施工单位填写，用于存档和备查。
　　　2. 消防设备设施包括：室内外灭火栓、消防泵、自动灭火系统、自动报警装置、灭火器等。

附表 C.4-23　特种设备安全管理台账

工程名称：　　　　　　　　　　　　　　　　　　　施工单位：

序号	设备名称	规格型号	出厂日期	产品合格证书	使用日期	使用许可证号	安装地点	设备编号	备注

注　本表一式＿＿份，由施工单位填写，用于存档和备查。

附表 C.4-24 特种设备安全管理卡

施工单位： 设备编号：

设备名称		型号		出厂日期		合格证号	
使用部门		安装地点		管理人		检验证号	
检测检验记录	检验日期	检测检验部门		检测检验结论			
故障维修记录	发生故障日期	故障内容		维修结论			

注 本表一式___份，由施工单位填写，用于存档和备查。

附表 C.4-25 劳动保护用品采购登记台账

工程名称：

序号	采购日期	名称	数量	金额	发票号	验收人	备注

注 本表一式___份，由施工单位填写，用于存档和备查。

附表 C.4-26　劳动保护用品发放台账

工程名称：

序号	姓名	工种	工作部门	名称	规格型号	数量	发放日期	使用周期	领用人签字

注　本表一式___份，由施工单位填写，用于存档和备查。

附表 C.4-27 起重机械维护保养记录表

工程名称：

设备名称				设备型号	
出厂编号		备案编号		自编号	
出厂日期				产权单位	
维护保养单位				上次维护保养日期	
项类		维护保养内容		技术要求	备注
清洁润滑	各机构、传动系统、部件润滑			按设备使用说明书及相关标准	
检查调整更换	基础及轨道				
	部件附件连接件、各机构制动器和限位开关与机械元件间隙调整更换，钢丝绳、吊具、索具、链条、滑轮更换				
	金属结构与连接件			按设备使用说明书及相关标准	
	电气与控制操作系统				
维护保养结论					

维护保养人员：（签名）

维护保养单位：（公章）

日期：　　年　月　日

注　本表一式___份，由施工单位填写，用于存档和备查。

附表 C.4-28 起重机械运行记录表

第 页

_____年	运行	故障	维修	司机（签名）
__月__日	作业前试验：			
__时___分起	安全装置、电气线路检查：			
__时___分止	作业情况：			
__月__日	作业前试验：			
__时___分起	安全装置、电气线路检查：			
__时___分止	作业情况：			
__月__日	作业前试验：			
__时___分起	安全装置、电气线路检查：			
__时___分止	作业情况：			

注 本表一式___份，由施工单位填写，用于存档和备查。

附表 C.4-29　施工机具及配件检查维护保养记录表

工程名称：

施工机具及配件	规格型号	自编号码	出厂时间	使用年限	上次维护保养时间
检查维护保养记录					
更换主要配件记录					

记录人：（签名）		年　月　日

注　本表一式___份，由施工单位填写，用于存档和备查。

附表 C.4-30 施工现场临时用电设备检查记录表

工程名称： 检查日期： （星期 ___ ） 天气： 编号：

设备名称	电机数据			绝缘电阻		接地（零）线		防雷接地电阻/Ω	漏电开关		外绝缘层检查
	功率/kW	相数/相	电压/V	绕组对壳/MΩ	相间/MΩ	接地（零）线电阻/Ω	截面积/mm²		动作时间/s	动作电流/mA	

兆欧表型号：	电压： V	检查电工（签名）：	电气负责人（签名）：
		年 月 日	年 月 日

注 1. 本表一式___份，由施工单位填写，用于归档和备查。

2. 绝缘电阻大于 0.5MΩ。

3. 单台容量超过 100kVA 或使用同一接地装置并联运行且总容量超过 100kVA 的电力变压器或发电机的工作接地电阻值不得大于 4Ω。

4. 单台容量不超过 100kVA 或使用同一接地装置并联运行且总容量不超过 100kVA 的电力变压器或发电机的工作接地电阻值不得大于 10Ω。

附表 C.4-31　施工现场临时用电设备明细表

工程名称：　　　　　　　　　　　　　　　　施工单位：

序号	设备名称	数量/台	设备数据					总容量/kW	备注
			容量/（kW/台）	相数/相	功率因数	电压/V	暂载率/%		

总容量合计：　　　　　kW　　　　　　　　　填表人：

电气负责人：　　　　　　　　　　　　　　　填表日期：　　　年　月　日

注　本表一式___份，由施工单位填写，用于存档和备查。

附表C.4-32　高空作业吊篮验收表

工程名称						
总承包单位			项目负责人			
专业承包单位			项目负责人			
施工执行标准及编号：						
验收部位			搭设高度		材质型号	
序号	检查项目	检查内容与要求				验收结果
1	资料部分	高处作业吊篮安装拆卸工持省级及以上建设主管部门颁发的建筑施工特种作业人员操作资格证				
2	吊篮及安全装置	挑梁锚固或配重等抗倾覆装置有效				
		吊篮组装符合设计要求				
		电动（手动）葫芦使用合格产品，保险卡有效，吊钩有保险				
		吊篮保险绳有效				
3	安全防护	吊篮平台宽0.8~1m，长度不宜超过6cm，吊篮与建筑结构有紧固措施				
		单片吊篮升降两端有防护				
		多层作业有防护顶板				
4	荷载	施工荷载符合设计要求				
		吊篮使用前经荷载试验合格				
5	检验	检验合格（附吊篮及防坠器检验报告）				
6	其他					
验收结论		验收日期：　　　年　　月　　日				
参加验收人员	总承包单位		专业承包单位		监理单位	
	专项方案编制人：（签名） 项目技术负责人：（签名） 项目负责人：（签名） （项目章）		专项方案编制人：（签名） 项目技术负责人：（签名） 项目负责人：（签名） （项目章）		专业监理工程师：（签名） 总监理工程师：（签名）	

注　本表一式＿＿份，由施工单位填写，施工单位、监理机构各执一份。

附表 C.4-33　扣件式钢管脚手架验收表

工程名称					
总承包单位				项目负责人	
专业承包单位				项目负责人	
施工执行标准及编号：					
验收部位			搭设高度/m		材质型号	

序号	检查项目	检查内容与要求	验收结果
1	施工方案	架子工持省级及以上建设主管部门颁发的建筑施工特种作业人员操作资格证书	
		脚手架搭设前必须编制专项方案，搭设高度 50m 及以上须有专家论证报告，审批手续应完备	
		搭设高度 50m 及以下脚手架应有连墙杆、立杆地基承载力设计计算；搭设高度超过 50m 时，应有完整的设计计算书	
		卸荷装置符合专项方案要求	
		立杆、纵向水平杆、横向水平杆间距符合设计和规范要求	
		必须设置纵横扫地杆并符合要求	
2	立杆基础	基础经验收合格，平整坚实与方案一致，有排水设施	
		立杆底部有底座或垫板，应符合方案要求，并应准确放线定位	
		立杆应没有因地基下沉悬空的情况	
3	剪刀撑与连墙杆	剪刀撑按要求沿脚手架高度联系设置，每道剪刀撑宽度不小于 4 跨（且不应小于 6m），角度 45°～60°，搭接长度不小于 1m，扣件距钢管端部大于 10cm，等间距设置 3 个旋转扣件固定	
		按方案要求设置连接墙拉结点：高度在 50m 及以下的双排架和高度在 24m 及以下的单排架，每根连墙杆覆盖面积不大于 40m², 高度在 50m 以上的双排架每根连墙杆覆盖面积不大于 27m²	
		高度超过 24m 以上的双排脚手架必须用刚性连墙杆与建筑物可靠连接	
		高度在 24m 及以下宜采用刚性连墙杆与建筑物可靠连接，亦可采用拉筋和顶撑配合使用的附墙连接方式	
4	杆件连接	步距、纵距、横距和立杆垂直搭设误差符合规范要求；不同步、不同跨相邻立杆、纵向水平杆街头须错开不小于 500mm，除顶层顶步外，其余接头必须采用对接扣件连接	
		纵向、横向水平杆根据脚手板铺设方式与立杆正确连接	
		扣件紧固力矩控制在 40～65N•m	

序号	检查项目	检查内容与要求	验收结果
5	脚手板与防护栏杆	施工层满铺脚手板，其材质符合要求	
		脚手板对接接头外伸长度130～150mm，脚手板搭接接头长度应大于200mm，脚手板固定可靠	
		斜道两侧及平台外围搭设不低于1.2m高的防护栏杆和180mm的挡脚板，并用密目安全网防护	
6	钢管及扣件	规格符合方案或设计计算书中要求	
		禁止钢木（竹）混搭	
		有出厂质量合格证	
		使用的钢管无裂痕、弯曲、压扁、锈蚀	
7	架体安全防护	脚手架外立杆内侧满挂密目式安全网封闭	
		施工层脚手架内立杆与建筑物之间用平网或其他措施防护，并符合方案要求	
8	通道	运料斜道宽度不宜小于1.5m，坡度宜采用1:6；人行斜道宽度不宜小于1m，坡度宜采用1:3	
		每隔250～300mm设置一根防滑木条，有防护栏杆机挡脚板，并符合规范要求	
9	其他		

验收结论

验收日期：　　　年　　月　　日

参加验收人员	总承包单位	专业承包单位	监理单位
	专项方案编制人：（签名）	专项方案编制人：（签名）	专业监理工程师：（签名）
	项目技术负责人：（签名）	项目技术负责人：（签名）	总监理工程师：（签名）
	项目负责人：（签名） （项目章）	项目负责人：（签名） （项目章）	

注　本表一式___份，由施工单位填写，施工单位、监理机构各执一份。

362

附表 C.4-34 悬挑式脚手架验收表

工程名称					
总承包单位				项目负责人	
专业承包单位				项目负责人	
施工执行标准及编号：					
验收部位		搭设高度/m		材质型号	

序号	检查项目	检查内容与要求	验收结果
1	资料部分	架子工持省级及以上建设主管部门颁发的建筑施工特种作业人员操作资格证书	
		脚手架搭设前必须编制专项方案，20m 及以上须有专家论证报告，审批手续完备	
		脚手架分段搭设分段验收，资料齐全	
		有安全操作规程及安全技术交底记录	
2	架体稳定	外挑杆件与建筑结构连接采用焊接或螺栓连接，不得采用扣件连接	
		悬挑梁安装符合设计要求	
		立杆底部牢固，立杆垂直偏差满足规范要求，立杆纵横向间距满足专项方案要求	
		架体与建筑结构连接，垂直不大于 2 步，水平不大于 3 步	
3	安全防护	施工层外侧设置 1.2m 高的防护栏和 18cm 高的挡脚板	
		架体外侧用密目式安全网严密封闭，架体搭设应超过作业层 1.5m	
		脚手架满铺、牢固，不得有探头板	
		作业层下用安全平网严密防护，施工层以下每隔 10m 以内封闭一次	
4	荷载	脚手架荷载不得超过设计规定	
5	其他		

验收结论	
	验收日期：　　年　　月　　日

参加验收人员	总承包单位	专业承包单位	监理单位
	专项方案编制人：（签名）	专项方案编制人：（签名）	专业监理工程师：　（签名）
	项目技术负责人：（签名）	项目技术负责人：（签名）	
	项目负责人：（签名）（项目章）	项目负责人：（签名）（项目章）	总监理工程师：（签名）

注 本表一式___份，由施工单位填写，施工单位、监理机构各执一份。

附表 C.4-35 混凝土模板工程验收表

工程名称			
总承包单位		项目负责人	
专业承包单位		项目负责人	
施工执行标准及编号			
验收部位		安装日期	
立柱材料和规格			
模板材料和规格		层高/m	
序号	检查项目	检查内容与要求	验收结果
1	安全施工方案	搭设高度 5m 及以上、搭设跨度 10m 及以上、施工总荷载 10kN/m² 及以上、集中线荷载 10kN/m 及以上、高度大于支撑水平投影宽度且相对独立无联系构件的,搭设前必须编制专项方案,审批手续完备	
		搭设高度 8m 及以上、搭设跨度 18m 及以上、施工总荷载 15kN/m² 及以上、集中线荷载 20kN/m 及以上的,须有专家论证报告,审批手续完备	
		根据混凝土运送方法制定有针对性的安全技术措施	
2	立柱、水平拉杆与剪刀撑	梁和板的立柱,其纵横向间距应相等或成倍数	
		钢管立柱底部应设垫木和垫底,顶部应设可调支托,U 形支托与楞梁两侧间如有间隙,必须楔紧,其螺杆伸出钢管顶部不得大于 20mm,螺杆外径与立柱钢管内径的间隙不得大于 3mm,安装时应保证上、下同心	
		在立柱底距地面200mm 高处,沿纵横水平方向应按纵下横上的程序设扫地杆。可调支托底部的立柱顶端应沿纵横向设置一道水平拉杆。扫地杆与顶部水平拉杆之间的间距,在满足模板设计所确定的水平拉杆步距要求条件下,进行平均分配确定步距后,在每一步距处纵横向应设一道水平拉杆;当层高在 8～20m 时,在最顶步距两水平拉杆中间应加设一道水平拉杆,当层高大于 20m 时,在最顶步距两步距水平拉杆中间应分别增加一道水平拉杆。所以水平拉杆的端部均应与四周建筑物顶紧顶牢。无处可顶时,应在水平拉杆端部和中间沿竖向设置连续式剪刀撑	
		木立柱的扫地杆、水平拉杆、剪刀撑应采用 400mm×50mm 木条或25mm×80mm 的木板条与木立柱钉牢。钢管立柱的扫地杆、水平拉杆、剪力撑用扣件与钢筋立柱扣劳。木扫地杆、水平拉杆、剪刀撑应采用搭接,并应采用铁钉钉牢。钢管扫地杆、水平拉杆应采用对接,剪刀撑应采用搭接,搭接长度不得小于 500mm,并应采用 2 个旋转扣分别在离杆端不小于 100mm 处进行固定	
		钢管规格、间距、扣件应符合设计要求。每根立柱底部应设置底座及垫板,垫板厚度不得小于 50mm	
		钢管支架立柱间距、扫地杆、水平拉杆、剪刀撑的设置应符合方案及《建筑施工模板安全技术规范》(JGJ 162)第 6.1.9 条的规定。当立柱底部不在同一高度时,高处的纵向扫地杆应向低处延长不少于 2 跨,高低差不得大于 1m,立柱距边坡上方边缘不得小于 0.5m	

序号	检查项目	检查内容与要求	验收结果
2	立柱、水平拉杆与剪刀撑	立柱接长严禁搭接，必须采用对接扣件连接，相邻两立柱的对接接头不得在同步内，且对接接头沿竖向错开的距离不宜小于 500mm，各接头中心距主节点不宜大于步距的 1/3	
		严禁将上段的钢管立柱与下端钢管立柱错开固定在水平拉杆上	
		满堂模板和模板支架立柱，在外侧周围应设由下至上的竖向连续式剪刀撑；中间在纵横向应每隔 10m 左右设由下至上的竖向连续剪刀撑，其宽度宜为 4～6m，并在剪刀撑部位的顶部、扫地杆处设置水平剪刀撑且底端应与地面顶紧，夹角宜为 45°～60°。当建筑层高在 8～20m 时，除应满足上述规定外，还应在纵向、横向相邻的两竖向连续式剪刀撑之间增加"之"字斜撑，在有水平剪刀撑的部位，应在每个剪刀撑中间处增加一道水平剪刀撑。当建筑层高超过 20m 时，在满足以上规定的基础上，应将所有"之"字斜撑全部改为连续式剪刀撑	
		当支架立柱高度超过 5m 时，应在立柱周围外侧和中间有结构柱的部位，按水平间距 6～9m、竖向间距 2～3m，与建筑结构设置一个固结点	
3	作业环境	模板及其支架在安装过程中，必须设置有效防倾覆的临时固定设施	
		高支模施工现场应搭设工作梯，作业人员不得爬支模上下	
		高支模上高临边有足够操作平台和安全防护	
		作业面临边防护及孔洞封严措施应到位	
		垂直交叉作业上下应有隔离防护措施	
4	其他		

验收结论	
	验收日期：　　年　　月　　日

参加验收人员	总承包单位	专业承包单位	监理单位
	专项方案编制人：（签名）	专项方案编制人：（签名）	专业监理工程师：（签名）
	项目技术负责人：（签名）	项目技术负责人：（签名）	
	项目负责人：（签名）（项目章）	项目负责人：（签名）（项目章）	总监理工程师：（签名）

注 本表一式___份，由施工单位填写，施工单位、监理机构各执一份。

附表 C.4-36 基坑开挖、支护及降水工程验收表

工程名称				
总承包单位			项目负责人	
专业承包单位			项目负责人	
施工执行标准及编号：				
验收部位			安装日期	

序号	检查项目	检查内容与要求	验收结果
1	资料部分	开挖深度超过 3m（含）或虽未超过 3m 但现场地质条件和周边环境复杂的基坑（槽）的土方开挖、支护、降水工程施工前必须编制专项方案；当开挖深度超过 5m（含）或虽未超过 5m 但现场地质条件和周边环境较复杂时还须有专家论证报告，审批手续应完备	
		施工前建设单位必须提供施工现场及毗邻区域内详细的地上（下）管线资料、气象和水文观测资料，相邻建筑物和构筑物、地下工程的有关资料，施工单位应采取有效的保护措施	
2	基坑工程监测	开挖深度超过 5m（含）或虽未超过 5m 但现场地质条件和周边环境较复杂的基坑工程以及其他需要监测的基坑工程应实施第三方基坑工程监测	
3	坑边荷载	堆土、机具设备、临时设施等荷载与坑边距离应大于设计规定；出土口等部位必须有加固措施	
4	临边防护及降排水	防护栏杆应由上、下两道钢管横杆及钢管栏杆柱组成，上杆距离地高度 1.2m，下杆距离地高度 0.6m，栏杆下边设置高度不低于18cm 的挡脚板，挡脚板下边距离地面的孔隙不应大于 10mm。夜间应设红色标志灯。施工期间必须有良好的降排水措施，降水时要有防止临近建筑物沉降措施	
5	支护结构	支护结构施工及使用的原材料及半成品应遵照有关施工验收标准进行检验	
		对基坑侧壁安全等级为一级或对构件质量有怀疑的安全等级为二级和三级的支护结构应进行质量检测	
		支护结构检测、验收试验等	
6	其他		
验收结论			
		验收日期： 年 月 日	

参加验收人员	总承包单位	专业承包单位	监理单位
	专项方案编制人：（签名）	专项方案编制人：（签名）	专业监理工程师：（签名）
	项目技术负责人：（签名）	项目技术负责人：（签名）	
	项目负责人：（签名）（项目章）	项目负责人：（签名）（项目章）	总监理工程师：（签名）

注 本表一式___份，由施工单位填写，施工单位、监理机构各执一份。

附表C.4-37 临边洞口防护验收表

工程名称				
总承包单位			项目负责人	
专业承包单位			项目负责人	
形象进度			防护责任人	
序号	检查项目	检查内容与要求		验收结果
1	资料	有预防高处坠落事故的专项施工方案,做到防护规范化、标准化、工具化		
2	洞口防护	电梯井内应每隔两层并最多隔10m设一道安全平网		
		边长为2.5～25cm的洞口必须用坚实的盖板覆盖,盖板不能挪动		
		边长为25～50cm的洞口,用竹、木等盖板盖住洞口。盖板须能保持四周搁置均衡,并有固定其位置的措施		
		边长为50～150cm的洞口,必须设置以扣件扣接钢管而成的网格,并在其上满铺竹笆或脚手板,网格间距不应大于20cm		
		边长为150cm以上的洞口,四周设防护栏杆,洞口下应张设安全平网		
3	临边防护	防护栏杆应由上、下两道横杆及栏杆柱组成,上杆离地高度为1.0～1.2m,下杆距地高度为0.5～0.6m		
		基坑周边固定时,钢管插入地面50～70cm,钢管离边口距离大于50cm		
		在混凝土楼面、屋面或墙面固定时,可用预埋件与钢管或钢筋焊牢		
		采用木、竹栏杆时,可在预埋件上焊接30cm长的L50×5角钢,上、下各钻一孔用10mm螺栓与竹、木杆件拴牢		
		栏杆必须自上而下用安全立网封闭或栏杆下边设置18cm的挡脚板		
		栏杆立柱的固定及其螺杆的连接,在杆件的任何部分都能承受任何方向的1000N外力		
4	其他			
验收结论		验收日期: 年 月 日		
参加验收人员	总承包单位		专业承包单位	监理单位
	专项方案编制人:(签名) 项目技术负责人:(签名) 项目负责人:(签名) (项目章)		专项方案编制人:(签名) 项目技术负责人:(签名) 项目负责人:(签名) (项目章)	专业监理工程师: (签名) 总监理工程师: (签名)

注 本表一式__份,由施工单位填写,施工单位、监理机构各执一份。

<h2>附表 C.4-38 人工挖孔桩防护验收表</h2>

工程名称				
总承包单位			项目负责人	
专业承包单位			项目负责人	
桩号			施工进度	
序号	检查项目	检查内容与要求		验收结果
1	资料	编制专项方案，开挖深度超过 16m 的，须有专家论证报告，并按规定报有关部门审批		
		气体测试记录		
		潜水泵维修保养及绝缘检测记录		
		安全操作规程及安全技术交底		
2	井孔周边防护	第一护壁高出地面 25cm 及以上		
		井孔周边有防护栏杆，并应有防护要求		
		成孔后有盖孔板		
3	井内防护	井内有半圆平板（网）防护		
		井内有上下梯		
		上下联络信号明确		
4	送风	送风管、设备数量满足并性能完好		
		风管材质符合要求不破损		
		施工过程坚持送风		
5	护壁	及时浇筑护壁混凝土		
		护壁拆模应经工程技术人员同意		
6	井内作业	井内作业，井上有人监护		
		井内作业人员必须戴安全帽，系安全带或安全绳		
		井内抽水，作业人员必须上井		

续表

序号	检查项目	检查内容与要求	验收结果
7	气体测试与急救	配备合格有效的气体检测仪器及活体检测	
		有经过培训的急救人员及急救器具(带氧气的防毒面具等)	
8	现场照明	井孔内使用 12V 安全电压照明	
		井孔内照明亮度满足要求	
		井孔内使用防水电缆和防水灯泡。电线无老化或绝缘损坏,并绑在绝缘子上	
9	电箱	配电系统符合规范要求,漏电保护器动作电流不大于 15mA	
		电箱配置正确	
10	施工机具	施工机具性能完好,并有可靠的保护接零	
		传动部位有防护,并符合要求	
		安装符合规范要求	
11	其他		

验收结论	
	验收日期:　　年　　月　　日

参加验收人员	总承包单位	专业承包单位	监理单位
	专项方案编制人:(签名) 项目技术负责人:(签名) 项目负责人:(签名) (项目章)	专项方案编制人:(签名) 项目技术负责人:(签名) 项目负责人:(签名) (项目章)	专业监理工程师: (签名) 总监理工程师: (签名)

注　本表一式__份,由施工单位填写,施工单位、监理机构各执一份。

附表 C.4-39 施工现场临时用电验收表

工程名称			
总承包单位		项目负责人	
专业承包单位		项目负责人	

施工执行标准及编号：

序号	检查项目	检查内容与要求	验收结果
1	资料	电工持省级及以上建设主管部门颁发的建筑施工特种作业人员操作资格证书	
		施工现场临时用电设备在 5 台及以上或设备总容量在 50kW 及以上者，应编制用电组织设计	
		临时用电组织设计及变更时，必须履行"编制、审核、审批"程序，由电气工程技术人员组织编制，经相关部门审核及具有法人资格企业的技术负责人批准后实施。变更用电组织设计时应补充有关图纸资料	
2	外电防护与配电线路	不得在外电架空线路正下方施工、搭设作业棚、建造生活设施，或堆放构件、架具、材料及其他杂物	
		工程周边（含脚手架具）、机动车道、起重机、现场开挖沟槽的边缘与外电架空线路之间的最小安全操作距离，必须符合相关规范的规定	
		架空线必须采用绝缘导线，设在专用电杆上，导线截面的选择、敷设方式、断路保护器必须符合相关规范的规定	
		电缆中必须包含全部工作芯线和用作保护零线和工作零线的芯线。需要三相四线制配电的电缆线路必须采用五芯电缆，且各种绝缘芯线颜色必须正确	
		电缆线路应采用埋地或架空敷设，严禁沿地面明设，并应避免机械损伤和介质腐蚀	
3	接地与防护	TN-S 接零保护系统中，电气设备的金属外壳必须与专用保护零线连接。保护零线应由工作接地线、配电室（总配电箱）电源侧零线或总漏电保护器电源侧零线处引出，与外电线路共用同一供电系统时，电气设备接地、接零保护与原系统保护一致	
		TN 系统中的保护零线除必须在配电室或总配电箱处做重复接地外，还必须在配电系统的中间处和末端处做重复接地，重复接地电阻应不大于 10Ω	
4	配电室及自备电源	配电柜装设电源隔离开关及短路、过载、漏电保护器电源隔离开关分段时，应有明显分段点	
		发电机组并列运行时，必须装设同期装置，并在机组同步运行后再向负载供电	

序号	检查项目	检查内容与要求	验收结果
5	配电箱及开关箱	配电系统应设置配电柜或总配电箱、分配电箱、开关箱、实行三级配电	
		每台用电设备必须有各自的开关箱，严禁用一个开关箱直接控制 2 台及 2 台以上的用电设备（含插座）	
		漏电保护器的额定漏电动作电流、额定动作时间必须符合相关规范的规定	
		配电箱、开关箱应配锁，安全标志、编号齐全，安装位置恰当、整齐，方便操作，周围无杂物。箱内电器设施完整、有效，参数与设备匹配，配电布置合理，并有标记	
		开关箱中漏电保护器的额定漏电动作电流不大于 30mA，额定漏电动作时间不大于 0.1s。使用于潮湿或有腐蚀介质场所的漏电保护器应采用防溅型产品，其额定漏电动作电流不大于 15mA，额定漏电动作时间不大于 0.1s。总配电箱中漏电保护器的额定漏电动作电流大于 30mA，额定漏电动作时间大于 0.1s，但其额定漏电动作电流与额定动作漏电时间的乘积不大于 30mA·s	
		箱体采用金属箱，底板用绝缘板或金属板，不允许用木板。配电箱的电器安装板上必须分设 N 线端子板和 PE 线端子板。N 线端子板必须与金属电器安装板绝缘；PE 线端子板必须与金属电器安装板做电气连接。进出线中的 N 线必须通过 N 线端子板连接，PE 线必须通过 PE 线端子板连接	
6	现场照明	特殊场所使用的照明器其安全特低电压，必须符合相关规范的规定	
		照明变压器必须使用双绕组型安全隔离变压器，严禁使用自耦变压器	
7	其他		

验收结论			
	验收日期： 年 月 日		
参加验收人员	总承包单位	专业承包单位	监理单位
	专项方案编制人：（签名） 项目技术负责人：（签名） 项目负责人：（签名） （项目章）	专项方案编制人：（签名） 项目技术负责人：（签名） 项目负责人：（签名） （项目章）	专业监理工程师：（签名） 总监理工程师：（签名）

注 本表一式___份，由施工单位填写，施工单位、监理机构各执一份。

附表 C.4-40 安全防护用具进场查验登记表

工程名称： 　　　　　　　　　　　　　　　　施工单位：

序号	名称	型号规格	数量	许可证号	合格证号	检验报告结论	验收人	验收日期

材料员：（签名）	专职安全员：（签名）
制表人：（签名）	填表日期： 　　年　月　日

注 本表一式___份，由施工单位填写，施工单位、监理机构各执一份。

附表 C.4-41　机械（电气）设备进场查验登记表

工程名称：　　　　　　　　　　　　　　　　施工单位：

序号	设备名称	型号规格	数量	许可证号	合格证号	查验情况	验收人	验收日期

材料员：（签名）	专职安全员：（签名）
制表人：（签名）	填表日期：　　　年　月　日

注　本表一式___份，由施工单位填写，施工单位、监理机构各执一份。

附表 C.4-42 起重机械安装验收表

工程名称			工程地址		
施工总承包单位			项目负责人		
使用单位			项目负责人		
安装单位			项目负责人		
起重机械名称		型号规格		备案编号	工地自编号
检验评定机构名称		检验报告编号		报告签发日期	

序号	验收项目	检查内容与要求	现场和资料是否符合要求
1	安全运行条件	（1）与周边建构筑物、输电线路的安全距离	
		（2）周边杂物以及机体上堆积杂物和悬挂物的清理	
		（3）专用配电箱、电缆的安置位置	
		（4）水平吊运作业线路的规定	
		（5）施工作业人员的安全通道	
		（6）基础部位的防水、排水设施	
		（7）作业环境危险部位的安全警示标识	
2	落实安全管理责任	（1）明确起重机械的安全管理部门和管理员，及其安全管理责任	
		（2）本台设备管理责任人及其责任	
		（3）定期维护保养	
		（4）安全操作规程	
		（5）在机身上显著位置张挂设备管理标牌	
3	安全管理资料	（1）按规定建立"一机一档"的安全技术档案	
		（2）特种作业人员的上岗资格证	
		（3）安全技术交底记录	
		（4）各项起重机械安全管理制度（含应急预案及加节、附着装置的验收等制度）	
4	其他资料	（1）安装单位安装自检表	
		（2）安装检验报告	
		（3）检验报告中不合格项的整改情况	
验收结论		年 月 日	

参加验收人员	总承包单位	使用单位	安装单位	预备产权（或出租）单位	监理单位
	专业技术人员： （签名） 项目技术负责人： （签名） 项目负责人： （签名） （公章）	专业技术人员： （签名） 项目技术负责人： （签名） 项目负责人： （签名） （公章）	专项方案编制人： （签名） 专业技术人员： （签名） 项目负责人： （签名） （公章）	负责人： （签名） （公章）	专业监理工程师： （签名） 总监理工程师： （签名）

注 本表一式___份，由施工单位填写，施工单位、监理机构各执一份。

附表C.4-43 起重机械基础验收表

工程名称						
起重机械名称		型号规格		备案编号		工地自编号
总承包单位			项目负责人			
基础施工单位			项目负责人			

验收项目	检查结果	验收结论
地基的承载能力（不小于_____kN/m^2）		
基础混凝土强度（附试验报告）		
基础周围有无排水设施		
基础地下有无暗沟、孔洞（附钎探资料）		
混凝土基础尺寸（预埋件尺寸）、规格是否符合图纸及说明书要求		
混凝土基础表面平整情况（允许偏差10mm）		
钢筋、预埋件隐蔽验收记录		
桩验收记录		

验收结论

验收日期： 年 月 日

验收人签名	总承包单位	基础施工单位	监理单位
	专项方案编制人：（签名）	专项方案编制人：（签名）	专业监理工程师：（签名）
	项目技术负责人：（签名）	项目技术负责人：（签名）	
	项目负责人：（签名）	项目负责人：（签名）	总监理工程师：（签名）
	（公章）	（公章）	

注 本表一式__份，由施工单位填写，施工单位、监理机构各执一份。

附表 C.4-44　砂石料生产系统安全检查验收表

单位名称		工程名称		
序号	验收项目	验 收 内 容		结果
1	保证资料	系统中的各机械设备是否有合格证、产品鉴定书、使用说明书等		
2	生产机械安装	安装基础应坚固、稳定性好,基础各部位连接螺栓紧固、不应松动,接地电阻不大于10Ω		
3	破碎机械	进料口平台的设置应符合《水利水电工程施工通用安全技术规程》（SL 398—2007）要求: 1. 进料口边缘除机动车辆进料侧外,应设置宽度不小于0.5m的走道,并设置栏杆。 2. 颚式破碎机的碎石轧料槽上面应设置防护罩。 3. 进料口处应设立人工处理卡石及超径石的操作平台		
4	筛分机械	1. 筛分楼应设置避雷装置,接地电阻不应大于10Ω。 2. 指示灯联动的启动、运行、停机、故障联系信号应可靠、灵敏。 3. 裸露的传动装置应设置孔口尺寸不大于 30mm×30mm、装拆方便的钢筋网或钢板防护置。 4. 设备周边应设置宽度不小于1m的通道,并应在筛分设备前设置检修平台		
5	其他安装要求	1. 洗砂机、洗泥机、沉砂箱、棒磨机等机械设备周围通道的宽度不应小于1m,设备之间的间距不应小于2m。 2. 棒磨机转筒与行人通道不应小于1.5m,并应设高度不小于1.2m的护栏,装棒侧应设置宽度不小于5m的工作平台		
6	砂石输料皮带隧洞	1. 隧洞稳定,高度不应低于2m,不稳定的围岩应采用混凝土支护、衬砌。 2. 皮带机一侧应设有宽度不小于0.8m的通道,通道应平整、畅通。 3. 洞口应采取混凝土衬砌或上部设置安全挡墙等措施。 4. 洞内地面应设有排水沟,排水畅通、不积水。 5. 洞内采用低压照明,使用灯泡不应小于 60W,两灯距离不应大于 30m,并装有控制开关和触电保护器		
7	堆取料机械	1. 轨道应平直,基础坚实,两轨顶水平误差不应大于3mm,轨道坡度应小于3%。 2. 夹轨装置应完好、可靠。 3. 指示灯等联动的启动、运行、停机、故障联系信号应可靠、灵敏。 4. 轨道两端应设有止挡,高度不应小于行车轮直径的一半		
8	消防	破碎机械的润滑站、液压站、操作室内配备足量有效的消防器材		
9	作业环境	1. 平台、通道临空面应设置防护栏杆,栏杆的高度应符合相关规定。 2. 破碎机、筛分机的进出料口、振动筛等部位应设置相应的喷水等降尘装置。 3. 筛分作业场应设隔音值班室,室内噪声不应大于 75dB（A）		
验收意见: 　　　　　　　　　　　　项目技术负责人:　　　　　　　　　　日期:				
验收人签名	施工单位负责人:		总监理工程师:	
	其他参加验收人员:			

注　本表一式___份,由施工单位填写,施工单位、监理机构各执一份。

附表 C.4-45　混凝土系统生产检查验收表

单位名称		工程名称		
检查人及验收人				
序号	验收项目	验 收 内 容		验收结果
1	保证资料	系统中的各机械设备是否有合格证、产品鉴定书、使用说明书等		
2	制冷机械	1. 设备、管道、阀门、容器密封性良好，无滴、冒、跑、漏现象。 2. 机械设备的传动、转动等裸露部位，应设带有网孔的钢防护罩，孔径不应大于 5mm。 3. 泄压、排污装置性能良好。 4. 电气绝缘应可靠，接地电阻不应大于 10Ω		
3	制冷车间	1. 基础稳固、轻型屋面的独立建筑物。 2. 门窗应向外开，墙的上、下部设有气窗，通风良好。 3. 设备与设备、设备与墙之间的距离不应小于 1.5m，设有巡视检查通道并保持畅通。 4. 车间设备多层布置时，应设有上下连接通道或扶梯		
4	楼布设	1. 场地平整，基础稳固、坚实。 2. 设有人员行走通道和车辆装、停、倒车场地。 3. 各层之间设有钢扶梯或通道。 4. 电力线路绝缘良好，不使用裸线；电气接地、接零应良好，接地电阻不大于 4Ω		
5	机械	1. 压力容器、安全阀、压力表等应经国家专业部门检验合格，不应有漏风、漏气现象。 2. 机械设备的传动、转动部位设有网孔尺寸不大于 10mm×10mm 的钢防护罩。 3. 离合器、制动器、倾倒机构应动作准确、可靠		
6	消防	楼及制冷车间内应配备足量有效的消防器材、专用防毒面具和急救药物，并应设有人员应急清洗装置		
7	作业环境	1. 楼内有防尘、除尘、降噪装置，并符合《水利水电工程施工通用安全技术规程》（SL 398—2007）要求。 2. 各平台边缘设有钢防护栏杆		
验收意见：				
		项目技术负责人：	日期：	
验收人签名	施工单位负责人：		总监理工程师：	
	其他参加验收人员：			

注　本表一式___份，由施工单位填写，施工单位、监理机构各执一份。

附表 C.4–46　"三宝""四口"安全检查验收表

单位名称		工程名称		
序号	验收项目	验　收　内　容		验收结果
1	安全帽	1. 是否有人不戴安全帽。 2. 安全帽是否符合标准。 3. 是否按规定佩戴安全帽		
2	安全网	1. 在建工程外侧是否用密目安全网。 2. 安全网规格、材质是否符合要求。 3. 安全网是否取得建筑安全监督管理部门准用证		
3	安全带	1. 是否有人未系安全带。 2. 安全带系挂是否符合要求。 3. 安全带是否符合标准		
4	楼梯口、电梯井口防护	1. 是否都有防护措施。 2. 防护措施是否符合要求。 3. 防护设施是否已形成定型化、工具化		
5	预留洞口、坑井防护	1. 是否都有防护措施。 2. 防护措施是否符合要求、是否严密。 3. 防护设施是否已形成定型化、工具化		
6	通道口防护	1. 是否都有防护棚。 2. 防护是否都严密。 3. 防护棚是否牢固，材质是否符合要求		
7	临边防护	1. 临边是否都有防护。 2. 临边防护是否都严密，是否都符合要求		
验收意见： 　　　　　　　　　　　　　　　　　项目技术负责人：　　　　　　　　　日期：				
验 收 人 签 名	施工单位负责人： 		总监理工程师：	
	其他参加验收人员： 			

注　本表一式___份，由施工单位填写，施工单位、监理机构各执一份。

附表C.4-47 启动机及闸门安全检查验收表

单位名称		工程名称	
序号	验收项目	验 收 内 容	验收结果
1	保证资料	是否有生产铭牌及合格证、产品鉴定证书、使用说明书等资料	
2	安全装置	1. 高度、行程、限位等保护装置是否完好、灵敏可靠。 2. 各种缓冲装置是否完整、牢靠。 3. 报警装置是否可靠。 4. 各种连锁保护装置是否可靠	
3	闸门	1. 基础和轨道是否存在损坏和变形现象。 2. 闸门是否存在损坏、变形、腐蚀、开裂现象。 3. 闸门有无卡阻现象，滚轮转动是否灵活	
4	启闭机	1. 基础和轨道是否存在损坏和变形现象。 2. 启闭机钢丝绳段丝数是否超过规定。 3. 启闭机吊头与闸门吊耳连接是否安全可靠，吊钩等吊具有无损伤。 4. 启闭机转动部分的防护罩是否牢固可靠	
5	制动和传动系统	1. 各种制动器部件是否完整、良好，制动装置运行是否可靠。 2. 各种传动部分运行是否正常，润滑是否良好，液压系统管路阀组有无漏油现象	
6	作业安全	1. 操作人员是否经过专门培训。 2. 人员操作是否符合操作规程	

验收意见：

项目技术负责人：　　　　　　　　　　　　　日期：

验收人签名	施工单位负责人：	总监理工程师：
	其他参加验收人员：	

注 本表一式___份，由施工单位填写，施工单位、监理机构各执一份。

附表 C.4-48 船舶安全检查验收表

单位名称				工程名称		
序号	验收项目		验 收 内 容			验收结果
1	保证资料		是否有安全检验合格证、使用说明书，是否取得有效牌照			
2	船舶设备		1. 船舶驾驶及转向系统是否符合有关规定，驾驶是否灵便，转向是否灵活。 2. 船舶的制动装置是否可靠。 3. 船舶的照明系统是否符合规定。 4. 船舶的放风浪减震系统是否符合规定。 5. 船舶的离合、变速系统是否正常。 6. 传动装置的技术状况是否保持良好状况。 7. 驾驶室的技术状况是否符合规定，视线是否良好			
3	安全设施		1. 船舶工作平台、行走平台及台阶周围是否有围护设施。 2. 船舶是否备有消防、救生、防撞、堵漏等应急抢险设施			
4	驾驶人员		1. 是否建立船舶管理制度并落实。 2. 司机是否持有合格证或驾驶许可证。 3. 是否掌握游泳求生技术			

验收意见：

项目技术负责人： 日期：

验收人签名	施工单位负责人：	总监理工程师：
	其他参加验收人员：	

注 本表一式___份，由施工单位填写，施工单位、监理机构各执一份。

附表 C.4-49　施工车辆安全检查验收表

单位名称			工程名称		
序号	验收项目	验 收 内 容			验收结果
1	保证资料	是否有检验合格证、取得有效牌照、机械维修保养记录等资料			
2	车辆情况	1. 车辆有关装备、安全装置及附件是否齐全有效。 2. 车辆驾驶及转向系统是否符合有关规定，驾驶是否灵便，转向是否灵活。 3. 车辆及挂车是否有彼此独立的行车和驻车制动系统，是否可靠。 4. 整车的制动装置是否可靠。 5. 车辆的照明系统是否符合规定。 6. 车辆的离合、变速系统是否正常。 7. 驾驶室的技术状况是否符合规定，视线是否良好。 8. 车辆传动装置的技术状况是否良好。 9. 易燃易爆车辆是否备有消防器材和相应的安全措施，并喷有禁止烟火字样			
3	交通安全	1. 各类机动车辆是否符合安全要求。 2. 有无机动车辆管理制度，是否落实，机动车司机是否持有合格证或驾驶许可证			

验收意见：

　　　　　　　　　　　　　　　　　　　　　　项目技术负责人：　　　　　　日期：

验收人签名	施工单位负责人：	总监理工程师：
	其他参加验收人员：	

注　本表一式___份，由施工单位填写，施工单位、监理机构各执一份。

附表 C.4–50 中小型施工机具安全检查验收表

单位名称		工程名称	
序号	验收项目	验 收 内 容	验收结果
1	平刨	1. 外露传动部位必须有防护罩。 2. 刀刃处应装有护手防护装置，并应有防雨棚。 3. 刀架夹板必须平整贴紧，合金刀片焊缝的高度不得超出刀头，刀片紧固螺丝应嵌入刀片沟槽，槽端离刀背不得小于 10mm。 4. 不得使用土工多用机床。 5. 漏电保护开关灵敏有效，保护接零符合要求	
2	圆盘锯	1. 锯片必须平整，不应有裂纹，锯齿应尖锐，不得连续缺齿两个。 2. 锯盘护罩、分料器（锯尾刀）、防护挡板安全装置齐全有效。 3. 传动部位防护罩装置齐全牢固。 4. 操作必须用单向密封式电动开关。 5. 漏电保护开关灵敏有效，保护接零良好	
3	钢筋机械	1. 钢筋机械包括：钢筋调直切断机、钢筋切断机、钢筋弯曲机、钢筋冷拉机、预应力钢筋拉伸机、钢筋冷拔机等。 2. 机械的安装必须坚实稳固，保持水平位置。固定式机械应有可靠的基础。 3. 传动机构间隙合理，齿轮啮齿和滑动部位润滑良好，运行无异响。外露的转动部位必须有防护罩。 4. 室外作业应设置机棚，机旁应有堆放原料、半成品的场地。场地两端外侧应有防护栏杆和警告标志。 5. 开关箱、电线完好无破损，保护接零良好	
4	电焊机	1. 电焊机应设置专业开关箱，装设隔离开关、自动开关、专用漏电保护器，做保护接零。 2. 必须使用二次侧空载降压保护器和漏电保护器。 3. 一次侧电源线长度不应大于 5m，接线外必须设置防护罩。 4. 二次侧线宜采用 YHS 型橡皮护套铜芯多股软电缆。 5. 电焊机须有防雨罩，并应放置在防雨和通风良好的地方。 6. 焊把线接头不得超过 3 处，不得有绝缘老化现象	
5	搅拌机	1. 电源装漏电保护器，作保护接零。 2. 机体安装和作业平台平稳；操作棚符合防雨要求，有排水措施；有安全操作规程。 3. 传动部位防护、离合器、制动器等应符合规定；料斗钢丝绳最少必须保持 3 圈；料斗保险链、钩和操作柄保险装置齐全有效。 4. 传动部位必须有防护罩	
6	打桩机械	1. 整机整洁，保养良好。 2. 铭牌完好。 3. 有出厂检验或年检合格标识。 4. 安全防护装置齐全有效	

序号	验收项目	验 收 内 容	验收结果
7	挖土机	1. 监测、指示、仪表、警报器、照明灯等完整无损。 2. 机械传动的部件连接可靠，运行良好。 3. 机械作业的部件应满足施工的技术要求。 4. 电源接线及控制系统可靠。 5. 配置有符合上岗要求的司机和操作人员。 6. 机具设施、液压装置应满足有关规定要求	

验收意见：

项目技术负责人：　　　　　　　　日期：

验收人签名

施工单位负责人：　　　　　　　　　　　　　总监理工程师：

其他参加验收人员：

注　本表一式＿＿份，由施工单位填写，施工单位、监理机构各执一份。

附表 C.4-51 施工机具及配件进场查验登记表

施工单位：

序号	名称	型号规格	数量	许可证号	合格证号	查验情况	验收人	验收日期
材料员				专职安全员				
填表人				填表日期		年 月 日		

注 本表一式___份，由施工单位填写，用于归档和备查，施工单位、监理机构各执一份。

附表 C.4–52 塔式起重机安装相关安全条件确认表

工程项目名称：   塔式起重机备案编号：

塔式起重机出厂编号：   塔式起重机在工地的自编号：

序 号	项 目	确认内容
1	1. 确保拟安装塔式起重机的 360° 回转空间。 2. 安装方案的平面布置图是否符合实际。 3. 平面布置图的图例与尺寸是否符合比例	
2	拟安装的塔式起重机任何部位与架空输电线的安全距离是否符合要求；不满足要求的，应采取安全防护措施	
3	存在把基坑支护桩兼作塔式起重机基础支承桩使用情况的，应提供基坑支护设计单位的书面确认意见	
4	在深基坑支护结构边缘安装塔式起重机的，应提供基坑支护设计单位的书面确认意见	
5	……	
…		

使用单位	安装单位	监理单位

项目负责人：（签名）
 	
    年   月   日
	项目负责人：（签名）
	
	    年 月 日
		总监理工程师：（签名）
		
		    年 月 日

附表 C.4-53 模板拆除审批表

工程名称：　　　　　　　　　　　　　　　　　施工单位：

拆模部位		混凝土设计强度	
混凝土浇筑时间		试验强度	
拆模条件	申请人：（签名）　　　　　　　　　　　年　　月　　日		
项目审核意见	项目技术负责人：（签名）　　　　　　　　年　　月　　日		
监理审批意见	专业监理工程师：（签名）　　　　　　　　年　　月　　日		

注　1. 本表一式＿＿份，由施工单位填写，用于归档和备查，施工单位、监理单位各执一份。
　　2. 混凝土强度试验报告应作为本表的附件。

附表 C.4-54　施工现场消防设施验收表

工程名称			
总承包单位		项目负责人	
专业承包单位		项目负责人	

序号	检查项目	检查内容与要求	验收结果
1	管理制度	1. 落实防火管理制度、三级防火责任制，应有明显的防火标志和宣传教育专栏	
		2. 落实动火审批制度，应严格执行"十不烧"规定	
		3. 成立义务消防队，消防器材应由专人管理	
		4. 发现火险隐患，应按"三定"原则落实整改，应有记录	
2	易燃物管理	1. 木工间应有禁烟牌，易燃物应及时清除	
		2. 易燃物与厨房等处的明火应有安全距离	
		3. 易燃物的堆放应堆垛和分组放置，每个堆垛面积为：木材不得大于 $300m^2$，堆垛之间应留 3m 宽的消防通道	
		4. 易燃液体应用密封容器装置	
		5. 废弃的易燃物、易燃液体等不得随便丢弃，应妥善处置	
3	防火器材配置	1. 含 8 层以上、20 层以下工程，一般每 $100m^2$ 设 2 个灭火器	
		2. 高度 24m 以上的工程应设置有足够的水量，立管直径应在 2in 以上，应有足够扬程的高压水泵，每层应设有消防水源接口	
		3. 危险仓库、油漆间、木工间每 $25m^2$ 应配一个种类合适的灭火器，配电间应配有种类合适的灭火器	
		4. 大型临时设施总面积超过 $1200m^2$ 的应备有专供消防用的太平桶、积水桶（池）、黄沙池等	
		5. 一般临时设施区每 $100m^2$ 陪 2 个 10L 灭火器	
		6. 厨房屋面应有防火材料，每 $50m^2$ 设 2 个灭火器	
		7. 熔化沥青应按规定配备消防器材	

续表

序号	检查项目	检查内容与要求	验收结果
4	现场防火	1. 建筑物内外道路和通道畅通	
		2. 在建工程内不得兼作办公室、民工宿舍、仓库	
		3. 高层建筑施工现场上下要有通信报警装置	
		4. 严禁宿舍使用电炉、电热器具及大于 60W 的灯泡	
		5. 设立吸烟区，不得在非指定场所吸烟	
		6. 严禁在屋顶用明火熔化沥青	
		7. 施工现场应有可靠的防雷措施	
验收结论		验收日期：　　　　年　　月　　日	

参加验收人员	总承包单位		专业承包单位		监理单位
	专项技术人员：（签名）		专项技术人员：（签名）		专业监理工程师：（签名）
	项目负责人：（签名）		项目负责人：（签名）		总监理工程师：（签名）
	（项目章）		（项目章）		

注　本表一式____份，由施工单位填写，用于归档和备查，施工单位、监理机构各执一份。

附表 C.4–55　施工现场消防重点部位登记表

工程名称：

序号	部 位 名 称	消防器材配备情况	防火责任人	检查时间和结果

检查负责人		专职安全员		
填表人		填表日期		年　月　日

注　本表一式___份，由施工单位填写，用于归档和备查，施工单位、监理机构各执一份。

附表 C.4-56 施工现场安全警示标志检查表

工程名称			施工单位		
序号	安全标志牌名称	应设数量	检查情况		整改情况
1	禁止吸烟				
2	禁止烟火				
3	禁止通行				
4	禁放易燃物				
5	禁止抛物				
6	带电合闸				
7	修理时禁止转动				
8	运转时禁止加油				
9	禁止跨越				
10	禁止堆放货物				
11	禁止攀登				
12	禁止靠近				
13	禁止饮用				
14	禁止吊篮乘人				
15	禁止探头				
16	禁止停留				
17	注意安全				
18	高压危险 禁止攀登				
19	有电危险				
20	当心火灾				
21	当心触电				
22	当心中毒				
23	当心机械伤人				
24	当心伤手				
25	当心吊物				
26	当心扎脚				
27	当心落物				
28	当心坠落				

续表

序号	安全标志牌名称	应设数量	检查情况	整改情况
29	当心车辆			
30	当心弧光			
31	当心冒顶			
32	当心塌方			
33	当心坑洞			
34	当心电缆			
35	当心滑跌			
36	必须戴防护眼镜			
37	必须戴安全帽			
38	必须戴防尘口罩			
39	必须戴防护手套			
40	必须穿防护鞋			
41	必须系安全带			
42	安全通道			
43	火警电话 119			
44	地下消火栓			
45	地上消火栓			
46	消防水带			
47	灭火器			
48	消防水泵接合器			
49	限载_____kg			
50	不戴安全帽不准进入工地			
...				

检查人员：（签名）

年　　月　　日

监理单位意见：

监理工程师：（签名）

年　　月　　日

注　本表一式___份，由施工单位填写，用于归档和备查，施工单位、监理机构各执一份。

附表 C.4-57　动 火 作 业 审 批 表

工程名称			施工单位		
申请动火单位			动火班组		
动火部位			动火作业级别及种类 （用火、气焊、电焊等）		
动火作业 起止时间	由　年　　月　　日　　时　　分起 至　年　　月　　日　　时　　分止				

动火原因、防火的主要安全措施和配备的消防器材：

　　监护人：（签名）　　　　　　　申请人：（签名）　　　　　　　　　　　　年　　月　　日

审批意见：

　　　　　　　　　　　　　　审批人：（签名）　　　　　　　　　　　　年　　月　　日

动火监护和作用后施工现场处理情况：

　　作业人：（签名）　　　　　　　监护人：（签名）　　　　　　　　　　　年　　月　　日

　　注　本表一式____份，由施工单位填写，用于归档和备查。

附表 C.4-58　危险作业审批台账

工程名称：

序号	危险作业种类	作业地点	作业时间	作业人员	监护人员	监控措施	作业审批人	备注

注　本表一式＿＿份，由施工单位填写，用于归档和备查，施工单位、监理机构各执一份。

附表 C.4-59　危险性较大作业安全许可审批表

工程名称：

作业类别		作业地点		
作业时间				
作业单位			作业人数	
现场负责人		现场监护人		
作业内容及危险辨识：				
安全措施：				
作业单位负责人意见	负责人签字：　　　　　　日期：			
审核部门意见	审核人签字：　　　　　　日期：			
审批意见	审批人签字：　　　　　　日期：			
完工验收情况	验收人签字：　　　　　　日期：			

注　1. 本表一式___份，由施工单位填写，用于归档和备查，施工单位、监理机构各执一份。
　　2. 危险性较大作业包括动火作业、受限空间内作业、临时用电作业、高处作业等。

附表 C.4–60 相关方安全管理登记表

工程名称：   施工单位：

序号	相关单位名称	单位资格	承包项目	安全协议	起始日期	安全培训	管理部门	备注

注 本表一式___份，由施工单位填写，用于存档和备查，施工单位、监理机构各执一份。

附表 C.4-61 意外伤害保险登记表

工程名称			
工程地点			
施工单位		项目负责人	
开工日期	竣工日期		工程规模
承险单位			

保险合同号	保险费额	保险期限

填表人：（签名）

年　　月　　日

注 1. 本表一式___份，由施工单位填写，用于存档和备查，施工单位、监理机构各执一份。
　　2. 保险合同复印件附在表后，以备查验。

附表 C.4-62　事故隐患排查记录表

单位名称：

工程名称		排查日期	
隐患部位		检查部门（人员）	
检查内容			
被检查部门（人员）			

隐患情况及其产生原因：（可以附页）

记录人：

整改意见：

检查负责人：

复查意见：

复查负责人：　　　　　　　　　　　　　　　　　　年　　　月　　　日

备注：

注　1. 本表一式____份，由检查单位填写，用于存档和备查，检查单位、被检查单位各执一份。

　　　2. 复查意见由检查组负责人或专职安全人员在整改后及时填写。

附表 C.4-63 生产安全事故重大事故隐患排查报告表

填报单位（盖章）：

单位名称			单位性质	
单位地址			邮编	
主要负责人		安全部门负责人	联系电话	
排查日期		隐患类别	评估等级	
隐患现状及其产生原因分析				
隐患危害程度和整改难易程度分析				
隐患治理方案				
填表人		项目负责人		填表日期	

注 本表一式___份，由项目法人或排查单位填写，用于归档和备查。排查单位填写后，应及时报告项目法人。项目法人应及时报告项目主管部门、安全生产监督机构和有关部门。

附表 C.4-64 事故隐患排查记录汇总表

工程名称：

序号	排查时间	排查负责人	安全隐患情况阐述	隐患级别	整改措施	整改责任人	处理情况	复查人

填表人		审核人		填表日期	

注 本表一式___份，由排查单位填写，用于归档和备查。

附表 C.4-65 事故隐患整改通知单

项目名称：

致： 　　　　　年　月　日，经检查发现你单位施工现场存在如下事故隐患。请接通知后，按照"三定"要求在　　月　日前，按照有关安全技术标准规定，采取相应整改措施，并在自查合格后，将整改完成情况及防范措施，按时反馈到通知发出单位。   　　存在的主要问题：   　　检查人：（签名） 　　负责人：（签名） 　　检查单位：（盖章）   　　　　　　　　　　　　　　　　　　　　　　　　　　　日期：　　　年　　月　　日
事故隐患单位签收人：   　　　　　　　　　　　　　　　　　　　　　　　　　签收日期：　　　年　　月　　日
整改复查情况：   　　　　　　　　　　　　　　　　　　复查负责人： 　　　　　　　　　　　　　　　　　　　　　　　　　　　　年　　月　　日

　　注　本表一式___份，由检查单位填写，用于归档和备查，检查单位、被检查单位各执一份。

附表 C.4-66　事故隐患整改通知回复单

项目名称：

<table>
<tr><td>

致：

我方接到编号为_____的事故隐患整改通知后，已按要求完成了整改工作，现报上，请予以复查。

　　附件：（文字资料及照片）

总承包单位：（项目章）

项目负责人：（签名）

日期：　　年　月　日

</td></tr>
<tr><td>

检查单位审查意见：

检查单位负责人：（签名）

检查单位：（签章）

日期：　　年　月　日

</td></tr>
</table>

注　1. 本表一式___份，由施工单位填写，用于归档和备查，施工单位、监理机构各执一份。
　　2. 回复应附整改后的图片（用 A4 纸打印）。

附表 C.4–67　生产安全事故隐患排查治理情况统计分析月报表

施工单位（盖章）：　　　　　　　　　　　　　　　　　　　　　　统计时间：　　年　　月

统计时段	一般事故隐患				重大事故隐患										
	隐患排查数/项	已整改数/项	整改率/%	整改投入资金/万元	隐患排查数/项	已整改数/项	整改率/%	整改投入资金/万元	未整改的重大事故隐患列入治理计划						
									计划整改数/项	落实目标任务/项	落实经费物资/项	落实机构人员/项	落实整改期限/项	落实应急措施/项	落实整改资金/万元
本月数															
1月至本月累计数															

事故隐患排查治理情况分析：

单位主要负责人（签字）：　　　　　　　　填表人：　　　　　　　　填表日期：

注　本表一式＿＿份，由排查单位填写，用于存档和备查，并报项目法人。项目法人于每月5日前、每季度第一个月15日前和下一年1月31日前上报项目主管部门、安全生产监督机构。

附表 C.4-68 重大危险源辨识、分组评价表

工程名称：　　　　　　　　　　　　　　　　　　编号：

单位名称			
项目负责人		联系电话	
危险源名称		类型	
危险物品种类 和数量			
危险源所在地点 及危险性分析、可 能造成的后果			
危险源定级			
参与辨识单位及 人员签字			

注 本表一式＿份，由项目法人或施工单位填写，用于存档和备查。施工单位填写后，随同重大危险源识别与评价汇总表报项目法人，项目法人组织辨识后填写本表，并送施工单位、监理机构各执一份。

附表 C.4-69 重大危险源辨识与评价汇总表

工程名称：

识别与评价表编号	危险源名称、场所	风险等级	控制措施要点

制表人：　　　　　　　　项目负责人：　　　　　　　　填表日期：　　　年　月　日

注 本表一式___份，由项目法人、施工单位填写；施工单位组织辨识后，汇总报项目法人；项目法人组织辨识后，汇总发施工单位、监理机构各执一份。

附表 C.4-70 危险源（点）监控管理表

工程名称：

危险源（点）名称			级别		所在部门	
危险因素			可能发生的危害			
管理责任人			现场监控责任人			
预防事故主要措施						
定期检查、整改情况						
序号	检查日期		检查内容	检查结果	整改情况	备注

注 本表一式＿＿份，由施工单位填写，用于存档和备查，施工单位、监理机构各执一份。

附表 C.4-71 重大危险源监控记录汇总表

项目名称：　　　　　　　　　　　　　　　　　　　　　　　责任单位：

序号	位置	重大危险源	出现时段	可能事故	危险级别	受控状况			责任人
						失控	受控	良好	

注　本表一式___份，由施工单位填写，用于存档和备查，施工单位、监理机构各执一份。

附表 C.4-72　有毒、有害作业场所管理台账

工程名称：

序号	场所名称	有毒、有害物质	接触人数	检测日期	检测结果	告知牌设置数	主要预防措施	检测周期	备注

注　本表一式___份，由施工单位填写，用于存档和备查，施工单位、监理机构各执一份。

附表 C.4–73　接触职业危害因素作业人员登记表

序号	姓名	性别	出生年月	所在项目	岗位（工种）	接触有害因素名称	接触年限	体检时间	体检结果				备注
									正常	疑似	确诊	禁忌证	

注　本表一式___份，由施工单位填写，用于存档和备查。

附表 C.4-74　职业危害防治设备、器材登记表

工程名称：

序号	设备器材名称	规格型号	数量	使用地点	起用日期	防治内容	责任人	备注

填表人		审核人		填表日期	

注　本表一式___份，由施工单位填写，用于存档和备查，施工单位、监理机构各执一份。

附表 C.4-75 事故应急预案演练记录表

工程名称:

组织部门			预案名称/编号	
总指挥		演练地点		起止时间	
参加部门及人数					
演练类别	□桌面演练 □功能演练 □全面演练 □全部预案 □部分预案		实际演练部分:	
演练目的、内容:				
演练过程小结:				
演练小结:(成功经验、缺陷和不足)				
整改建议:				
填表人		审核人		填表日期	年 月 日

注 本表一式___份,由组织演练单位填写,用于存档和备查。

附表 C.4-76 生产安全事故记录表

工程名称：

事故名称		发生时间		地点	
事故类别		人员伤害情况		直接经济损失	
事故调查组长		成员		结案日期	
事故 概况					
事故 调查 处理 情况					
填表人		审核人		填表日期	

注 本表一式___份，由事故发生单位填写，用于存档和备查。

附表 C.4-77 生产安全事故登记表

年度：

序号	事故日期	事故类型	事故原因	事故地点	事故伤害/人			直接经济损失/万元	结案日期	备注
					死亡	重伤	轻伤			

填表人		项目负责人		填写日期	

注 本表一式___份，由项目法人、施工单位分别填写，用于存档和备查。

附表 C.4-78　安全生产事故月报表

填报单位：（盖章）   填报时间：　　　　年　　月　　日

序号	事故发生时间	发生事故单位		死亡人数	重伤人数	直接经济损失	事故类别	事故原因	事故简要情况
		名称	类型						

单位负责人签章：　　　　　　　　　　　　部门负责人签章：　　　　　　　　　　　　制表人签章：

注　1. 发生事故单位类型填写：①水利水电工程建设；②水利水电工程管理；③农村水电站及配套电网建设与运行；④水文测验；⑤水利水电工程勘测设计；⑥水利科学研究实验与检验；⑦后勤服务和综合经营；⑧其他。非水利系统事故单位，应予以注明。

2. 重伤事故和人数按照《企业职工伤亡事故分类标准》（GB 6441—86）和《事故伤害损失工作日标准》（GB/T 15499—1995）定性。

3. 直接经济损失按照《企业职工伤亡事故经济损失统计标准》（GB 6721—86）确定。

4. 事故类别填写内容为：①物体打击；②车辆伤害；③机械伤害；④起重伤害；⑤触电；⑥淹溺；⑦灼烫；⑧火灾；⑨高处坠落；⑩坍塌；⑪冒顶片帮；⑫透水；⑬放炮；⑭火药爆炸；⑮瓦斯煤层爆炸；⑯其他爆炸；⑰容器爆炸；⑱煤与瓦斯突出；⑲中毒和窒息；⑳其他伤害。可直接填写类别代号。

5. 本月无事故，应在表内填写"本月无事故"。

附表 C.4-79 安全生产事故快报表

工程名称		事故地点		事故发生时间	
建设单位		单位负责人		手机号码	
监理单位		单位负责人		手机号码	
施工单位		单位负责人		手机号码	
事故单位概况					
事故现场情况					
事故经过简述					
已造成或者可能造成的伤亡人数（包括下落不明人数）					
直接经济损失（初步估计）					
已经采取的措施					
其他					
填表人			填报单位	（全称及盖章）	

注 本表一式___份，由事故单位填写，报项目法人、项目主管部门、安全生产监督机构和有关部门，施工单位、监理机构、
项目法人各执一份。

附表 C.4-80　安全生产档案审核表

工程名称：

致（监理机构）： 　　我方已完成工程安全生产档案整理，自检合格，请贵方审核。 　　附件：安全生产档案资料 1 套   　　　　　　　　　　　　　　　　　承包人：（全称及盖章） 　　　　　　　　　　　　　　　　　项目负责人：（签名） 　　　　　　　　　　　　　　　　　日期：　　　年　月　日
监理单位审核意见：   　　　　　　　　　　　　　　　　　监理机构：（全称及盖章） 　　　　　　　　　　　　　　　　　监理工程师：（签名） 　　　　　　　　　　　　　　　　　日期：　　　年　月　日

注　本表一式＿＿份，由施工单位填写，监理机构审签后，施工单位两份，监理机构、项目法人各执一份。

附表 C.4–81 安全生产会议记录表

工程名称：

会议名称		会议时间	
会议地点		主持人	
参会人员			
会议内容			

记录人：

注 本表一式__份，由会议组织单位填写，用于存档和备查。

附表 C.4-82 安全生产领导小组成员登记表

序号	姓名	单位	职务	安委会职务	联系电话	备注

注 本表一式___份，分别由项目法人、施工单位填写，用于存档和备查。

附表 C.4-83 专（兼）职安全生产管理人员登记表

工程名称：

序号	姓名	性别	年龄	文化程度	工作部门	职务	任职时间	安全资格证书	发证部门	备注

注　1. 本表一式＿＿份，由参建单位填写，作为存档和备查使用。
　　2. 兼职人员在备注栏注明。

附表 C.4-84　特种作业人员登记表

工程名称：

序号	姓名	性别	身份证号	进场日期	工种	取证时间	证书编号	发证部门	备注

注　本表一式＿＿份，由施工单位填写，用于存档和备查。

附表 C.4–85　工程施工安全交底记录

合同名称：　　　　　　　　　　　　　　　　　合同编号：

单位工程名称		承包人	
分部工程名称		施工内容	
主持人/交底人	/	时间/地点	/

1. 施工安全交底依据文件清单：

（国家法律法规、工程建设标准强制性条文、合同文件、施工组织设计及施工措施计划中的安全技术措施、专项施工方案、施工现场临时用电方案等）

2. 施工安全交底内容：

施工安全交底记录：

　　　　　　　　　　　　　　　　　　　　　　　　　　　　　　　　　　　　记录人：

与会人员签名：

注　可加附页。

附表 C.4–86 事 故 报 告 单

（承包〔　　〕事故　　号）

合同名称：　　　　　　　　　　　　　　　　　　　　合同编号：

致（监理机构）： 　　　　　年＿＿月＿＿日＿＿时，在＿＿＿＿＿＿发生＿＿＿＿＿＿事故，现将事故发生情况报告如下： 　　1. 事故简述：   　　2. 已经采取的应急措施：   　　3. 初步处理意见：   　　　　　　　　　　　　　　　　　　承包人：（现场机构名称及盖章） 　　　　　　　　　　　　　　　　　　项目经理：（签名） 　　　　　　　　　　　　　　　　　　日期：　　　年　月　日
监理机构意见：   　　　　　　　　　　　　　　　　　　监理机构：（名称及盖章） 　　　　　　　　　　　　　　　　　　总监理工程师：（签名） 　　　　　　　　　　　　　　　　　　日期：　　　年　月　日

注　本表一式＿＿份，由承包人填写，监理机构签署意见后，发包人＿＿份，监理机构＿＿份，承包人＿＿份。

附录 C.5　施工结算类资料

附表 C.5-1　联 合 测 量 通 知 单

（承包〔　　〕联测　　号）

合同名称：　　　　　　　　　　　　　　　　　合同编号：

致（监理机构）：

　　根据合同约定和工程进度，我方拟进行工程测量工作，请贵方派员参加。

施测工程部位：

项目工作内容：

任务要点：

施测计划时间：_____年_____月_____日至_____年_____月_____日

承包人：（现场机构名称及盖章）

技术负责人：（签名）

日期：　　年　　月　　日

□　拟于_____年___月___日派监理人员参加测量

□　不派人参加联合测量，贵方测量后将测量结果报我方审核

监理机构：（名称及盖章）

监理工程师：（签名）

日期：　　年　　月　　日

注　本表一式___份，由承包人填写，监理机构签署后，发包人___份，监理机构___份，承包人___份。

附表 C.5-2　施工测量成果报验单

（承包〔　　〕测量　　号）

合同名称：　　　　　　　　　　　　　　　　合同编号：

致（监理机构）：

　　我方已完成□施工控制测量/□工程计量测量/□地形测量/□施工期变形监测的施工测量工作，经自检合格，请贵方审核。

施测部位：

施测说明：

附件：

□施工控制测量	□工程计量测量	□地形测量	□施工期变形监测
1. 测量数据。 2. 数据分析及平差成果	1. 工程量计算表。 2. 断面图。 3. 其他	1. 测量数据。 2. 数据分析及成果 （数据处理方法、断面图或地形图）	1. 观测数据。 2. 数据分析及评价

承包人：（现场机构名称及盖章）

技术负责人：（签名）

日期：　　　年　　月　　日

审核意见：

监理机构：（名称及盖章）

监理工程师：（签名）

日期：　　　年　　月　　日

注　本表一式＿＿份，由承包人填写，监理机构审核后，发包人＿＿份，监理机构＿＿份，承包人＿＿份。

附表C.5-3 测 量 复 核 记 录

工程名称				
施工单位				
复核部位		仪器名称、型号		
复核日期	年 月 日	仪器检定日期	年 月 日	
			年 月 日	

复核内容（文字及草图）：

复核结论：

技术负责人	复核人	施测证号	施测人	施测证号

附表 C.5-4 施工放样报验单

（承包〔　　〕放样　　号）

合同名称：　　　　　　　　　　　　　　　　　　　合同编号：

致（监理机构）：
根据合同要求，我方已完成_____的施工放样工作，经自检合格，请贵方核验。

序号或位置	工程或部位名称	放样内容	备注

附件：
□开挖或建筑物放样测量成果
□金属结构安装放样测量成果
□机电设备安装放样测量成果

承包人：（现场机构名称及盖章）

技术负责人：（签名）

日期：　　年　月　日

审核意见：

监理机构：（名称及盖章）

监理工程师：（签名）

日期：　　年　月　日

注 本表一式___份，由承包人填写，监理机构审核后，发包人___份，监理机构___份，承包人___份。

附表 C.5–5　资金流计划申报表

（承包〔　　〕资金　　号）

合同名称：　　　　　　　　　　　　　　　　　　　　　　合同编号：

		工程预付款和工程材料预付款/元	完成工作量付款/元	质量保留金扣留/元	预付款扣还/元	其他/元	应得付款/元
年	月						
	合 计						

致（监理机构）：
　　我方今提交_____工程项目的资金流计划。请贵方审核。

附件：资金计划使用编制说明

承包人：（现场机构名称及盖章）

项目经理：（签名）

日期：　　年　月　日

监理机构将另行签发审核意见。

监理机构：（名称及盖章）

签收人：（签名）

日期：　　年　月　日

注　本表一式___份，由承包人填写，监理机构签收后，发包人___份，监理机构___份，承包人___份。

附表 C.5-6　工程预付款申请单

（承包〔　　　〕工预付　　号）

合同名称：　　　　　　　　　　　　　　　　　　　　　　合同编号：

致（监理机构）：

　　我方承担的＿＿＿＿＿＿＿＿＿＿＿＿＿＿＿＿＿＿＿＿＿合同工程，依据施工合同约定，已具备工程预付款支付条件，现申请支付第＿＿次工程预付款，计（大写）＿＿＿＿＿＿＿＿＿＿＿＿＿＿＿＿＿＿＿＿元（小写＿＿＿＿＿＿元）。请审核。

　　附件：　　1. 已具备工程预付款支付条件的证明材料
　　　　　　　2. 计算依据及结果
　　　　　　　3. ……

　　　　　　　　　　　　　　　　　　　　承包人：（现场机构名称及盖章）

　　　　　　　　　　　　　　　　　　　　项目经理：（签名）

　　　　　　　　　　　　　　　　　　　　日期：　　年　月　日

监理机构将另行签发工程预付款支付证书。

　　　　　　　　　　　　　　　　　　　　监理机构：（名称及盖章）

　　　　　　　　　　　　　　　　　　　　签收人：（签名）

　　　　　　　　　　　　　　　　　　　　日期：　　年　月　日

注　本表一式＿＿份，由承包人填写，监理机构签收后，发包人＿＿份，监理机构＿＿份，承包人＿＿份。

附表 C.5-7 材料预付款报审表

（承包〔　　〕材预付　　号）

合同名称：　　　　　　　　　　　　　　　　　　合同编号：

| 致（监理机构）：
　　我方已采购下列材料并进场，经自检和监理机构审核，材料的质量和储存条件符合合同约定并已验点入库，特申请材料预付款，请贵方核查。 |

序号	材料名称	规格	型号	单位	数量	单价/元	合价/元	付款凭据编号
1								
2								
…								

本次申请材料预付款金额：　　　　　仟　佰　拾　万　仟　佰　拾　元（小写：　　　　）

　　附件：1. 材料报验单＿＿＿＿份
　　　　　2. 材料付款凭据复印件＿＿＿张
　　　　　3. ……

　　　　　　　　　　　　　　　承包人：（现场机构名称及盖章）

　　　　　　　　　　　　　　　项目经理：（签名）

　　　　　　　　　　　　　　　日期：　　年　月　日

　　经审核，本批材料预付款额为（大写）＿＿＿＿＿＿＿＿＿＿＿＿＿元（小写＿＿＿＿＿＿＿＿＿＿＿元），随工程进度付款一同支付。

　　　　　　　　　　　　　　　监 理 机 构 （名称及盖章）

　　　　　　　　　　　　　　　总监理工程师：（签名）

　　　　　　　　　　　　　　　日期：　　年　月　日

　　注　本表一式＿＿＿份，由承包人填写，审批结算时用。

附表 C.5-8 变 更 申 请 表

（承包〔　　〕变更　　号）

合同名称：　　　　　　　　　　　　　　　　　　　　合同编号：

<table>
<tr><td>
致（监理机构）：
　　我方□根据贵方变更意向书/□依据贵方变更指示（监理〔　　〕变指　　号）/□由于＿＿＿＿＿＿＿＿＿＿原因，现提交□变更实施方案/□变更建议书，请贵方审批。

附件：□变更建议书（承包人提出的变更建议，应附变更建议书）
　　　□变更实施方案（承包人收到监理机构发出的变更意向书或变更指示，应提交变更实施方案）

　　　　　　　　　　　　　　　　　　　承包人：（现场机构名称及盖章）

　　　　　　　　　　　　　　　　　　　项目经理：（签名）

　　　　　　　　　　　　　　　　　　　日期：　　　年　月　日
</td></tr>
<tr><td>
监理机构另行签发审批意见：

　　　　　　　　　　　　　　　　　　　监理机构：（名称及盖章）

　　　　　　　　　　　　　　　　　　　签收人：（签名）

　　　　　　　　　　　　　　　　　　　日期：　　　年　月　日
</td></tr>
</table>

注　本表一式＿＿份，由承包人填写，监理机构签收后，发包人＿＿份，监理机构＿＿份，承包人＿＿份。

附表 C.5-9　变更项目价格申报表

（承包〔　　〕变价　　号）

合同名称：　　　　　　　　　　　　　　　　　　合同编号：

致（监理机构）：

　　根据_____变更指示（监理〔　〕变指　　号）的变更内容，对下列项目单价申报如下，请贵方审核。

　　附件：变更价格报告（变更估价原则、编制依据及说明、单价分析表）

承包人：（现场机构名称及盖章）

项目经理：（签名）

日期：　　　年　　月　　日

序号	项目名称	单位	申报价格（单价或合价）	备注
1				
2				
3				
4				
...				

监理机构另行签发审核意见：

监理机构：（名称及盖章）

签收人：（签名）

日期：　　　年　　月　　日

注　本表一式___份，由承包人填写。监理机构签收后，发包人___份，监理机构___份，承包人___份。

附表 C.5–10 索 赔 意 向 通 知

（承包〔　　　〕赔通　　　号）

合同名称：　　　　　　　　　　　　　　　　　合同编号：

致（监理机构）：

由于_____原因，根据施工合同的约定，我方拟提出索赔申请，请审核。

附件：索赔意向书（包括索赔事件及影响、索赔依据、索赔要求等）

承包人：（现场机构名称及盖章）

项目经理：（签名）

日期：　　年　月　日

监理意见：

监理机构：（名称及盖章）

总监理工程师：（签字）

日期：　　年　月　日

注　本表一式___份，由承包人填写，监理机构签署意见后，发包人___份，监理机构___份，承包人___份。

附表 C.5-11 索 赔 申 请 报 告

（承包〔　　〕赔报　　号）

合同名称：　　　　　　　　　　　　　　　　　　　　合同编号：

致（监理机构）：

　　根据有关规定和施工合同的约定，我方对＿＿＿＿＿＿＿＿＿＿＿＿事件，申请□赔偿金额为（大写）＿＿＿＿＿元
（小写＿＿＿＿元）/□索赔工期＿＿＿＿天，请贵方审核。

　　附件：索赔报告，主要内容包括：
　　　　（1）索赔事件简述及索赔要求。
　　　　（2）索赔依据。
　　　　（3）索赔计算。
　　　　（4）索赔证明材料。

承包人：（现场机构名称及盖章）

项目经理：（签名）

日期：　　年　　月　　日

　　监理机构将另行签发审核意见：

监理机构：（名称及盖章）

签收人：（签字）

日期：　　年　　月　　日

注 本表一式＿＿份，由承包人填写，监理机构签收后，发包人＿＿份，监理机构＿＿份，承包人＿＿份。

附表 C.5-12 工程计量报验单

（承包〔　　〕计报　　号）

合同名称：　　　　　　　　　　　　　　　　　　合同编号：

致（监理机构）： 　　我方按施工合同约定已完成下列项目的的施工，其工程质量经检验合格，并依据合同进行了计量。现提交计量结果，请贵方审核。

承包人：（现场机构名称及盖章）

项目经理：（签名）

日期：　　年　　月　　日

一	合同分类分项项目（含变更项目）						
序号	项目编码	项目编号	项目名称	单位	申报工程量	监理核实工程量	备注
1							
2							
…							

二	合同措施项目（含变更项目）						
序号	项目编码	项目编号	项目名称	合价	本次申报	监理核实	备注
1							
2							
…							

附件：计量测量、计算等资料

审核意见：   监理机构：（名称及盖章） 监理工程师：（签名） 日期：　　年　　月　　日

注 　1. 本表一式___份，由承包人填写，监理机构审核后，发包人___份，监理机构___份，承包人___份，作为当月已完工程量汇总表的附件使用。
　　2. 本表中的项目编码是指《水利工程工程量清单计价规范》（GB 50501—2007）中的项目编码，项目编号是指合同工程量清单的项目编号。

附表 C.5-13 计 日 工 单 价 报 审 表

（承包〔　　〕计审　号）

合同名称：　　　　　　　　　　　　　　　　　　　　合同编号：

致（监理机构）：

我方按要求完成了下列计日工项目，现按施工合同约定申报计日工单价，请贵方审核。

附件：单价分析表

承包人：（现场机构名称及盖章）

项目经理：（签名）

日期：　　年　月　日

序号	计日工内容	单位	申报单价	监理审核单价	发包人核准单价
1					
2					
3					
4					
5					
...					

审核意见：

监理机构：（名称及盖章）

总监理工程师：（签名）

日期：　　年　月　日

核准意见：

发包人：（名称及盖章）

负责人：（签名）

日期：　　年　月　日

注　本表一式___份，由承包人填写。针对施工合同中未明确约定单价的计日工，报监理机构审核、发包人核准后，发包人___份，监理机构___份，承包人___份，结算时用作附件。

附表 C.5-14　计日工工程量签证单

（承包〔　　〕计签　号）

合同名称：　　　　　　　　　　　　　　　　　　　合同编号：

<table>
<tr><td colspan="7">
致（监理机构）：
　　我方按计日工工作通知（监理〔　〕计通　　号）实施了下列所列项目，现按施工合同约定申报_____年_____月_____日的计日工工程量，请贵方审核。

　　附件：□人员工作明细
　　　　　□材料使用明细
　　　　　□施工设备使用明细

承包人：（现场机构名称及盖章）

项目经理：（签名）

日期：　　年　　月　　日

</td></tr>
<tr>
<td>序号</td>
<td>工程项目名称</td>
<td>计日工内容</td>
<td>单位</td>
<td>申报工程量</td>
<td>核准工程量</td>
<td>说明</td>
</tr>
<tr><td>1</td><td></td><td></td><td></td><td></td><td></td><td></td></tr>
<tr><td>2</td><td></td><td></td><td></td><td></td><td></td><td></td></tr>
<tr><td>3</td><td></td><td></td><td></td><td></td><td></td><td></td></tr>
<tr><td>4</td><td></td><td></td><td></td><td></td><td></td><td></td></tr>
<tr><td>5</td><td></td><td></td><td></td><td></td><td></td><td></td></tr>
<tr><td>...</td><td></td><td></td><td></td><td></td><td></td><td></td></tr>
<tr><td colspan="7">
审核意见：

监理机构：（现场机构名称及盖章）

监理工程师：（签名）

日期：　　年　　月　　日

</td></tr>
</table>

注　本表一式___份，由承包人每个工作日完成后填写，经监理机构审核后，发包人___份，监理机构___份，承包人___份，结算时使用。

附表 C.5-15 工程进度付款申请单

（承包〔   〕进度付   号）

合同名称：   合同编号：

致（监理机构）：

我方今申请支付____年___月工程进度付款，总金额为（大写）_____元（小写_____元），请贵方审核。

附件：1. 工程进度付款汇总表

2. 已完成工程量汇总表

3. 合同分类分项项目进度付款明细表

4. 合同措施项目进度付款明细表

5. 变更项目进度付款明细表

6. 计日工项目进度付款明细表

7. 索赔确认清单

8. 其他

承包人：（现场机构名称及盖章）

项目经理：（签名）

日期：   年   月   日

审核后，监理机构将另行签发工程进度付款证书。

监理机构：（名称及盖章）

签收人：（签名）

日期：   年   月   日

注 本申请书及附表一式___份，由承包人填写，经监理机构审核后，作为工程进度付款证书的附件报送发包人批准。

附表 C.5-15-1　工程进度付款汇总表

（承包〔　　〕进度总　　号）

合同名称：　　　　　　　　　　　　　合同编号：

项目		截至上期末累计完成额/元	本期申请金额/元	截至本期末累计完成额/元	备注
应付款金额	合同分类分项项目				
	合同措施项目				
	变更项目				
	计日工项目				
	索赔项目				
	小计				
	工程预付款				
	材料预付款				
	小计				
	价格调整				
	延期付款利息				
	小计				
	其他				
应支付金额合计					
扣除金额	工程预付款				
	材料预付款				
	小计				
	质量保证金				
	违约赔偿				
	其他				
扣除金额合计					
本期工程进度付款总金额					

本期工程进度付款总金额：　仟　佰　拾　万　仟　佰　拾　元（小写　　　　　元）

承包人：（现场机构名称及盖章）

项目经理：（签名）

日期：　　年　月　日

注　本表一式＿＿份，由承包人填写，结算时用。

附表 C.5-15-2　已完工程量汇总表

（承包〔　　　〕量总　　号）

合同名称：　　　　　　　　　　　　　　　　　　　合同编号：

致（监理机构）：

　　我方现报送本期已完工程量汇总见下表，请贵方审核。

　　附件：工程计量报验单：

　　　　（1）承包〔　　〕计报　　号。

　　　　（2）承包〔　　〕计报　　号。

　　　　（3）……

承包人：（现场机构名称及盖章）

项目经理：（签名）

日期：　　年　月　日

一	合同分类分项目（含变更项目）									
序号	项目编码	项目编号	项目名称	单位	合同工程量	截至上期末累计	承包人申报		监理人审核	
							本期申报	截至本期末累计	监理审核	截至本期末累计
1										
…										
二	合同措施项目（含变更项目）									
序号	项目编号	项目名称	合价	合同工程量	截至上期末累计	承包人申报		监理审核		
						本期申报	截至本期末累计	监理审核	截至本期末累计	
1										
…										

审核意见详见上表监理人审核意见栏。

监理机构：（名称及盖章）

总监理工程师：（签名）

日期：　　年　月　日

注　1. 本表一式＿＿份，由承包人依据已签认的工程计量报验单填写，监理机构审核后，结算时用。

　　2. 本表中的项目编码是指《水利工程工程量清单计价规范》（GB 50501—2007）中的项目编码，项目编号是指合同工程量清单的项目编号。

附表 C.5-15-3　合同分类分项项目进度付款明细表

（承包〔　　〕分类付　　号）

合同名称：　　　　　　　　　　　　　　　　合同编号：

致（监理机构）：

　　本期合同分类分项项目进度付款明细见下表，我方申请支付的合同分类分项项目进度付款总金额为：（大写）＿＿＿＿＿＿
＿＿＿＿＿＿＿＿元（小写＿＿＿＿＿＿＿＿＿＿），请审核。

承包人：（现场机构名称及盖章）

项目经理：（签字）

日期：　年　月　日

序号	项目编号	项目名称	单位	合同工程量	合同单价/元	截至上期末累计完成		本期承包人申报			本期监理审核意见			截至本期末累计完成	
						工程量	金额/元	单价/元	工程量	金额/元	单价/元	工程量	金额/元	工程量	金额/元
1															
2															
3															
4															
5															
…															
合计															

审核意见详见上表监理审核意见栏。

监理机构：（名称及盖章）

总监理工程师：（签名）

日期：　年　月　日

注　1. 本表一式＿＿份，由承包人填写，结算时用。
　　2. 本表中的项目编号是指合同工程量清单的项目编号。

附表 C.5–15–4　合同措施项目进度付款明细表

（承包〔　　〕措施付　　号）

合同名称：　　　　　　　　　　　　　　　　合同编号：

致（监理机构）：

　　本期合同措施项目进度付款明细见下表，我方申请支付的合同措施项目进度付款总金额为（大写）＿＿＿＿＿＿＿元（小写＿＿＿＿＿＿＿元），请贵方审核。

承包人：（现场机构名称及盖章）

项目经理：（签字）

日期：　　年　　月　　日

序号	项目名称	合同金额/元	截至上期末累计支付金额/元	本期申报支付金额/元	监理审核本期支付金额/元	截至本期末累计支付金额/元	支付比例	备注
1								
2								
3								
4								
5								
...								
合计								

审核意见详见上表监理审核意见栏。

监理机构：（名称及盖章）

总监理工程师：（签名）

日期：　　年　　月　　日

注　本表一式＿＿份，由承包人填写，结算时用。

附表 C.5-15-5　变更项目进度付款明细表

（承包〔　　　〕变更付　　　号）

合同名称：　　　　　　　　　　　　　　　　　　合同编号：

致（监理机构）：
　　根据下列变更指示，变更项目价格/工期确认单和工程计量报验单，现申请变更项目付款总金额为（大写）＿＿＿＿＿＿＿元（小写＿＿＿＿＿＿＿元），请贵方审核。

1. 变更指示：
（1）监理〔　　　〕变指　　　号；
（2）监理〔　　　〕变指　　　号；
（3）……

2. 变更项目价格/工期确认单：
（1）监理〔　　　〕变确　　　号；
（2）监理〔　　　〕变确　　　号；
（3）……

3. 工程计量报验单：
（1）承包〔　　　〕计报　　　号；
（2）承包〔　　　〕计报　　　号；
（3）……

承包人：（现场机构名称及盖章）

项目经理：（签名）

日期：　　年　月　日

序号	变更项目编号	变更项目名称	单位	截至上期末累计完成		本期承包人申报			本期监理审核意见			截至本期末累计完成	
				工程量	金额/元	价格（单价或合价）/元	工程量	金额/元	价格（单价或合价）/元	工程量	金额/元	工程量	金额/元
1													
2													
3													
…													
合计													

审核意见详见上表监理审核意见栏。

监理机构：（名称及盖章）

总监理工程师：（签名）

日期：　　年　月　日

注　本表一式＿＿份，由承包人填写，结算时用。

附表 C.5-15-6　计日工项目进度付款明细表

（承包〔　　〕计付　　号）

合同名称：　　　　　　　　　　　　　　　　　　　　　　合同编号：

致（监理机构）：

　　现申报本期计日工项目进度付款，总金额为（大写）＿＿＿＿＿＿＿＿＿＿＿元（小写＿＿＿＿＿＿＿＿＿＿＿元），请贵方审核。

　　　　附件：1. 本期计日工工作量汇总表（汇总计日工工程量签证单）
　　　　　　　2. 计日工单价报审表：
　　　　　　（1）承包〔　　〕计审　　号；
　　　　　　（2）承包〔　　〕计审　　号

　　　　　　　　　　　　　　　　　　　承包人：（现场机构名称及盖章）

　　　　　　　　　　　　　　　　　　　项目经理：（签名）

　　　　　　　　　　　　　　　　　　　日期：　　年　月　日

序号	计日工内容	工程量	单位	单价/元	承包人申报金额/元	监理人审核金额/元	备注
1							
2							
3							
4							
5							
...							
合　计							

审核意见详见上表监理审核意见栏。

　　　　　　　　　　　　　　　　　　　监理机构：（名称及盖章）

　　　　　　　　　　　　　　　　　　　总监理工程师：（签名）

　　　　　　　　　　　　　　　　　　　日期：　　年　月　日

注　1. 本表一式＿＿份，由承包人填写，结算时用。
　　2. 本表的单价依据合同或计日工单价报审表填写。

附表 C.5-16　完工付款/最终结清申请单

（承包〔　　　〕付结　　号）

合同名称：　　　　　　　　　　　　　　　合同编号：

致（监理机构）： 　　依据施工合同约定，我方已完成合同工程＿＿＿＿＿＿＿＿＿＿＿＿＿＿＿＿工程的施工，收到发包人签发的□合同工程完工证书/□缺陷责任期终止证书。现申请该工程的□完工付款/□最终结清/□临时付款。 　　经核计，我方应获得工程价款合计金额为（大写）＿＿＿＿＿＿＿元（小写＿＿＿＿＿元），截至本次申请已得到各项付款金额总计为（大写）＿＿＿＿＿＿元（小写＿＿＿＿＿元），现申请□完工付款/□最终结清/□临时付款，金额总计为（大写）＿＿＿＿＿＿＿元（小写＿＿＿＿＿元），请贵方审核。 　　附件：计算资料、证明文件等   　　　　　　　　　　　　　　　　　　　　承包人：（现场机构名称及盖章） 　　　　　　　　　　　　　　　　　　　　项目经理：（签名） 　　　　　　　　　　　　　　　　　　　　日期：　　　年　月　日
监理机构审核后，另行签发意见。   　　　　　　　　　　　　　　　　　　　　监理机构：（名称及盖章） 　　　　　　　　　　　　　　　　　　　　签收人：（签名） 　　　　　　　　　　　　　　　　　　　　日期：　　　年　月　日

注　本表一式＿＿份，由承包人填写，监理机构签收后，发包人＿＿份，监理机构＿＿份，承包人＿＿份。

附表 C.5-17 质量保证金退还申请表

（承包〔 　 〕保退 　 号）

合同名称： 　　　　　　　　　　　　　　　　合同编号：

致（监理机构）： 　　根据施工合同约定，我方申请退还质量保证金金额为（大写）＿＿＿＿＿＿＿＿元（小写＿＿＿＿元），请贵方审核。			
退还质量保证金 已具备的条件	□于＿＿＿＿年＿月＿日签发合同工程完工证书 □于＿＿＿＿年＿月＿日签发缺陷责任期终止证书		
质量保证金 退还金额	质量保证金总金额	仟　佰　拾　万　仟　佰　拾　元（小写：　元）	
	已退还金额	仟　佰　拾　万　仟　佰　拾　元（小写：　元）	
	尚应扣留金额	仟　佰　拾　万　仟　佰　拾　元（小写：　元） 扣留的原因： □施工合同约定 □未完工程或缺陷	
	应退还金额	仟　佰　拾　万　仟　佰　拾　元（小写：　元）	
  　　　　　　　　　　　　　　承包人：（现场机构名称及盖章） 　　　　　　　　　　　　　　项目经理：（签名） 　　　　　　　　　　　　　　日期：　　年　月　日			
监理机构审核后将另行签发。 　　　　　　　　　　　　　　监理机构：（名称及盖章） 　　　　　　　　　　　　　　签收人：（签名） 　　　　　　　　　　　　　　日期：　　年　月　日			

注 本表一式＿＿份，由承包人填写，监理机构签收后，发包人＿＿份，监理机构＿＿份，承包人＿＿份。

附录 C.6　施工验收类资料

附表 C.6-1　验 收 申 请 报 告

（承包〔　　〕验报　　号）

合同名称：　　　　　　　　　　　　　　　　　　合同编号：

致（监理机构）：

　　＿＿＿＿＿＿＿＿＿＿＿＿＿＿＿工程项目已于＿＿＿＿年＿＿月＿＿日完工，未处理的遗留问题不影响本次验收评定并编制了处理措施计划，验收报告、资料已准备就绪，现申请验收。

□合同项目完工验收 □单位工程验收 □分部工程验收	验收工程名称	编码	申请验收时间

附件：1. 前期验收遗留问题处理情况
　　　2. 未处理遗留问题的处理措施计划
　　　3. 验收报告、资料

　　　　　　　　　　　　　承包人：（现场机构名称及盖章）

　　　　　　　　　　　　　项目经理：（签名）

　　　　　　　　　　　　　日期：　　　年　　月　　日

监理机构将另行签发审核意见。

　　　　　　　　　　　　　监理机构：（名称及盖章）

　　　　　　　　　　　　　签收人：（签名）

　　　　　　　　　　　　　日期：　　　年　　月　　日

注　本表一式＿＿份，由承包人填写，监理机构签收后，发包人＿＿份，设代机构＿＿份，监理机构＿＿份，承包人＿＿份。

附件

法人验收申请报告内容要求

一、验收范围

......

二、工程验收条件的检查结果

......

三、建议验收时间（　　年　　月　　日）

......

附表 C.6-2　分部工程施工质量评定表

单位工程名称			施工单位		
分部工程名称			施工日期	自　年　月　日至　年　月　日	
分部工程量			评定日期	年　月　日	

项次	单元工程种类	工程量	单元工程个数	合格个数	其中优良个数	备注
1						
2						
3						
4						
5						
...						
合计						
重要隐蔽单元工程、关键部位单元工程						

施工单位自评意见	监理单位复核意见	项目法人认定意见
本分部工程的单元工程质量全部合格。优良率为_____%，重要隐蔽单元工程及关键部位单元工程_____个，优良率为_____%。原材料质量_____，中间产品质量_____，金属结构及启闭机制造质量_____，机电产品质量_____。 质量事故及质量缺陷处理情况： 分部工程质量等级： 评定人： 项目技术负责人：　　（盖公章） 　　　　　　　　　　　年　月　日	复核意见： 分部工程质量等级： 监理工程师： 　　　　　　年　月　日 总监或副总监： 　　　　（盖公章） 　　年　月　日	认定意见： 分部工程质量等级： 现场代表： 　　　　　　年　月　日 技术负责人： 　　　　（盖公章） 　　年　月　日

工程质量监督机构	核备等级：　　核备人：（签名）　　　　负责人：（签名） 　　　　　　　年　月　日　　　　　　　　　年　月　日

附表 C.6-3 分部工程验收鉴定书格式

编号：

××××××工程

××××××分部工程验收

鉴　定　书

单位工程名称：

××××××分部工程验收工作组

年　　　月　　　日

前言：（包括验收依据、组织机构、验收过程等）

一、分部工程开/完工日期

二、分部工程建设内容

三、施工过程及完成的主要工程量

四、质量事故及质量缺陷处理情况

五、拟验收工程质量评定（包括单元工程、主要单元工程个数、合格率和优良率；施工单位自评结果；监理单位复核意见；分部工程质量等级评定意见）

六、验收遗留问题及处理意见

七、结论

八、保留意见（保留意见人签字）

九、分部工程验收工作组成员签字表

十、附件：验收遗留问题处理记录

附表 C.6-4 单位工程施工质量评定表

工程项目名称		施工单位		
单位工程名称		施工日期	自 年 月 日至 年 月 日	
单位工程量		评定日期	年 月 日	

序号	分部工程名称	质量等级 合格	质量等级 优良	序号	分部工程名称	质量等级 合格	质量等级 优良
1				8			
2				9			
3				10			
4				11			
5				12			
6				13			
7				…			

分部工程共_____个，全部合格，其中优良_____个，优良率_____%，主要分部工程优良率_____%

外观质量	应得_____分，实得_____分，得分率_____%
施工质量检验资料	
质量事故处理情况	
观测资料分析结论	

施工单位自评等级：	监理单位复核等级：	项目法人认定等级：	工程质量监督机构核备等级：
评定人：	复核人：	认定人：	核备人：
项目经理：	总监或副总监：	单位负责人：	机构负责人：
（盖公章） 年 月 日	（盖公章） 年 月 日	（盖公章） 年 月 日	（盖公章） 年 月 日

附表 C.6-5 单位工程施工质量检验与评定资料核查表

单位工程名称				
施工单位		核查日期		年 月 日
项 次	项 目		份 数	核 查 情 况
1	原材料	水泥出厂合格证、厂家试验报告		
2		钢材出厂合格证、厂家试验报告		
3		外加剂出厂合格证及有关技术性能指标		
4		粉煤灰出厂合格证及技术性能指标		
5		防水材料出厂合格证、厂家试验报告		
6		止水带出厂合格证及技术性能试验报告		
7		土工布出厂合格证及技术性能试验报告		
8		装饰材料出厂合格证及有关技术性能试验资料		
9		水泥复验报告及统计资料		
10		钢材复验报告及统计资料		
11		其他原材料出厂合格证及技术性能试验资料		
12	中间产品	砂、石骨料试验资料		
13		石料试验资料		
14		混凝土拌和物检查资料		
15		混凝土试件统计资料		
16		砂浆拌和物及试件统计资料		
17		混凝土预制件（块）检验资料		
18	金属结构及启闭机	拦污栅出厂合格证及有关技术文件		
19		闸门出厂合格证及有关技术文件		
20		启闭机出厂合格证及有关技术文件		
21		压力钢管生产许可证及有关技术文件		
22		闸门、拦污栅安装测量记录		
23		压力钢管安装测量记录		
24		启闭机安装测量记录		
25		焊接记录及探伤报告		
26		焊工资质证明材料（复印件）		
27		运行试验记录		

项　次	项　目		份　数	核 查 情 况
28	机电设备	产品出厂合格证、厂家提交的安装说明书及有关资料		
29		重大设备质量缺陷处理资料		
30		水轮发电机组安装测量记录		
31		升压变电设备安装测试记录		
32		电气设备安装测试记录		
33		焊缝探伤报告及焊工资质证明		
34		机组调试及试验记录		
35		水力机械辅助设备试验记录		
36		发电电气设备试验记录		
37		升压变电电气设备检测试验报告		
38		管道试验记录		
39		72h试运行记录		
40	重要隐蔽工程施工记录	灌浆记录、图表		
41		造孔灌注桩施工记录、图表		
42		振冲桩振冲记录		
43		基础排水工程施工记录		
44		地下防渗墙施工记录		
45		主要建筑物地基开挖处理记录		
46		其他重要施工记录		
47	综合资料	质量事故调查及处理报告、质量缺陷处理检查记录		
48		工程施工期及试运行期观测资料		
49		工序、单元工程质量评定表		
50		分部工程、单位工程质量评定表		

施 工 单 位 自 查 意 见	监 理 单 位 复 查 意 见
自查意见： 填表人：（签名） 质检部门负责人：（公章） 年　月　日	复查意见： 监理工程师：（签名） 监理单位：（公章） 年　月　日

附表 C.6-6 水工建筑物外观质量评定表

单位工程名称				施工单位				
主要工程量				评定日期		年 月 日		
项次	项目		标准分	评定得分				备注
				一级 100%	二级 90%	三级 70%	四级 0	
1	建筑物外部尺寸		12					
2	轮廓线		10					
3	表面平整度		10					
4	立面垂直度		10					
5	大角方正		5					
6	曲面与平面连接		9					
7	扭面与平面连接		9					
8	马道及排水沟		3（4）					
9	梯步		2（3）					
10	栏杆		2（3）					
11	扶梯		2					
12	闸坝灯饰		2					
13	混凝土表面缺陷情况		10					
14	表面钢筋割除		2（4）					
15	砌体勾缝	宽度均匀、平整	4					
16		竖、横缝平直	4					
17	浆砌卵石露头情况		8					
18	变形缝		3（4）					
19	启闭平台梁、柱、排架		5					
20	建筑物表面		10					
21	升压变电工程围墙（栏栅）、杆、架、塔、柱		5					
22	水工金属结构外表面		6（7）					
23	电站盘柜		7					
24	电缆线路敷设		4（5）					
25	电站油、气、水管路		3（4）					
26	厂区道路及排水沟		4					
27	厂区绿化		8					
合计				应得____分，实得____分，得分率____%				
外观质量评定组成员	单位			单位名称		职称	签名	
	项目法人							
	监理							
	设计							
	施工							
	运行管理							
工程质量监督机构	核备意见：　　　　　　　　核备人：（签名加盖公章）　　　　　　　　　　　　　　　　　　　年　月　日							

注　量大时，标准分采用括号内数值。

附表 C.6-7 水利水电工程房屋建筑工程外观质量评定表

单位工程名称			分部工程名称				施工单位			
结构类型			建筑面积				评定日期	年 月 日		
序号	项目		抽查质量状况						质量评价		
									好	一般	差

序号	项目		抽查质量状况						好	一般	差
1	建筑与结构	室外墙面									
2		变形缝									
3		水落管、屋面									
4		室内墙面									
5		室内顶棚									
6		室内地面									
7		楼梯、踏步、护栏									
8		门窗									
1	给排水与采暖	管道接口、坡度、支架									
2		卫生器具、支架、闸门									
3		检查口、扫除口、地漏									
4		散热器、支架									
1	建筑电气	配电箱、盘、板、接线盒									
2		设备器具、开关、插座									
3		防雷、接地									
1	通风与空调	风管、支架									
2		风口、风闸									
3		风机、空调设备									
4		闸门、支架									
5		水泵、冷却塔									
6		绝热									
1	电梯	运行、平层、开关门									
2		层门、信号系统									
3		机房									
1	智能建筑	机房设备安装及布局									
2		现场设备安装									
外观质量综合评价											

外观质量评定组成员	单位	单位名称	职称	签名
	项目法人			
	监理			
	设计			
	施工			
	运行管理			
工程质量监督机构	核备意见： 核备人：（签名加盖公章） 年 月 日			

注 质量综合评价为"差"的项目，应进行返修。

附表 C.6-8　鹤岗市关门嘴子水库混凝土重力坝工程外观质量评定标准

项次	项目	检查、检测内容	质量标准		标准分
			允许偏差	质量等级	
1	建筑物外部尺寸	坝坡坡度	不陡于设计值	一级：测点合格率达到 100%； 二级：测点合格率 90.0%～99.9%； 三级：测点合格率 70.0%～89.9%； 四级：测点合格率 70.0%以下	2
		坝顶宽度	±2cm		2
		坝顶高程	不低于设计高程		2
		溢流堰宽度	±2cm		2
		溢流堰顶高程	±2cm		2
		防浪墙高度	±2cm		2
2	轮廓线	防浪墙	2cm/15m	一级：测点合格率达到 100%； 二级：测点合格率 90.0%～99.9%； 三级：测点合格率 70.0%～89.9%； 四级：测点合格率 70.0%以下	2
		坝顶道路	2cm/15m		2
		闸墩墩头竖直边线	2cm/15m		2
		路缘石	2cm/15m		2
3	表面平整度	防浪墙混凝土表面	1cm/2m	一级：测点合格率达到 100%； 二级：测点合格率 90.0%～99.9%； 三级：测点合格率 70.0%～89.9%； 四级：测点合格率 70.0%以下	2
		坝顶道路	1cm/2m		2
		溢流堰	1cm/2m		2
		闸墩	1cm/2m		2
		溢洪道底板	1cm/2m		2
		溢洪道挡墙	1cm/2m		1
4	立面垂直度	闸墩	4/1000 设计高，且总偏差不大于 2cm	一级：测点合格率达到 100%； 二级：测点合格率 90.0%～99.9%； 三级：测点合格率 70.0%～89.9%； 四级：测点合格率 70.0%以下	5
		防浪墙			5
5	曲面与平面连接	溢流堰		一级：圆滑过渡，曲线流畅； 二级：平顺连接，曲线基本流畅； 三级：连接不够平顺，有明显折线； 四级：未达到三级标准	9
6	马道及排水沟	排水沟尺寸	±2cm	一级：测点合格率达到 100%； 二级：测点合格率 90.0%～99.9%； 三级：测点合格率 70.0%～89.9%； 四级：测点合格率 70.0%以下	4
7	栏杆	平面顺直	1cm/15m	一级：测点合格率达到 100%； 二级：测点合格率 90.0%～99.9%； 三级：测点合格率 70.0%～89.9%； 四级：测点合格率 70.0%以下	2
		垂直度	±0.5cm		1
8	闸坝灯饰	坝顶路灯		一级：架设位置正确、均匀、顺直，架设牢固； 二级：架设位置较正确、均匀，架设牢固； 三级：架设位置基本正确，架设牢固； 四级：未达到三级标准者	2

项次	项目	检查、检测内容	质量标准		标准分
			允许偏差	质量等级	
9	混凝土表面缺陷情况	所有混凝土工程		一级：表面无蜂窝、麻面、挂帘、裙边、错台及表面裂缝等； 二级：缺陷总面积不超过 3%，局部不超过 0.5% 且不连续，不集中，单位面积不超过 0.1 ㎡； 三级：缺陷总面积占总面积的 3%～5%，局部不超过 0.5%； 四级：缺陷总面积超过总面积的 5%	10
10	表面钢筋割除	混凝土工程表面		一级：全部割除，无明显凸出部分； 二级：全部割除，少部分明显凸出表面； 三级：割除面积达到 95%，且未割除部分不影响建筑功能与安全； 四级：割除面积小于 95%	4
11	变形缝	混凝土工程		一级：缝宽均匀，平顺，止水材料完整，填充材料饱满，外形美观； 二级：缝宽基本均匀，填充材料饱满，止水材料完整； 三级：止水材料完整，填充材料基本饱满； 四级：未达到三级标准者	3
12	启闭平台梁、柱、排架	梁、柱、排架截面尺寸	±0.5cm		1
		垂直度	2m 靠尺检测，允许偏差 1/2000 柱高，且不超过 2cm		1
		平整度	±0.8cm		1
		混凝土表面	无明显缺陷		1
13	建筑物表面	所有建筑物		一级：建筑物表面无垃圾，附着物已全部清除，表面清洁； 二级：建筑物表面无垃圾，附着物已清除，但局部清除不彻底； 三级：表面无垃圾，附着物已清除 80%； 四级：未达到三级标准者	10
14	水工金属结构外表面	现场检查		一级：焊缝均匀，两侧飞渣清除干净，临时支撑割除干净且打磨平整，油漆均匀、色泽一致、无脱皮起皱现象； 二级：焊缝均匀，表面清除干净，油漆基本均匀； 三级：表面清除基本干净，油漆防腐完整，颜色基本一致； 四级：未达到三级标准者	6
15	电缆线路敷设	电缆沟		一级：电缆沟整齐平顺，排水良好，覆盖平整；电缆线桥架排列整齐，油漆色泽一致、完好无损；安装位置符合设计要求，电缆摆放平顺； 二级：电缆沟平顺，排水良好，覆盖平整；电缆线桥架排列整齐，油漆色泽协调，电缆摆放平顺； 三级：电缆沟基本平顺，电缆线桥架排列基本整齐； 四级：未达到三级标准者	4

附表 C.6-9　鹤岗市关门嘴子水库交通工程外观质量评定标准

项次	项目	检查、检测内容	质量标准		标准分
			允许偏差	质量等级	
1	建筑物外部尺寸	混凝土路面宽度	±2cm	一级：测点合格率达到100%； 二级：测点合格率90.0%～99.9%； 三级：测点合格率70.0%～89.9%； 四级：测点合格率70.0%以下	3
		混凝土路面纵断高程	±1.5cm		3
		混凝土路面横坡	±0.25%		3
		路肩宽度	±2cm		3
		路肩横坡	±1%		3
		桥台长宽	±1cm		3
		桥墩顶面高程	±1cm		3
		桥扩大基础平面尺寸	±5cm		3
		桥基础顶面高程	±3cm		3
		桥宽	±1cm		3
		桥长	±10cm		3
2	轮廓线	交通桥	桥梁的内外轮廓线条应顺滑清晰，无突变、明显折变或反复现象；防护栏线形顺滑流畅，无折弯现象	一级：符合要求； 二级：基本符合要求； 三级：局部不符合要求； 四级：达不到三级标准者	12
3	表面平整度	混凝土路面最大间隙	±0.5cm	一级：测点合格率达到100%； 二级：测点合格率90.0%～99.9%； 三级：测点合格率70.0%～89.9%； 四级：测点合格率70.0%以下	4
		混凝土路面相邻板高差	±0.3cm		4
		路肩	±2cm		4
		桥梁混凝土平整度	1cm/2m		4
4	曲面与平面连接	路	路面平顺，无跳车现象	一级：符合要求； 二级：基本符合要求； 三级：局部不符合要求； 四级：达不到三级标准者	9
5	栏杆	平面顺直	1cm/15m	一级：测点合格率达到100%； 二级：测点合格率90.0%～99.9%； 三级：测点合格率70.0%～89.9%； 四级：测点合格率70.0%以下	2
		垂直度	±0.5cm		2
6	混凝土表面缺陷情况	混凝土面层	混凝土板的断裂块数不得超过0.4%；混凝土板表面的脱皮、印痕、裂纹和缺边掉角等病害现象不得超过0.3%		8
		交通桥	扩大基础混凝土表面无明显施工接缝；蜂窝麻面面积不得超过总面积的0.5%；混凝土表面无非受力裂缝	一级：符合要求； 二级：基本符合要求； 三级：局部不符合要求； 四级：达不到三级标准者	8
7	厂区道路及排水沟	现场检查		一级：表面平整，宽度均匀，连接平顺，坡度符合设计要求； 二级：表面无明显凹凸，线形平顺； 三级：线形连接基本平顺，路面无破损； 四级：未达到三级标准者	10

附表 C.6-10　鹤岗市关门嘴子水库电站工程外观质量评定标准

项次	项目	检查、检测内容	质量标准		标准分
			允许偏差	质量等级	
1	建筑物外部尺寸	主厂房外部长、宽	±1/200 设计值	一级：测点合格率达到 100%； 二级：测点合格率 90.0%～99.9%； 三级：测点合格率 70.0%～89.9%； 四级：测点合格率 70.0%以下	2
		副厂房外部长、宽	±1/200 设计值		2
		主、副厂房顶高程	±2cm		2
		尾水平台高程	±2cm		2
		尾水渠底板高程	±2cm		2
		尾水渠边墙顶高程	±2cm		1
		尾水闸孔过流断面尺寸	±1/200 设计值		1
		尾水渠反坡段坡度	±0.05		1
2	轮廓线	厂房外墙竖直边线	2cm/15m	一级：测点合格率达到 100%； 二级：测点合格率 90.0%～99.9%； 三级：测点合格率 70.0%～89.9%； 四级：测点合格率 70.0%以下	3
		厂房排架柱边线	2cm/15m		3
		尾水渠边墙	2cm/15m		3
3	表面平整度	厂房墙面	1cm/2m	一级：测点合格率达到 100%； 二级：测点合格率 90.0%～99.9%； 三级：测点合格率 70.0%～89.9%； 四级：测点合格率 70.0%以下	2
		厂房各层楼地面	1cm/2m		2
		尾水渠底板	1cm/2m		2
		尾水渠边墙	1cm/2m		2
4	立面垂直度	厂房墙面	4/1000 设计高，且总偏差不大于 2cm	一级：测点合格率达到 100%； 二级：测点合格率 90.0%～99.9%； 三级：测点合格率 70.0%～89.9%； 四级：测点合格率 70.0%以下	4
		尾水渠边墙			4
5	曲面与平面连接	厂房		一级：圆滑过渡，曲线流畅； 二级：平顺连接，曲线基本流畅； 三级：连接不够平顺，有明显折线； 四级：未达到三级标准	8
6	栏杆	平面顺直度	1cm/15m	一级：测点合格率达到 100%； 二级：测点合格率 90.0%～99.9%； 三级：测点合格率 70.0%～89.9%； 四级：测点合格率 70.0%以下	2
		垂直度	±0.5cm		1
7	扶梯	扶梯尺寸	±0.5cm	一级：测点合格率达到 100%； 二级：测点合格率 90.0%～99.9%； 三级：测点合格率 70.0%～89.9%； 四级：测点合格率 70.0%以下	1
		扶梯步距	±2cm		1
		顺直度	1cm/15m		1
8	混凝土表面缺陷情况	所有混凝土工程		一级：表面无蜂窝、麻面、挂帘、裙边、错台及表面裂缝等； 二级：缺陷总面积不超过 3%，局部不超过 0.5%且不连续、不集中，单个缺陷面积不超过 0.1 ㎡； 三级：缺陷总面积占总面积的 3%～5%，局部不超过 0.5%； 四级：缺陷总面积超过总面积的 5%	8

续表

项次	项目	检查、检测内容	质量标准		标准分
			允许偏差	质量等级	
9	表面钢筋割除	混凝土工程表面		一级：全部割除，无明显凸出部分； 二级：全部割除，少部分明显凸出表面； 三级：割除面积达到95%，且未割除部分不影响建筑功能与安全； 四级：割除面积小于95%	2
10	变形缝	混凝土工程		一级：缝宽均匀、平顺，止水材料完整，填充材料饱满，外形美观； 二级：缝宽基本均匀，填充材料饱满，止水材料完整； 三级：止水材料完整，填充材料基本饱满； 四级：未达到三级标准者	3
11	启闭平台梁、柱、排架	梁、柱、排架截面尺寸	±0.5cm		1
		垂直度	2m靠尺检测，允许偏差1/2000柱高，且不超过2cm		1
		平整度	±0.8cm		1
		混凝土表面	无明显缺陷		1
12	建筑物表面	所有建筑物		一级：建筑物表面无垃圾，附着物已全部清除，表面清洁； 二级：建筑物表面无垃圾，附着物已清除，但局部清除不彻底； 三级：表面无垃圾，附着物已清除80%； 四级：未达到三级标准者	8
13	升压变电工程围墙（栏栅）、杆、架、塔、柱	现场检查	考评组现场决定		3
14	水工金属结构外表面	现场检查		一级：焊缝均匀、两侧飞渣清除干净，临时支撑割除干净且打磨平整，油漆均匀、色泽一致、无脱皮起皱现象； 二级：焊缝均匀，表面清除干净，油漆基本均匀； 三级：表面清除基本干净，油漆防腐完整、颜色基本一致； 四级：未达到三级标准者	6
15	电站盘柜	水平度		一级：相邻两柜顶部允许偏差1mm，成列盘柜顶部允许偏差3mm； 二级：相邻两柜顶部允许偏差2mm，成列盘柜顶部允许偏差5mm； 三级：相邻两柜顶部偏差大于2mm，成列盘柜顶部偏差大于5mm； 四级：未达到三级标准者	1

项次	项目	检查、检测内容		质量标准		标准分
				允许偏差	质量等级	
15	电站盘柜	盘柜间缝隙			一级：缝隙小于1mm； 二级：缝隙小于2mm； 三级：缝隙大于2mm； 四级：未达到三级标准者	1
		垂直度			一级：垂直度小于1mm/m； 二级：垂直度小于1.5mm/m； 三级：垂直度大于1.5mm/m； 四级：未达到三级标准者	1
		柜体	表面		一级：清洁，无变形； 二级：清洁，基本无变形； 三级：变形超过3mm； 四级：未达到三级标准者	1
			涂装		一级：表面颜色均匀一致，无皱纹、起泡、流挂、针孔、裂纹、漏涂等缺陷； 二级：表面颜色基本均匀，基本无皱纹、起泡、流挂、针孔、裂纹、漏涂等缺陷； 三级：表面颜色基本均匀，局部存在皱纹、起泡、流挂、针孔、裂纹、漏涂等现象。 四级：未达到三级标准者	1
		柜内电缆及母线	标志		一级：标志齐全、正确、清晰； 二级：标志基本齐全、正确、较清晰； 三级：标志基本正确，少数不全； 四级：未达到三级标准者	1
			排线		一级：接地固定牢固，接触良好，排列整齐；柜门等应采用软铜线接地；硬母线及电缆排列整齐，相位排列一致；接线整齐美观； 二级：接地固定牢固，接触良好，排列整齐；柜门等应采用软铜线接地；硬母线及电缆排列较整齐，相位排列一致；接线基本整齐美观； 三级：接地固定牢固，接触良好，排列整齐；柜门等应采用软铜线接地；硬母线及电缆排列基本整齐，相位排列基本一致；接线基本整齐美观； 四级：未达到三级标准者	1
16	电缆线路敷设	现场检查			一级：电缆沟整齐平顺，排水良好，覆盖平整；电缆线桥架排列整齐，油漆色泽一致、完好无损；安装位置符合设计要求，电缆摆放平顺； 二级：电缆沟平顺，排水良好，覆盖平整，电缆线桥架排列整齐，油漆色泽协调，电缆摆放平顺； 三级：电缆沟基本平顺，电缆线桥架排列基本整齐 四级：未达到三级标准者	4
17	电站油、气、水管路	现场检查			一级：安装整齐平直，固定良好，无渗透现象，色泽准确、均匀； 二级：安装基本平直牢固，无渗漏，色泽准确、基本均匀； 三级：安装基本平顺、牢固，色泽准确； 四级：未达到三级标准者	3

附表 C.6-11 鹤岗市关门嘴子水库泵站工程外观质量评定标准

项次	项目	检查、检测内容	质量标准		标准分
			允许偏差	质量等级	
1	建筑物外部尺寸	主厂房外部长、宽	±1/200 设计值	一级：测点合格率达到 100%； 二级：测点合格率 90.0%～99.9%； 三级：测点合格率 70.0%～89.9%； 四级：测点合格率 70.0%以下	3
		副厂房外部长、宽	±1/200 设计值		3
		主、副厂房顶高程	±2cm		3
		供水进水口工作平台高程	±2cm		2
		供水进水口底板高程	±2cm		2
2	轮廓线	厂房外墙竖直边线	2cm/15m	一级：测点合格率达到 100%； 二级：测点合格率 90.0%～99.9%； 三级：测点合格率 70.0%～89.9%； 四级：测点合格率 70.0%以下	5
		厂房排架柱边线	2cm/15m		5
3	表面平整度	厂房墙面	1cm/2m	一级：测点合格率达到 100%； 二级：测点合格率 90.0%～99.9%； 三级：测点合格率 70.0%～89.9%； 四级：测点合格率 70.0%以下	4
		厂房各层楼地面	1cm/2m		3
		供水进水口底板	1cm/2m		3
4	立面垂直度	厂房墙面	4/1000 设计高，且总偏差不大于 2cm	一级：测点合格率达到 100%； 二级：测点合格率 90.0%～99.9%； 三级：测点合格率 70.0%～89.9%； 四级：测点合格率 70.0%以下	10
5	栏杆	平面顺直度	1cm/15m	一级：测点合格率达到 100%； 二级：测点合格率 90.0%～99.9%； 三级：测点合格率 70.0%～89.9%； 四级：测点合格率 70.0%以下	2
		垂直度	±0.5cm		1
6	扶梯	扶梯尺寸	±0.5cm	一级：测点合格率达到 100%； 二级：测点合格率 90.0%～99.9%； 三级：测点合格率 70.0%～89.9%； 四级：测点合格率 70.0%以下	1
		扶梯步距	±2cm		1
		顺直度	1cm/15m		1
7	混凝土表面缺陷情况	所有混凝土工程		一级：表面无蜂窝、麻面、挂帘、裙边、错台及表面裂缝等； 二级：缺陷总面积不超过 3%，局部不超过 0.5%且不连续、不集中，单个缺陷面积不超过 0.1 ㎡； 三级：缺陷总面积占总面积的 3%～5%，局部不超过 0.5%； 四级：缺陷总面积超过总面积的 5%	10
8	表面钢筋割除	混凝土工程表面		一级：全部割除，无明显凸出部分； 二级：全部割除，少部分明显凸出表面； 三级：割除面积达到 95%，且未割除部分不影响建筑功能与安全； 四级：割除面积小于 95%	4

项次	项目	检查、检测内容	质量标准		标准分
			允许偏差	质量等级	
9	启闭平台梁、柱、排架	梁、柱、排架截面尺寸	±0.5cm		1
		垂直度	2m 靠尺检测，允许偏差 1/2000 柱高，且不超过 2cm		1
		平整度	±0.8cm		1
		混凝土表面	无明显缺陷		1
10	建筑物表面	所有建筑物		一级：建筑物表面无垃圾，附着物已全部清除，表面清洁； 二级：建筑物表面无垃圾，附着物已清除，但局部清除不彻底； 三级：表面无垃圾，附着物已清除 80%； 四级：未达到三级标准者	10
11	水工金属结构外表面	现场检查		一级：焊缝均匀，两侧飞渣清除干净，临时支撑割除干净且打磨平整，油漆均匀、色泽一致、无脱皮起皱现象； 二级：焊缝均匀，表面清除干净，油漆基本均匀； 三级：表面清除基本干净，油漆防腐完整、颜色基本一致； 四级：未达到三级标准者	7
12	电站盘柜	水平度		一级：相邻两柜顶部允许偏差 1mm；成列盘柜顶部允许偏差 3mm； 二级：相邻两柜顶部允许偏差 2mm；成列盘柜顶部允许偏差 5mm； 三级：相邻两柜顶部偏差大于 2mm；成列盘柜顶部偏差大于 5mm； 四级：未达到三级标准者	1
		盘柜间缝隙		一级：缝隙小于 1mm； 二级：缝隙小于 2mm； 三级：缝隙大于 2mm； 四级：未达到三级标准者	1
		垂直度		一级：垂直度小于 1mm/m； 二级：垂直度小于 5mm/m； 三级：垂直度大于等于 1.5mm/m； 四级：未达到三级标准者	1
		柜体　表面		一级：清洁，无变形； 二级：清洁，基本无变形； 三级：变形超过 3mm； 四级：未达到三级标准者	1

续表

项次	项目	检查、检测内容		质量标准		标准分
				允许偏差	质量等级	
12	电站盘柜	柜体	涂装		一级：表面颜色均匀一致，无皱纹、起泡、流挂、针孔、裂纹、漏涂等缺陷； 二级：表面颜色基本均匀，基本无皱纹、起泡、流挂、针孔、裂纹、漏涂等缺陷； 三级：表面颜色基本均匀，局部存在皱纹、起泡、流挂、针孔、裂纹、漏涂等现象； 四级：未达到三级标准者	1
		柜内电缆及母线	标志		一级：标志齐全、正确、清晰； 二级：标志基本齐全、正确、较清晰； 三级：标志基本正确，少数不全； 四级：未达到三级标准者	1
			排线		一级：接地固定牢固，接触良好，排列整齐；柜门等应采用软铜线接地；硬母线及电缆排列整齐，相位排列一致；接线整齐美观； 二级：接地固定牢固，接触良好，排列整齐；柜门等应采用软铜线接地；硬母线及电缆排列较整齐，相位排列一致；接线基本整齐美观； 三级：接地固定牢固，接触良好，排列整齐；柜门等应采用软铜线接地；硬母线及电缆排列基本整齐，相位排列基本一致；接线基本整齐美观； 四级：未达到三级标准者	1
13	电缆线路敷设	现场检查			一级：电缆沟整齐平顺，排水良好，覆盖平整；电缆线桥架排列整齐，油漆色泽一致、完好无损；安装位置符合设计要求，电缆摆放平顺； 二级：电缆沟平顺，排水良好，覆盖平整；电缆线桥架排列整齐，油漆 色泽协调，电缆摆放平顺； 三级：电缆沟基本平顺，电缆线桥架排列基本整齐； 四级：未达到三级标准者	5
14	电站油、气、水管路	现场检查			一级：安装整齐平直，固定良好，无渗透现象，色泽准确、均匀； 二级：安装基本平直牢固，无渗漏，色泽准确、基本均匀； 三级：安装基本平顺、牢固，色泽准确； 四级：未达到三级标准者	4

附表 C.6-12　鹤岗市关门嘴子水库鱼道工程外观质量评定标准

项次	项目	检查、检测内容	质量标准		标准分
			允许偏差	质量等级	
1	建筑物外部尺寸	观察室外部尺寸	±1/200 设计值	一级：测点合格率达到 100%； 二级：测点合格率 90.0%～99.9%； 三级：测点合格率 70.0%～89.9%； 四级：测点合格率 70.0%以下	2
		混凝土路面宽度	±2cm		2
		鱼道交通桥宽度	±2cm		2
		鱼道进口、过坝、出口闸底板顶高程	不低于设计高程		2
		U 形槽墙顶宽	±4cm		2
		隔板高度	±4cm		2
2	轮廓线	U 形槽侧墙	2cm/15m	一级：测点合格率达到 100%； 二级：测点合格率 90.0%～99.9%； 三级：测点合格率 70.0%～89.9%； 四级：测点合格率 70.0%以下	3
		鱼道交通桥	2cm/15m		3
		混凝土道路	2cm/15m		3
		观察室	2cm/15m		3
3	表面平整度	U 形槽侧墙	1cm/2m	一级：测点合格率达到 100%； 二级：测点合格率 90.0%～99.9%； 三级：测点合格率 70.0%～89.9%； 四级：测点合格率 70.0%以下	2
		鱼道交通桥	1cm/2m		2
		混凝土道路	1cm/2m		2
		进口闸、过坝闸、出口闸闸墩	1cm/2m		2
		U 形槽底板	1cm/2m		2
		观察室	1cm/2m		2
4	立面垂直度	进口闸、过坝闸、出口闸闸墩	4/1000 设计高，且总偏差不大于 2cm	一级：测点合格率达到 100%； 二级：测点合格率 90.0%～99.9%； 三级：测点合格率 70.0%～89.9%； 四级：测点合格率 70.0%以下	4
		观察室			4
		U 形槽侧墙			4
5	栏杆	平面顺直度	1cm/15m	一级：测点合格率达到 100%； 二级：测点合格率 90.0%～99.9%； 三级：测点合格率 70.0%～89.9%； 四级：测点合格率 70.0%以下	2
		垂直度	±0.5cm		1
6	混凝土表面缺陷情况	所有混凝土工程		一级：表面无蜂窝、麻面、挂帘、裙边、错台及表面裂缝等； 二级：缺陷总面积不超过总面积的 3%，局部不超过 0.5%且不连续、不集中，单个缺陷面积不超过 0.1 ㎡； 三级：缺陷总面积占总面积的 3%～5%，局部不超过 0.5%； 四级：缺陷总面积超过总面积的 5%	12

项次	项目	检查、检测内容	质量标准		标准分
			允许偏差	质量等级	
7	表面钢筋割除	混凝土工程表面		一级：全部割除，无明显凸出部分； 二级：全部割除，少部分明显凸出表面； 三级：割除面积达到95%，且未割除部分不影响建筑功能与安全； 四级：割除面积小于95%	8
8	变形缝	混凝土工程		一级：缝宽均匀、平顺，止水材料完整，填充材料饱满，外形美观； 二级：缝宽基本均匀，填充材料饱满，止水材料完整； 三级：止水材料完整，填充材料基本饱满； 四级：未达到三级标准者	7
9	启闭平台梁、柱、排架	梁、柱、排架截面尺寸	±0.5cm		1
		垂直度	2m靠尺检测，允许偏差1/2000柱高，且不超过2cm		1
		平整度	±0.8cm		1
		混凝土表面	无明显缺陷		1
10	建筑物表面	所有建筑物		一级：建筑物表面无垃圾，附着物已全部清除，表面清洁； 二级：建筑物表面无垃圾，附着物已清除，但局部清除不彻底； 三级：表面无垃圾，附着物已清除80%； 四级：未达到三级标准者	10
11	水工金属结构外表面	现场检查		一级：焊缝均匀，两侧飞渣清除干净，临时支撑割除干净且打磨平整，油漆均匀、色泽一致、无脱皮起皱现象； 二级：焊缝均匀，表面清除干净，油漆基本均匀； 三级：表面清除基本干净，油漆防腐完整、颜色基本一致； 四级：未达到三级标准者	8

附表 C.6-13 单位工程验收鉴定书格式

××××××工程

××××单位工程验收

鉴 定 书

××××单位工程验收工作组

年 月 日

验收主持单位：

法人验收监督机关：

项目法人：

代建机构（如有时）：

设计单位：

监理单位：

施工单位：

主要设备制造（供应）商单位：

质量和安全监督机构：

运行管理单位：

验收时间（　　年　月　　日）

验收地点：

前言（包括验收依据、组织机构、验收过程等）

一、单位工程概况

（一）单位工程名称及位置

（二）单位工程主要建设内容

（三）单位工程建设过程（包括工程开工时间、完工时间、施工中采用的主要措施等）

二、验收范围

三、单位工程完成情况和完成的主要工程量

四、单位工程质量评定

（一）分部工程质量评定

（二）工程外观质量评定

（三）工程质量检测情况

（四）单位工程质量等级评定意见

五、分部工程验收遗留问题处理情况

六、运行准备情况（投入使用验收需要此部分，包括工程等级、标准、主要规模、效益、主要工程量的设计值及合同投资）

七、存在的主要问题及处理意见

八、意见和建议

九、结论

十、保留意见（应有保留意见者本人签字）

十一、单位工程验收工作组成员签字表

附表 C.6-14 工程项目施工质量评定表

工程项目名称							项目法人			
工程等级							设计单位			
建设地点							监理单位			
主要工程量							施工单位			
开工、竣工日期		年 月 日至 年 月 日					评定日期		年 月 日	

序号	单位工程名称	单元工程质量统计			分部工程质量统计			单位工程等级	备注
		个数	其中优良个数	优良率/%	个数	其中优良个数	优良率/%		
1									加△者为主要单位工程
2									
3									
...									
单元工程、分部工程合计									

评定结果	本项目单位工程___个，质量全部合格。其中优良工程___个，优良率___%，主要单位工程优良率___%
观测资料分析结论	

监理单位意见	项目法人意见	工程质量监督机构核定意见
工程项目质量等级：	工程项目质量等级：	工程项目质量等级：
总监理工程师： （签名） 监理单位： （公章） 年 月 日	法定代表人： （签名） 项目法人： （公章） 年 月 日	负责人： （签名） 质量监督机构： （公章） 年 月 日

附表 C.6–15　合同工程完工验收鉴定书格式

×××××× 工 程

×××× 合 同 工 程 完 工 验 收

（合同名称及编号）

鉴 定 书

××××合同工程完工验收工作组

年　　月　　日

项目法人：

代建机构（如有时）：

设计单位：

监理单位：

施工单位：

主要设备制造（供应）商单位：

质量和安全监督机构：

运行管理单位：

验收时间（　　年　　月　　日）

验收地点：

前言（包括验收依据、组织机构、验收过程等）

一、合同工程概况

（一）合同工程名称及位置

（二）合同工程主要建设内容

（三）合同工程建设过程

二、验收范围

三、合同执行情况（包括合同管理、工程完成情况和完成的主要工程量、结算情况等）

四、合同工程质量评定

五、历次验收遗留问题处理情况

六、存在的主要问题处理意见

七、意见和建议

八、结论

九、保留意见（应有本人签字）

十、合同工程验收工作组成员签字表

十一、附件：施工单位向项目法人移交资料目录

附表 C.6-16　合同工程完工证书格式

×××××× 工 程

×××× 合 同 工 程

（合同名称及编号）

完 工 证 书

项目法人：

年　　月　　日

项目法人：

项目代建机构（如有时）：

设计单位：

监理单位：

施工单位：

主要设备供应（制造）商单位：

运行管理单位：

合同工程完工证书

　　××××合同工程（合同名称及编号）已于××××年××月××日通过了由××××主持的合同工程完工验收，现颁发合同工程完工证书。

项目法人：

法定代表人：（签字）

年　　　月　　　日

附表 C.6-17　工程质量保修责任终止证书格式

××××××工程

（合同名称及编号）

质量保修责任终止证书

项目法人：

年　　　月　　　日

××××××工程

质量保修责任终止证书

　　××××工程（合同名称及编号）质量保修期已于××××年××月××日期满，合同约定的质量保修责任已履行完毕，现颁发质量保修责任终止证书。

　　　项目法人：

　　　法定代表人：（签字）

　　　　　　　　　　　年　　　月　　　日

附 表 索 引